Key point 114

신경수와 함께하는
21세기 토목시공기술사

PROFESSIONAL-ENGINEER

t Engineering Approach & Judgment

기술사시험 관련 서적을 낼 때마다 수험생 가족분들께 또 다른 부담을 주는 건 아닌지 많은 고민을 하게 됩니다. 그렇지만 기술사 시험이 무계획적인 인내와 절제로 해서는 안 되는 것이기에 수험생가족들의 귀중한 시간과 노력을 절약하기 위한 하나의 목적으로 본 교재를 집필하게 되었습니다.

기술사 시험은 전체 "흐름"을 이해한 후 "개념"을 파악하고, "분류"를 정확히 할 수 있으면 팔부능선을 넘은 것과 다름없는데 본 교재에서는 상기 모든 부분을 포함하고 시각적으로 좀더 편안하게 접근할 수 있도록 편집을 하였습니다.

더불어 본 교재가 공부를 처음 시작하는 분들은 물론 오랜 기간 동안 많은 공부를 했지만 정리가 안 되는 분들, 그리고 공부를 중단했다가 다시 시작하는 분들에게 합격의 디딤돌이자 주춧돌 역할을 해줄 것이라 믿어 의심치 않습니다.

본 교재는 다섯 부분으로 나뉩니다.

첫 번째 부분은 "토목시공 Flow"로서 모든 시험을 준비할 때 가장 먼저 해야 할 전체흐름을 쉽고 빠르게 이해할 수 있도록 요약했습니다.

두 번째 부분은 "Key point 114"로서 시험에서 가장 빈도가 높은 항목들을 선별하여 문제의 근간이 되는 개념 → 분류 → 도식화 3단계로 정리하였습니다.

세 번째는 "Word Concept"으로서 1차 필기시험 및 2차 면접시험에서 자주 질문하는 용어를 중심으로 그 개념을 요약 정리하였습니다.

네 번째는 "토목시공기술사 분류"로서 토목시공 전 과정에 걸쳐 흩어져 있는 종류를 기술사 수준에 맞게 체계적으로 구성하였습니다.

다섯 번째는 "필수암기사항"으로 암기보다 이해가 중요한 기술사시험이지만 시험공부를 하면서 필수적으로 기억해야 할 내용을 최소화하여 정리하였습니다.

본 교재를 준비하면서 도움을 주신 분들이 많지만 먼저 절대적인 참여와 도움을 준 제자이자 야구인생의 영원한 동반자인 서정필 기술사에게 마음속 깊은 감사를 드립니다. 그의 도움이 없었다면 본 교재의 출간은 불가능했을 것입니다.

더불어 서울기술사학원에서 동고동락하며 교재의 집필방향과 방법에 많은 도움을 준 조준호 박사와 불철주야 학원가족의 합격만을 생각하며 강의하고 있는 김재권 교수에게도 감사를 드립니다.

끝으로 본서의 출간을 흔쾌히 맡아주신 예문사 정용수 사장님과 장충상 전무님께도 감사의 말씀을 전하고 싶습니다.

2020. 01
대표저자 신 경 수

>>> 21세기 토목시공기술사 **차 례**

제3장 Word Concept

제**4**장 | 토목시공기술사 분류

제**5**장 | 필수암기사항

CHAPTER

01 토목시공 Flow

CHAPTER

02 Key point 114

➤ **정의**

(1) 혼화재 : 콘크리트 구조물 성능개선을 목적으로 시멘트 질량의 5% 이상으로 주로 무기계 및 고체의 형상이며, Fly ash, Silica fume, 고로 슬래그 등이 있으며 잠재성 수경성 및 포졸란 반응을 일으킨다.

(2) Fly ash : 석탄 화력발전소 미분탄을 1,400~1,500℃로 연소 → 회분이 용융, 고온의 연소가스와 함께 연돌 → 급냉 → 표면 장력에 의해 구형으로 생성되는 미세 분말을 집진 장치로 모은 것

(3) Silica Fume : Silicon 또는 폐로 Silicon 등의 규소 합금 제조시 발생하는 폐가스를 집진하여 얻어진 부산물 → 초미립자(1μm 이하) 임

➤ **분류(흐름)**

(1) 혼화재

```
┌─ 2차 반응 ┬─ 직접(포졸란 반응) ┬─ Fly Ash(2볼) – 2차 반응, Ball Bearing
│           │                    │              (Workability↑ → W/B↓)
│           │                    └─ Silica Fume(2볼공) – 2차 반응, Ball Bearing, 공극 채움
│           │                                   (분말도 200,000cm²/g)
│           └─ 간접(잠재적 수경성) – 고로 Slag(2알고) ┬─ 2차반응, AAR(알칼리 골재반응) 저항성 大
│                                                  └─ 고정 염화(염해 저항성 大)
└─ 수화물 형성 – 팽창재 ┬─ 小 – 수축보상용 수축저감/무수축
                       ├─ 中 – 화학적 Prestress – 팽창 철근에 구속
                       └─ 大 – 무진동 파쇄용
```

(2) 특성
```
┌─ Fly ash – AE 흡착에 주의, 서중/Mass Concrete
├─ Silica Fume – 분말도 200,000cm²/g, PC/고강도 Concrete
└─ 고로 Slag – 괴재, 수재, 잠재적 수경성, 해양/서중/Mass Concrete
```

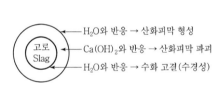

- H₂O와 반응 → 산화피막 형성
고로 Slag
- Ca(OH)₂와 반응 → 산화피막 파괴
- H₂O와 반응 → 수화 고결(수경성)

▶ 고로 Slag 잠재적 수경성 Mechanism

AAR 팽창률

0.5% ─────────── 고로 Slag 치환율 ── 0%

0.1% ─────────── 50%

▶ AAR 팽창률 Gragh

➤ **도식화**

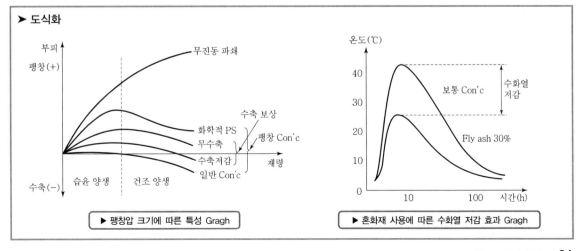

▶ 팽창압 크기에 따른 특성 Gragh

▶ 혼화재 사용에 따른 수화열 저감 효과 Gragh

➤ 정의

(1) 혼화제 : 콘크리트 성능 개선재의 일종으로 시멘트 질량비의 5% 미만의 액상 유기계이며 AE제 계열의 공기 연행제 및 AE 감수제, 응결 촉진제. 고성능 감수제, 유동화제, 지연제, 급결제 등이 있다.

(2) AE제 : 콘크리트 내부에 독립된 미세기포를 발생시켜 콘크리트의 Workability 개선과 동결융해 저항성을 갖도록 하기 위해 사용하는 혼화제

(3) 유동화제 : 콘크리트중 시멘트 입자의 응집작용을 억제 → W/B 유지 → 굳지않은 Con'c Workability 향상

(4) 수중 불분리성 혼화제 : 수중에서의 펌프 압송성 증진, Self-leveling에 의한 충전성 증진→ 셀룰로오즈계, 아크릴계

(5) 촉진제 : 한랭시 콘크리트의 응결, 경화 촉진을 통한 양생 기간 단축 → 초기 동해 방지

(6) 지연제 : 수화 반응 지연을 통한 서중 콘크리트 관리 → Cold Joint 및 수화열로 인한 균열 방지

➤ 분류(흐름)

(1) 혼화제

    ┌ 경화시간 조절제 ┬ 지연제, 초지연제 – 서중 적용, 당류 → 수화 반응 지연
    │   └ 촉진제, 급결제 – 한중 적용, 염류(이온 활성화) → 수화 반응 촉진
    └ 계면 활성 작용
        ┌ 고체 표면 흡착 ┬ 유동화제(단위수량 유지)
        │   └ **감수제**(＝분산제, 단위수량 감소)   → 유동성 향상
        ├ 원리 – Cement 입자 분산 → Workability↑ → W/B↓ → 강내수강↑
        └ 발전 – 고내구화(1960) → 고강도화(1980) → 고유동화(1990) → 고수밀화(2000)
        ├ 표면 장력 저하 – AE제(＝공기 연행제, 동결 융해 저항제)
        ├ 원리 – (ABC) Ball Bearing 효과(Workability↑ → W/B↓), Cushion 효과(내동해성)
        ├ 공기 – Entrapped Air(갇힌 공기) → 강도 저하, Entrained Air(연행 공기) → 내구성 향상
        ├ 공기량 – 내동해성, 강도 기준 → 허용 오차 1.5%, 사용량 – 0.03~0.05%
        └ 사용시 주의사항 ┬ 여름철 효과 저하, Fly ash 흡착 주의(혼용 시)
                           └ 과다짐 주의(기포 파괴 → 공기량 감소 → 내동해성 저하), 규정량 준수

> ▶ 양주효과
> (1) 양(사용량) – 과다 사용시 → 공기 연행제(강도 저하), 유동화제(재료 분리), 급결제(강도 저하)
> (2) 주의 사항 ┬ 사용 전 ┬ 선정 – 품질(KSF 합격품),
>   └ 보관 – 고체(흡수, 수화, 풍화, 변질), 액체(응고, 분리, 동결, 변질)
>   └ 사용 중 → 시기 – 계절, 궁합 – 응결(이상) + 용해(불능)
> (3) 효과 – Fly ash(2볼), Silica Fume(2볼공), 고로 Slag(2알공), 공기 연행제(ABC)

➤ 도식화

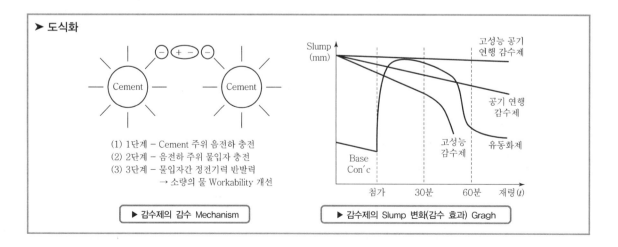

(1) 1단계 – Cement 주위 음전하 충전
(2) 2단계 – 음전하 주위 물입자 충전
(3) 3단계 – 물입자간 정전기력 반발력
         → 소량의 물 Workability 개선

▶ 감수제의 감수 Mechanism

(Slump 그래프) 고성능 공기 연행 감수제 / 공기 연행 감수제 / 고성능 감수제 / 유동화제 / Base Con'c / 첨가 / 30분 / 60분 / 재령(t)

▶ 감수제의 Slump 변화(감수 효과) Gragh

➤ **정의**

(1) 콘크리트용 골재 : Cement Mortar 또는 Concrete 제조시 시멘트, 물과 함께 혼합하여 주로 보강과 질량 확보를
      목적으로 사용하는 잔골재, 굵은 골재, 부순돌, 슬래그 및 유사 재료

(2) 골재의 함수상태 : 골재 입자의 표면 및 내부의 함수상태에 따라 절건상태, 기건상태, 표면건조내부포화 상태,
      습윤 상태로 나누며, 골재의 함수상태에 따라 배합이 달라진다.

(3) 골재의 흡수율 : 표면건조 내부포화상태일 때 포함하고 있는 수량을 절건상태의 질량으로 나눈 값의 백분율

(4) 골재의 유효흡수율 : 기건 상태의 골재가 표면건조 내부포화상태로 될 때까지 흡수되는 물의 양을 절건 질량으로 나
      눈 값의 백분율

(5) 골재의 조립률(F.M, Fineness Modulus) : 80, 40, 20, 10, 5, 2.5, 1.2, 0.6, 0.3, 1.5mm 등 10개의 체를 1조
      로 하여 체가름 시험을 하였을 때, 각 체에 남는 누계량의 전체시료에 대한 질량백분율의 합을
      100으로 나눈 값으로 경제적인 콘크리트 배합과 입도의 균등성 판단의 자료

(6) 순환골재 : 자원의 절약과 재활용 촉진에 관한 법률에 의거 재활용 목적에 적합하도록 건설폐기물을 파쇄, 선별,
      입자 조정 등 물리적, 화학적 처리과정을 거쳐 건설공사에 사용하게 한 것

➤ **분류(흐름)**

(1) 일반 ┬ 산지 – 부산물, 인공, 천연, 순환골재(재생골재)
        ├ 입경 – 굵은골재(G), 잔골재(S) → 5mm체 기준
        ├ 비중 – 경량, 보통, 중량 골재(비중 2, 3 기준)
        └ 특수 ┬ 해사 – 物理的(Workability↓), 化學的(염해), 대책(세척, 침적, 혼합, 제염제)
               ├ 순환 – 물리적(흡수율↑, 강도↓), 화학적(AAR, 동해), 대책(Prewetting)
               ├ 경량 – 물리적(흡수율↑), 화학적(중성화), 대책(Prewetting)
               ├ 중량 – 물리적(재료 분리, 취성 파괴), 화학적(AAR), 대책(고로 Slag)
               └ 부순 – 물리적(Workability↓), 화학적(AAR), 대책(고로 Slag)

> ➤ **순환 골재**
> (1) 적용 ┬ 21MPa 이하 사용 가능
>   └ 27MPa 이하 잔골재 불가
> (2) 기준 – 흡수율(G 3%↓, S 5%↓), AAR 무해할 것

(2) 함수 상태 – **절건**(절대 건조), **기건**(공기중 건조), **표건**(표면 건조 내부 포화), **습윤** 상태

(3) 조립률(F.M – Fineness Modulus)

    ┬ 정의 – Σ 각 체의 가적 잔류율/100 → 10개 체(80, 40, 20, 10, 5, 2.5, 1.2, 0.6, 0.3, 0.15)
    ├ Concrete에 미치는 영향 – 조립률↓ → 잔골재량↑ → 비표면적↑ → Cement Paste↑ → W/B↑
    ├ 기준 – 잔골재(2.3~3.1, Preplaced Con'c 1.4~2.2), 굵은 골재(6~8)
    └ 기준 초과시 대책 ┬ 입도 조정 – 잔골재 2종 이상 혼합
                   └ 배합 변경 – 당초 배합 설계보다 0.2 이상 변화시

➤ **도식화**

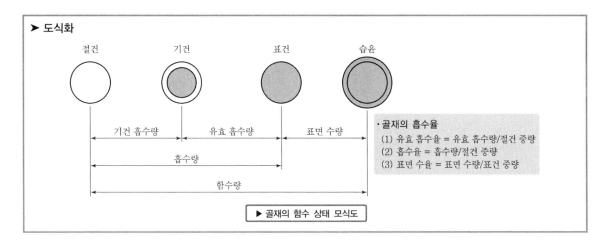

▶ 골재의 함수 상태 모식도

➤ **정의**

(1) W/B 결정방법 : 소요의 강도, 내구성, 수밀성, 균열저항성 등을 고려하여 압축강도를 만족하는 최소 W/B로 결정하며, W/B가 내구성과 수밀성을 보장하는 값으로 결정

(2) 배합 강도(f_{cr}) : 콘크리트 배합을 정하는 경우에 목표로 하는 압축강도 → 보통 재령 28일 압축강도를 기준

(3) 굵은 골재 최대 치수(G_{max}) : 질량비로 최소 90% 이상 통과시키는 체중에서 최소치수의 체눈의 호칭치수로 나타낸 굵은 골재의 치수

(4) 잔골재율(s/a) : 5mm체 통과한 부분을 잔골재, 5mm 체에 남는 부분을 굵은 골재
　　　　　　　　　→ 잔골재량의 전체 골재량의 전체 골재량에 대한 절대용적비를 백분율로 나타낸 것

➤ **분류(흐름)**

(1) W/B 결정 방법

```
┌ 시험에 의한 방법 → 시험 Batch
│     ┌─────────┐
│     │ 기준 범위 │─(압축)강도, 내구성, 수밀성
│     └─────────┘
│         ↓ (최소값)
│     ┌─────────┐
│     │ 시험 배치 │─W/B±5% 범위, 배합 조절, 강도 시험
│     └─────────┘
│         ↓ (소요 강도)
│     ┌─────┐
│     │ 결정 │
│     └─────┘
└ 시험× → 소규모 공사 ─ W/B= 51/(f_28/k + 0.31)
```

$$W/B = 51/(f_{28}/k + 0.31)$$

여기서, k : 시멘트 강도(MPa)

┌──┐
│ ▶ **W/B 기준 범위**   │
│ (1) 내동해성 : 40% 이하　(2) 제빙화학제 : 45% 이하 │
│ (3) 수밀성을 고려 : 50% 이하　(4) 중성화 저항성 : 55% 이하 │
│ (5) 내구성 기준 : 60% 이하   │
└──┘

┌──┐
│ ▶ **배합의 이론**   │
│ (1) 초기 : 체적비이론   │
│ (2) 전통적 ┬ W/B 이론   │
│ 　　　　　├ 골재의 최대밀도충전이론   │
│ 　　　　　└ Workability 이론   │
│ (3) 최근 : Simulation → 최적화이론   │
└──┘

(2) W/B가 콘크리트에 미치는 영향

```
W/B ↑ ┬ W ↑ → Bleeding 증가 ┬ 내적 - 수밀성 저하, 부착성 증대
      │                     └ 외적 - Laitance증대, Sand Streaking 증대, 표면균열 증대
      └ C ↑ ┬ 경제성 저하
            └ 수화열 증대 → Concrete 온도 증가 → 온도응력 증가 → 온도균열 발생
```

(3) s/a ┬ Rheology 이론에 따른 최적 s/a = 소성 점도가 최소가 되는 s/a
　　　　└ 5mm체 통과 : S, 남는 것 : G → 보정 기준 : Slump(80mm), W/B(55%), F.M(2.8)
　　　　→ 잔골재 질량률 $S/A = S/(S+G)$, 잔골재 용적률$(s/a) = (S/G_s + G/G_g)$

(4) G_{max} ┬ 질량비 90% 이상 통과 체 중 최소 체의 공칭 치수
　　　　　　└ 기준 ┬ **부재** 치수(최소 치수 1/5 이하), **피복** 두께(3/4 이하), **철근** 간격(3/4 이하)
　　　　　　　　　 └ **구조물** : 일반(20, 25mm), 무근/대단면/포장 Concrete(40mm), 댐(150mm)

(5) 강도 ┬ 설계 기준 강도(f_{ck}) - Concrete 부재 설계시 기준이 되는 압축 강도
　　　　 └ 배합 강도(f_{cr}) - Concrete 배합 설계 시 목표가 되는 압축 강도

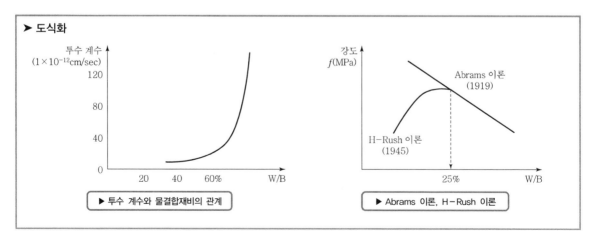

➤ **도식화**

▶ 투수 계수와 물결합재비의 관계

▶ Abrams 이론, H-Rush 이론

➤ **정의**

(1) Remixing : 모르타르 또는 콘크리트가 굳기 시작하지 않았으나, 일정 시간이 경과하여 재료분리가 발생했을 때
다시 비벼 재료를 혼합하는 것 → 재료 분리 다시 비빔

(2) Retempering : 모르타르 또는 콘크리트가 Slump 저하로 인해 굳기 시작할 때 물 또는 유동화제를 첨가하여
재비빔하는 것 → 유동화 재비빔

(3) 레미콘(Ready Mixed Concrete) : 정비된 콘크리트 제조설비를 갖춘 공장에서 생산되며 굳지 않은 상태로
운반차에 의하여 수요자에게 배달되는 굳지 않은 콘크리트

➤ **분류(흐름)**

(1) 계량 ┬ 기준 – 현장 배합 기준
└ 오차 – 물(1%), 혼화재(2%), 골재, 혼화제(3%), 고로 Slag(미분말) → 1%

(2) 비비기 ┬ 분류 – 이동식 → 연속식/Batch식 → 강제식(원심력), 가경식(중력)
├ 시간 ┬ 기준 비빔 시간 – 강제식 1분, 가경식 1분30초 이상
│ └ 허용 비빔 시간 – 기준 비빔 시간×3 이내 → 초과 시 골재 파쇄, Workability↓
└ 특성 – ReMixing(재료 분리 다시 비빔) < 응결 시간 < ReTampering(유동화 재비빔)

(3) 운반 ┬ 진동 → 침하 → 재료 분리
├ 시간 → 수화 반응 → 굳지않은 Con'c(Slump 변화, 공기량 변화), 굳은 Con'c(강도 변화)
└ 교반 → 골재 파쇄 → Workability 저하

(4) 타설 ┬ 높이 – 배출구~치기면 1.5m 이하(가급적 1m 이하)
└ 속도 – 저속 타설 → 재료 분리 방지

(5) 다짐 → 내구성 확보를 위한 실질적인 첫단계
┬ 방법 ┬ 일반 – 진동 – 다짐봉, 진동 거푸집, 진동 Mat
│ └ 특수 – 원심력 – Precast 구조물
├ 기준 ┬ 간격(0.5m 이내), 깊이(0.1m 이상),
│ └ 시간(5~15초), 금지(횡방향 이동, 눕히기)
└ 영향 ┬ 과다 다짐 – 기포 파괴 → 공기량 감소 → 내동해성 감소 → 내구성 저하
└ 과소 다짐 – 표면 공극 집중 → 환경 영향 극심(CO_2 중성화, Cl^- 염해, $H_2O/O_2/DO$ 철근 부식) → 내구성 저하

▶ 불량 레미콘 유형 ┬ Slump, 공기량, 염화물 함량 측정결과 기준에 벗어난 경우
└ 레미콘 생산 후 KSF 4009 규정 시간을 경과하는 경우

> ▶ 레미콘 받아들이기시 품질 규정
> (1) 강도 허용 범위
> ① 1회 시험치 – 구입자가 정한 호칭강도 85%↑
> ② 3회 평균치 – 구입자가 정한 호칭강도 이상
> (2) Slump – 25mm(±10), 50~65(±15), 80↑(±25)
> (3) 공기량 – 보통Con'c(4.5±1.5%), 경량C(5.0±1.5)
> (4) 염화물 함량 ┬ Con'c 중 Cl^- : 0.3kg/m³
> └ 잔골재 중 Cl^- : 0.022kg/m³

➤ **도식화**

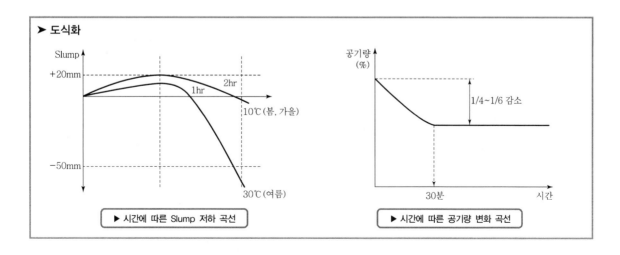

▶ 시간에 따른 Slump 저하 곡선

▶ 시간에 따른 공기량 변화 곡선

➤ **정의**

(1) 양생 : 콘크리트 타설 후 수화 작용을 통하여 충분히 경화하도록 보호하며, 본래의 성질을 발휘할 수 있게 하기 위한
　　　보호 방법 → 온도 제어, 습윤, 유해 환경으로부터 보호 등

(2) 증기 양생 : 거푸집을 빨리 제거하고 단시일 내에 소요 강도를 발현시키기 위해 고온의 증기로 양생 → 초기 강도가
　　　크고 건조 수축은 작으나 장기 강도 발현에 영향을 준다.

(3) 습윤 양생 : 콘크리트 타설 후 물 증발로 경화에 영향을 주거나, 소성 수축에 의한 초기 균열을 제어
　　　　　→ Sheet 및 거적으로 덮은 후 물을 뿌림

(4) 온도 제어 양생 : 콘크리트 타설 후 충분히 경화가 진행될 때까지 필요한 온도 조건을 일정하게 유지하여 급격한
　　　　　온도 변화에 의한 유해한 영향을 받지 않도록 하여 초기동해 및 온도응력 발생을 방지

(5) 적산 온도(Maturity) : 콘크리트 강도 발현을 비빔 후부터 경과 시간과 양생 온도를 곱한 값으로 초기의 콘크리트
　　　　　경화 정도를 평가

➤ **분류(흐름)**

(1) 양생 : 원리 – 온도/습도 → 공급/보존

(2) 분류

> ➤ **(발파)진동이 Concrete 양생에 미치는 영향**
> (1) 초기 – 진동 다짐, 수화 반응 ⇨ 긍정적
> (2) 중기(5~10시간 후) – 초기 균열 ⇨ 부정적

```
┌ 일반 ┬ 습윤 양생 – 물 공급(물 양생), 물 보존(봉함 양생)
│      ├ 온도 제어 양생 ┬ 온도 증가 – 공급(가열), 보존(단열)
│      │                ├ 온도 저감 – Post Cooling(Pipe)
│      │                └ 촉진 양생(증기탕) ┬ 고온 양생 : 90℃
│      │                                     └ 증기 양생 : 상압(1기압), 고압 양생(Auto Clave)
│      └ 유해한 환경으로부터의 보호 – 유수, 강설, 강풍, 진동 등
└ 특수 – 한중 – 가열, 단열, 서중 – 습윤, 차단, 기타 – 포장(삼각 지붕 양생), 터널(살수 양생)
```

(3) 적산 온도(Maturity)

$$M = \Sigma(\theta + A)\Delta t \Rightarrow \text{여기서, } \Delta t : \text{기간 중 일평균 양생 온도, } A = 10{\sim}15$$

└ 적용

> ➤ **Maturity 활용성**
> (1) 거푸집 해체 시기, 　(2) 이음 절단 시기(포장)
> (3) 교통 개방 시기, 　　(4) 포스트텐셔닝 시기(Post – Tension)

> ➤ **온도 영향**
> (1) 높으면 : 수화 촉진(단기↑, 장기↓)
> 　　　　온도↑ → 온도 응력↑ → 온도 균열↑ → 내구성↓
> (2) 낮으면 : 응결 지연 → 공기 지연, 초기 동해

➤ **도식화**

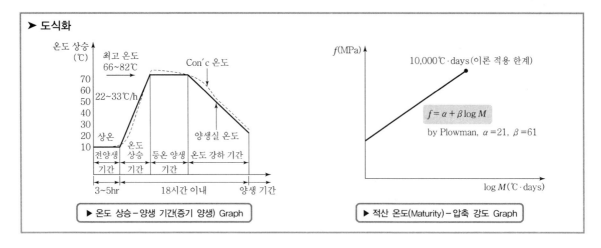

▶ 온도 상승 – 양생 기간(증기 양생) Graph　　　▶ 적산 온도(Maturity) – 압축 강도 Graph

➤ 정의

(1) 신축 이음 : 온도 변화에 따른 팽창, 수축, 부등 침하에 의한 균열 발생이 예상되는 위치에 설치하는 이음

(2) 수축 이음 : 불규칙한 균열 발생을 제어하기 위하여 구조물에 결손부를 만들어 균열을 집중, 유발이 목적

(3) 시공 이음 : 시공 과정상 경화된 콘크리트에 새로 콘크리트를 이어 타설시 발생되는 Joint로 비기능성 이음

(4) Cold Joint : 콘크리트 타설시 타설 중지로 계획되지 않은 부위에 발생하는 이음으로서 취약부가 된다.

➤ 분류(흐름)

(1) 이음

```
┌기능성 ┬ 신축 이음(분리 줄눈) – CBS : Closed, Clearance, Butt, Settlement
│       └ 수축 이음(균열 유발 줄눈) – 단면 결손 ┬ 율 – 일반 20%↑, Mass Con'c 35%↑
│                                            └ 방법 – Cutting, 가삽입물
└비기능성 ┬ 시공 이음(타설 이음) – 이음부 처리에 따른 인장 강도 변화율, 감조부 설치 금지
         └ Cold Joint
                  ┌ 발생 시기 – 압축 강도(3.5MPa↑), 시간(25℃↑ 1hr 이후)
                  ├ 문제점 : 결함 → 손상 → 열화 → 강내수강 저하
                  ├ 원인 – 재/설/배/시, 직접/간접 원인
```

간접원인		직접원인
교통		접합부 Con'c
장비	→ 기타설 Con'c 응결 →	경계부
Plant		다짐 불충분

```
                  └ 대책 ┬ 방지 – 재/설/배/시, 응결 지연제, 타설 계획, 진동 다짐
                         └ 처리 ┬ 경화 전 – 고압(공기, 물)  → 조골재 노출 → 세척
                                └ 경화 후 – Chipping        → 부배합 신Con'c 타설
```

(2) 양면성 – 긍정적 → 응력 제어, 균열 저감, 부정적 → 응력 집중, 누수 문제

(3) 마무리 ┬ 목적 – 내적(수밀성, 내구성), 외적(미관, 차수)
　　　　　 ├ 분류 – 거푸집에 접함 ○, 거푸집에 접함 × – 긁어 모으기 → 나무 흙손 → 쇠 흙손
　　　　　 └ 불량시 → 표면 결함(SHEPAL DB) → 열화↑ → 내구성 저하

> **➤ 이음의 활용**
> (1) Concrete : 구조물/CCP/댐(기능, 비기능)
> (2) Steel : 철근(특수, 재래식), 강재(야금, 기계적)
> (3) 기타 : 말뚝(용접, 비용접), 쉴드 Segment(볼트, 힌지)

➤ 도식화

> **➤ 이음부 처리에 따른 인장 강도 변화율**
>
> | 수평 | 45% | 80% | 96% |
> |---|---|---|---|
> | | Laitance 미처리 | 1mm 절삭 | 1mm 절삭 +Cement Mortar |
>
> | 수직 | 60% | 85% | 90% |
> |---|---|---|---|
> | | 물로 씻은 경우 | 1mm 절삭 +Cement Mortar | 1mm 절삭+요철 +Cement Mortar |

▶ 균열 개수 – 단면 결손율(수축 이음) Graph

➤ **정의**

(1) 철근의 이음 : 철근의 이음은 한곳에 집중되지 않도록 하여야 하며 구조도 등의 검토를 통한 현장여건에 적합한
  공법을 선정하며, 재래식 이음(겹이음, 용접이음)과 특수식 이음(기계, 충전)이 있음

(2) 정착 길이 : 위험 단면의 철근의 설계 인장 강도를 발휘하는데 필요한 길이로 철근을 더 연장하여 묻어 넣은 길이로
  외력을 받을 경우 철근과 콘크리트의 분리를 방지

(3) 부착 길이 : 콘크리트와 철근의 경계면에서 활동에 저항하는 것으로 철근이 콘크리트 속에서 응력 전달을 할 때
  철근과 콘크리트의 부착에 의해 전달되어지는데 이때 필요한 길이

➤ **분류(흐름)**

(1) 철근 이음

　　┌ 원칙 ┬ 강도 – 소요의 설계 기준 강도 만족
　　│　　 └ 응력 – 응력 집중 금지 ⇨ 응력 집중($f = P/A$) > 허용 응력 → 파괴
　　└ 분류 ┬ 재래식 ┬ 겹이음 – (D35 이상)이음부 과밀배근 → 충전성↓ → 반복하중에 대한 저항성↓
　　　　　　│　　　　 └ 용접 이음 – 가스 압접 → **결**함, 국부적 손상, **인**장 잔류 응력
　　　　　　└ 특수식 ┬ 기계 이음 : 시공비 고가, 장비 대형, 원형 철근 경우 곤란 ⇨ 가장 확실한 이음
　　　　　　　　　　 └ 충전 이음 : 공기↑ → Con'c에 대한 충전성↓

(2) 철근 정착

　　┌ 정의 – 철근 설계 인장 강도를 발휘하기 위한 소요 매입 길이
　　├ 분류 ┬ 갈고리에 의한 방법 → 인장 철근
　　│　　　├ 매입 길이에 의한 방법 → 인장, 압축 철근
　　│　　　└ 기계적인 정착에 의한 방법 → 압축 철근
　　└ 정착길이 = 기본 정착 길이(L_{db}) × 보정계수

┌─────────────────────────────┐
│ ▶ **기본 정착 길이(L_{db})** │
│ (1) 매입(인장) = $\dfrac{0.6 \cdot d_b}{\sqrt{f_{ck}}}$ │
│ (2) 매입(압축) = $\dfrac{0.25 \cdot d_b \cdot f_y}{\sqrt{f_{ck}}}$ │
│ (3) 갈고리 = $\dfrac{100 \cdot d_b}{\sqrt{f_{ck}}}$ │
└─────────────────────────────┘

(3) 철근 부착

　　┌ 정의 – 철근이 Con'c와의 경계면에서 활동에 저항하는 것
　　└ 분류 ┬ **기**계적 작용 – 이형 철근 요철의 맞물림
　　　　　　├ **마**찰 작용 – 콘크리트와 철근 표면 마찰
　　　　　　└ **교**착작용 – 시멘트풀 + 철근표면 접착

➤ **도식화**

┌───┐
│ ▶ **철근의 구조 설계의 분류** │
│ (1) 주철근 : 설계 하중에 의하여 그 단면적이 정해지는 철근 │
│ (2) 정철근 : 정(正)의 Bending Moment에 의한 인장 응력을 받도록 │
│ 　　　　　　 배치된 주철근 │
│ (3) 부철근 : 부(負)의 Bending Moment에 의한 인장 응력을 받도 │
│ 　　　　　　 록 배치된 주철근 │
│ (4) 배력 철근 : 응력을 분포시킬 목적으로 배치하는 보조적 철근 │
│ (5) 사인장 철근 : 전단 보강용으로 배치되는 철근 │
│ (6) 가외 철근 : 콘크리트의 건조 수축, 온도 변화 등에 의해 콘크리트 │
│ 　　　　　　　 내부에 발생하는 인장 응력에 대비하여 가외로 넣는 │
│ 　　　　　　　 철근 │
│ (7) 형태에 따른 분류 : 이형 철근(Deformed Bar), 원형 철근(Round │
│ 　　　　　　　　　　　 Bar) │
└───┘

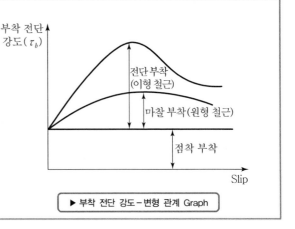

▶ 부착 전단 강도 – 변형 관계 Graph

➤ 정의

(1) 부식 : 철근과 철근 표면에 접하는 물질 사이에 생기는 화학 반응에 의해 철근 표면이 소모해가는 현상
(2) 방식 : 전기 화학 반응에 의한 철근의 부식을 억제하는 것으로 음극 및 양극 반응이 동시에 진행되는 부식을
          제어함으로써 구조물의 내구성 확보 및 균열 확대를 제어하는 것이 목적

➤ 분류(흐름)

(1) 방식

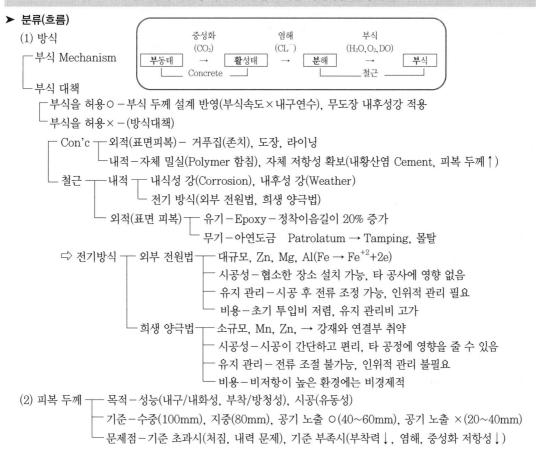

  ┌ 부식 Mechanism
  └ 부식 대책
      ┌ 부식을 허용○ - 부식 두께 설계 반영(부식속도×내구연수), 무도장 내후성강 적용
      └ 부식을 허용× - (방식대책)

중성화(CO_2) 염해(CL^-) 부식(H_2O, O_2, DO)
부동태 → 활성태 → 분해 → 부식
└─ Concrete ─┘ └─ 철근 ─┘

        ┌ Con'c ┬ 외적(표면피복) - 거푸집(존치), 도장, 라이닝
        │   └ 내적 - 자체 밀실(Polymer 함침), 자체 저항성 확보(내황산염 Cement, 피복 두께↑)
        ├ 철근 ┬ 내적 ┬ 내식성 강(Corrosion), 내후성 강(Weather)
        │   └ 전기 방식(외부 전원법, 희생 양극법)
        │   └ 외적(표면 피복) ┬ 유기 - Epoxy - 정착이음길이 20% 증가
        │   └ 무기 - 아연도금 Patrolatum → Tamping, 몰탈
    ⇨ 전기방식 ┬ 외부 전원법 ┬ 대규모, Zn, Mg, Al($Fe → Fe^{+2} + 2e$)
                  ├ 시공성 - 협소한 장소 설치 가능, 타 공사에 영향 없음
                  ├ 유지 관리 - 시공 후 전류 조정 가능, 인위적 관리 필요
                  └ 비용 - 초기 투입비 저렴, 유지 관리비 고가
             └ 희생 양극법 ┬ 소규모, Mn, Zn, → 강재와 연결부 취약
                  ├ 시공성 - 시공이 간단하고 편리, 타 공정에 영향을 줄 수 있음
                  ├ 유지 관리 - 전류 조절 불가능, 인위적 관리 불필요
                  └ 비용 - 비저항이 높은 환경에는 비경제적

(2) 피복 두께 ┬ 목적 - 성능(내구/내화성, 부착/방청성), 시공(유동성)
             ├ 기준 - 수중(100mm), 지중(80mm), 공기 노출 ○(40~60mm), 공기 노출 ×(20~40mm)
              └ 문제점 - 기준 초과시(처짐, 내력 문제), 기준 부족시(부착력↓, 염해, 중성화 저항성↓)

➤ 도식화

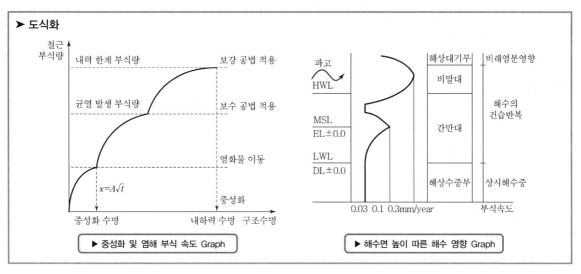

▶ 중성화 및 염해 부식 속도 Graph

▶ 해수면 높이 따른 해수 영향 Graph

➤ **정의**

(1) 콘크리트 측압 : 거푸집의 설계에 굳지 않은 콘크리트 측압 고려 → 배합, 타설 속도, 타설 높이, 다지기 방법, 칠 때의 콘크리트 온도 등에 따라 다름

(2) 시스템 동바리 : 수직재+수평재+경사재 일체화 된 것 → 문제점 : 수직 허용 하중만 고려 ⇨ 설계시(수평력 고려, 하중 성능값 SF=2.5, 기초 지반 지지력), 시공시(편심, 쐐기 설치, 연결부)

(3) 연속 거푸집 : 수직, 수평으로 연속적으로 타설 → Joint 가 거의 없고, 공기 단축이 가능한 대형 거푸집
　　　　　　 ⇨ 수직 이동(Sliding, Slip, Auto Climbing Form), ⇨ 수평 이동(Travelling Form)

(4) Climbing Form : 벽체용 거푸집 → 비계틀을 일체로 조립하여 한꺼번에 인양시켜 거푸집을 설치

(5) Travelling Form : 수평으로 연속된 구조물에 적용 → Movable Frame에 지지된 이동거푸집 공법
　　　　　　 → 한 구간 타설 후 다음 타설 구간까지 거푸집을 이동시키면서 수평 연속 타설 가능

(6) Slip Form : Sliding Form이라고도 하며 수평, 수직 방향의 연속 타설 구조물에 시공 이음 없이 시공

➤ **분류(흐름)**

(1) 거푸집
```
┌ 벽용 거푸집 – Gang/Climbing/Shuttering Form
└ 연속 거푸집 ┬ 수직 이동 – Sliding(단면 변화×), Slip Form(단면 변화 ○)
             └ 수평 이동 – Travelling Form
```

(2) 측압
```
┌ 측압 산정 ┬ 일반 – P(kN/m²)= W · H
│          │       여기서, W : 생콘크리트 단위 중량, H : 높이
│          └ 특수 – 30Cw < P < W · H
│                   여기서, Cw : 단위 중량 계수(단, Slump 175mm 이하, D = 1.2 이하)
└ 영향 인자 – 배합, 타설 속도, 타설 높이, 다짐 방법, Con'c 온도
```

$P(kN/m^2) = W \cdot H$, $30C_w < P < W \cdot H$, C_w

(3) 거푸집 탈형
```
┌ 강도 기준 – 측벽 5MPa↑, 슬래브 14MPa↑
└ 강도 측정 ┬ 시험 ○ ┬ 공시체 제작 ○ – 압축 강도 시험
            │        └ 공시체 제작 × – 가열 건조법, 비중계법
            └ 시험 × – Maturity, 등가 재령법
```

(4) 동바리
```
┌ 하중 – W(kN/m²)=작업 하중(1.5kN/m²)+고정 하중(γt)+충격 하중(0.5γt)
├ 검토 ┬ 하중(하중 과다), 지주(강성 부족 – 지지 방법 부적절, 지주 경사/수평 저항력 부족)
│      └ 기초(부등 침하)
└ 시스템 동바리 – 수직재+수평재+경사재 일체화된 동바리, 문제(수직 허용 하중만 고려)
```

$W(kN/m^2) = $ 작업 하중$(1.5kN/m^2) + $ 고정 하중$(\gamma_t) + $ 충격 하중$(0.5\gamma_t)$

➤ **도식화**

▶ **거푸집 떼어내기(Con'c 압축강도 시험할 경우)**
(1) 확대 기초, 보옆, 기둥, 벽 등이 측벽
　－5.0 MPa 이상
(2) 슬래브 및 보의 밑면, 아치 내면
　－설계 기준 강도×2/3 ($f_{cu} \geq 2/3f_{ck}$)
　다만, 14 MPa 이상

▶ **시스템 동바리**
(1) 정의 – 수직재 + 수평재 + 경사재 일체화된 것
(2) 문제 – 수직 허용 하중만 고려
(3) 설계시 검토 사항
　• 적용 하중 – 수평력 고려
　• 하중 성능값 – SF=2.5
　• 기초 지반 지지력
(4) 시공시 검토 사항
　• 편심 작용 여부
　• 쐐기 설치 여부
　• 연결부

➤ **정의**

(1) Workability : 굳지 않은 Concrete 또는 Mortar에 있어서 반죽 질기 여하에 따른 작업의 난이도 및 재료 분리에 저항하는 정도

(2) Workability 측정 방법 : 보통 Concrete ⇨ Slump Test, 묽은 Concrete ⇨ Flow Test, 된 Concrete ⇨ 다짐 계수 시험, Vee–Bee 시험, 콘관입 시험

(3) Slump Test : 굳지 않은 Concrete의 반죽 질기(Consistency)를 측정하여 Workability를 판단하는 시험 → Con'c 자중에 의해서 변형을 일으키려는 힘, 이에 저항하려는 힘의 평형을 이룰 때의 값

(4) 흐름 시험(Flow Test) : 굳지 않은 Concrete를 시험기의 흐름판 위에 놓고 상하로 운동시켜 그 변형을 측정 → Concrete의 유동성, Workability를 측정하는 시험

➤ **분류(흐름)**

(1) 굳지 않은 Concrete – 성질

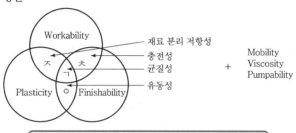

▶ 굳지 않은 Concrete 성질(WFP/ㅇㅈㅊ) + MVP 모식도

(2) Workability – 재료 분리 저항성(수중 불분리성 Con'c) + 작업 용이성(유동화 Con'c)

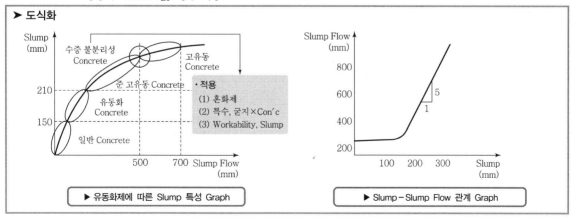

▶ **도식화**

Slump (mm) / 수중 불분리성 Concrete / 고유동 Concrete / 준 고유동 Concrete / 유동화 Concrete / 일반 Concrete
210 / 150 / 500 / 700 / Slump Flow (mm)

·적용
(1) 혼화제
(2) 특수, 굳지×Con'c
(3) Workability, Slump

▶ 유동화제에 따른 Slump 특성 Graph

Slump Flow (mm) / 800 / 600 / 400 / 200 / 100 / 200 / 300 / Slump (mm)

▶ Slump – Slump Flow 관계 Graph

▶ 정의

(1) 수화 반응(1차 반응) : 시멘트에 물을 부어 자극하면 다량의 열이 방출 → 시멘트가 응결되어 수산화칼슘($Ca(OH)_2$)이 생성되는 현상

(2) 2차 반응 : 1차 반응 생성물인 수산화칼슘($Ca(OH)_2$)과 2차로 반응하여 강도를 발현하는 반응

         ⇨ Pozzolan 반응 – Fly ash, Silica Fume, ⇨ 잠재적 수경성 – 고로 Slag

(3) Pozzolan 반응 : 혼화재 중 Fly ash 및 Silica Fume 등이 그 자체에는 수경성이 없으나 1차 반응 생성물인 수산화칼슘($Ca(OH)_2$)과 2차로 반응하여 강도를 발현하는 것

(4) 잠재적 수경성 : 고로 Slag를 물속에 넣으면 입자 표면에 얇은 수화생성물을 형성, 물의 침투 방지 및 자체 수화 반응 없음 → 1차 반응 후 생성물 $Ca(OH)_2$를 만나 막이 파괴됨 → 수화 반응

(5) Rheology : 물질의 변동과 유동을 이론적으로 취급하는 학문 → 굳지 않은 Mortar 및 Concrete에 적용 → 경험적 요소가 많았던 Workablilty의 복잡한 성질을 본질적으로 이해, 시공 합리화에 기여

▶ 분류(흐름)

(1) Pumpability – 유동성 + 압송성

  ┌ Concrete에 미치는 영향 – Pumpability ↓ → W/B 올려야 된다 → W↑, B↑

  ├ Pumpability에 영향을 주는 요인 ≒ Workability에 영향을 주는 요인 ⇨ 재료, 설계, 배합, 시공

  ├ Pumpability 폐색 방지 방안

  │ ┌ 배합 – Rheology 이론에 의한 Pump 직경 ┬ 일반 구조물 – G_{max}(20, 25mm) → 100mm

  │ │   └ 무근/대단면/포장 – G_{max}(40mm) → 125mm

  │ └ 시공 – Mortar 전분사 → 여름 냉각, 겨울 보온

  ├ 측정 – 가압 블리딩 시험, 변형성 시험

  └ 기준 – 토출력 ≥ 저항력

> ▶ **토출력** – 최대 이론 토출 압력 80%
> ▶ **저항력**
> (1) 최대 압송 부하 = 수평 거리 × 수평 거리 1m당 관내 압력 손실
> (2) 관 내 압력 손실은 Slump↓, 관경↓, 토출량↑ 할수록 증가

(2) 1/2차 반응

  ┌ Con'c 관련 3식 ┬ 제조(Cement) : 석회석 – $\underline{CaCO_3}$

  │   ├ 수화(1, 2차 반응) : 생석회 – $\underline{CaO}$ + H_2O ⇌ $\underline{Ca(OH)_2}$ + 125cal/g(수화열)

  │   └ 중성화(탄산화) : 소석회 – $\underline{Ca(OH)_2}$

  ├ 1차 반응 ┬ 수화열(125cal/g) → 온도 증가 → 온도 응력 증가 → 온도 균열 발생

  │   └ 대책 ┬ 적극적 – 저감 방안(섬유 보강, 보강 철근)

  │   └ 소극적 ┬ 저감 방안(재료 : 저열 시멘트, 시공 : Cooling Method)

  │   └ 제어 방안(수축 이음/신축 이음, 분할 타설/초지연제)

  └ 2차 반응 ┬ 분류 ┬ 직접(Pozzolan 반응) – Fly ash(2Ball), Silica Fume(2Ball공)

             │   └ 간접(잠재적 수경성) – 고로 Slag(2AAR고)

             └ 특징 ┬ 온도 – 수화열 감소

                   └ 강도 – 단기 강도↓(한중 Concrete 동해 주의), 장기 강도↑

▶ 도식화

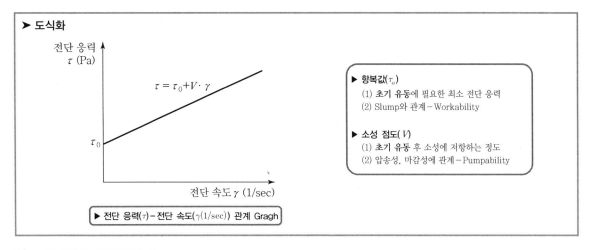

전단 응력 τ (Pa)

$\tau = \tau_0 + V \cdot \gamma$

τ_0

전단 속도 γ (1/sec)

> ▶ **항복값(τ_o)**
> (1) **초기 유동**에 필요한 최소 전단 응력
> (2) Slump와 관계 – Workability
>
> ▶ **소성 점도(V)**
> (1) **초기 유동** 후 소성에 저항하는 정도
> (2) 압송성, 마감성에 관계 – Pumpability

▶ 전단 응력(τ) – 전단 속도(γ(1/sec)) 관계 Gragh

➤ 정의

(1) 재료 분리 : 균질한 콘크리트의 구성 재료인 시멘트, 물, 잔골재, 굵은 골재의 균질성이 소실되는 현상

　　　　→ 굵은 골재의 국부적 집중, 수분이 콘크리트 상면에 모임 ⇨ Bleeding 등

(2) Bleeding(물길 현상) : 재료 분리의 일종으로 시멘트와 골재 입자의 침강에 의해 표면에 물이 모이는 현상

(3) Laitance : Bleeding 발생시 시멘트나 그 밖의 미립자를 동반하고 표면에 침전된 것

(4) Channeling : 잉여수가 거푸집 벽면을 타고 올라가는 현상으로 Sand Streak을 유발

(5) 소성 수축 균열 : 타설 후 슬래브 등이 갑자기 낮은 습도의 대기나 바람에 노출될 경우 급격한 수분 증발이 콘크리트의 Bleeding 속도보다 빠를 때 발생

(6) 침하 균열 : 굳지 않은 콘크리트의 침하가 철근 및 기타 매설물에 의해 국부적 방해를 받을 때

　　　　→ 인장력, 전단력 발생 → 저항 가능한 인장강도가 콘크리트에 없는 경우 보, 바닥판 상단에 발생

➤ 분류(흐름)

(1) 재료 분리

　　문제점 – 재료 분리 → 결함 → 손상 → 열화 → 강내수강↓ ⇨ 표면 결함(SHE PAL DB겨)

　　원인 – **비중** – 상부(Water), 하부(Gravel, Sand), **입경** – Gravel

　　대책 ┬ 방지 ┬ 재료(시멘트 분말도, 골재 입도/입형 양호), 설계(철근 간격, 부재 형상)
　　　　　│　　　└ 배합(W/B↓, s/a↓, G_{max}↑) → 양입도, 시공(타설 높이/속도, 다짐 과다/과소)
　　　　　└ 처리 – 경화 전(Remixing, Green Cut), 경화 후(Chipping)

　　형태 ┬ 타설 중 ┬ Cement Paste – 거푸집 틈새, 볼트 구멍 → Honeycomb
　　　　　│　　　　└ Gravel ┬ **비중차** → Cold Joint, Honeycomb, 유동 특성차 → Pump 폐색
　　　　　│　　　　　　　　 └ **잔골재 치수차** → Cold Joint, Honeycomb
　　　　　└ 타설 후 – W↑ ┬ Con'c 내부 – Bleeding↑ → 내적(부착, 수밀), 외적(S, L, C)
　　　　　　　　　　　　　 └ Con'c 측면 – Channeling↑ → Sand Streak, Laitance, Crack↑

(2) 균열

　　소성 수축 균열
　　　┬ 원인 ┬ 내적 – 물 부족 – Bleeding 적은 된반죽 Concrete
　　　│　　　└ 외적 – 물 증발 – 고온 건조(증발속도 > Bleeding 속도
　　　│　　　　　　　　　⇨ 증발속도 > 1kg/m²/h)
　　　└ 대책 ┬ 저감 – 재설배시 – 물 공급(물 양생), 물 보존(봉함 양생)
　　　　　　　└ 처리 – 경화 전(두드림), 경화 후(보수, 보강, 교체)

　　침하 균열 ┬ 원인 ┬ 내적 – 굳지 않은 Concrete 침하
　　　　　　　│　　　└ 외적 – 타설 높이/속도, 부재 두께/치수
　　　　　　　└ 대책 ┬ 저감 – 재설배시 – 단위수량 및 슬럼프 저감, 타설높이 및 속도 저감
　　　　　　　　　　　└ 처리 – 경화 전(두드림), 경화 후(보수, 보강, 교체)

　　물리적 요인 – 진동, 충격 등

(우측 그래프)

Bleeding 수율

2.5　　　　혼화제×

1.5　　　　AE제

1.0　　　　감수제

1hr　2hr　t

▶ Bleeding 수율 Graph

➤ 도식화

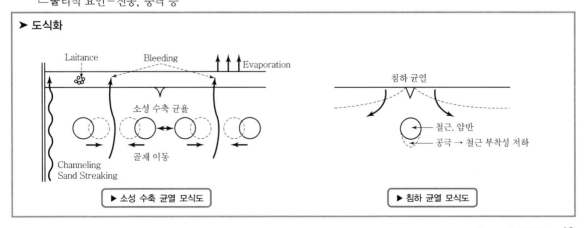

Laitance　　Bleeding　　↑↑↑ Evaporation

소성 수축 균율

골재 이동

Channeling
Sand Streaking

▶ 소성 수축 균열 모식도

침하 균열

철근, 암반

공극 → 철근 부착성 저하

▶ 침하 균열 모식도

➤ **정의**

(1) 건조 수축 : 콘크리트 수화 작용에 필요한 물 이외의 남은 물이 콘크리트 속에 머물러 있다가 콘크리트가 대기 중에 노출 후 증발할 때 발생하는 수축 ⇨ 건조 수축 Mechanism 및 수축 형태 3가지

(2) Creep : 일정한 크기의 하중을 장시간 적용시키면 시간이 경과됨에 따라 하중의 증가 없이 소성 변형이 증대되는 현상 → 시간 의존적 소성 변형

(3) 조기 강도 평가 방법 : 재령 28일 공시체 이외 콘크리트 강도를 조기에 판단 → 온도 – 재령법, 배합비 분석발생

➤ **분류(흐름)**

(1) 성질

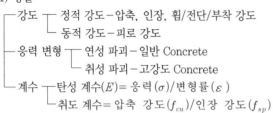

```
┌─ 강도 ──┬─ 정적 강도 – 압축, 인장, 휨/전단/부착 강도
│         └─ 동적 강도 – 피로 강도
├─ 응력 변형 ──┬─ 연성 파괴 – 일반 Concrete
│              └─ 취성 파괴 – 고강도 Concrete
└─ 계수 ──┬─ 탄성 계수(E) = 응력(σ)/변형률(ε)
          └─ 취도 계수 = 압축 강도($f_{cu}$)/인장 강도($f_{sp}$)
```

> ➤ **조기 강도 평가 방법**
> (1) 시험에 의한 방법
>   • 직접 강도 시험법(공시체 제작)
>   • 간접 강도 시험법(배합비 분석)
>   – 단위 결합재량, 단위 수량, W/B
> (2) 시험에 의하지 않는 방법 : 온도 – 재령법
>   • Maturity법
>   • Equivalent Age

(2) 2차 응력

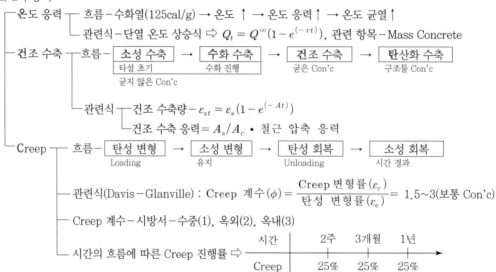

```
┌─ 온도 응력 ──┬─ 흐름 – 수화열(125cal/g) → 온도↑ → 온도 응력↑ → 온도 균열↑
│             └─ 관련식 – 단열 온도 상승식 ⇨ $Q_t = Q^\infty(1 - e^{(-rt)})$, 관련 항목 – Mass Concrete
├─ 건조 수축 ──┬─ 흐름 – [소성 수축] → [수화 수축] → [건조 수축] → [탄산화 수축]
│             │         타설 초기      수화 진행      굳은 Con'c    구조물 Con'c
│             │         굳지 않은 Con'c
│             └─ 관련식 ──┬─ 건조 수축량 – $\varepsilon_{st} = \varepsilon_s(1 - e^{(-At)})$
│                         └─ 건조 수축 응력 = $A_s/A_c$ • 철근 압축 응력
└─ Creep ──┬─ 흐름 – [탄성 변형] → [소성 변형] → [탄성 회복] → [소성 회복]
           │         Loading      유지         Unloading    시간 경과
           ├─ 관련식(Davis – Glanville) : Creep 계수(φ) = Creep 변형률($\varepsilon_c$) / 탄성 변형률($\varepsilon_e$) = 1.5~3(보통 Con'c)
           ├─ Creep 계수 – 시방서 – 수중(1), 옥외(2), 옥내(3)
           └─ 시간의 흐름에 따른 Creep 진행률 ⇨
```

시간		2주	3개월	1년
Creep		25%	25%	25%

(3) 균열 – **이열설** – 2차 응력(온도 응력, 건조 수축, Creep), 열화(조기 열화), 설계 및 시공

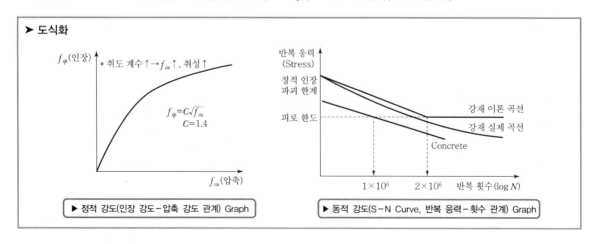

➤ **도식화**

f_{sp}(인장) * 취도 계수↑→f_{cu}↑, 취성↑

$f_{sp} = C\sqrt{f_{cu}}$
$C = 1.4$

f_{cu}(압축)

▶ 정적 강도(인장 강도 – 압축 강도 관계) Graph

반복 응력(Stress)

정적 인장 파괴 한계

피로 한도

강재 이론 곡선
강재 실제 곡선
Concrete

1×10^6 2×10^6 반복 횟수(log N)

▶ 동적 강도(S – N Curve, 반복 응력 – 횟수 관계) Graph

➤ **정의**

(1) 품질 관리 : 사용 목적에 맞는 콘크리트 구조물을 경제적으로 만들기 위하여 공사의 모든 단계에서 행해지는 효과적이고 조직적인 기술 활동

(2) 유지 관리 : 콘크리트 구조물은 사용기간 동안 효율적인 유지 관리를 실시하여 구조물이 보유해야 할 수준의 기능을 유지하도록 해야 함 ⇨ MS, LCC

(3) 비파괴 검사 : 재료의 파괴 없이 재료의 물리적 성질을 이용 → 구조물의 내구성 진단, 건전성 평가, 사용 수명의 예측을 위해 행하는 것 → 강도 추정, 내부 탐사, 열화 판정(중성화, 염화물 함유량)

(4) 타격법(Rebound Method) : 콘크리트 구조물 표면을 타격하여 발생한 흠집의 정도를 검토, 반발 계수를 예측하여 콘크리트 강도를 추정하는 것 → 반발 경도법, 표면 경도법

➤ **분류(흐름)**

(1) 품질 관리

```
┌ 기법 분류 ┬ 6σ – 과정 의존형 기법
│          └ 7가지 기법 – 통계적 기법 ┬ 현상황 판단 ┬ Histogram, X – R 관리도, Check Sheet
│                                    │            └ 층별 관리도, 산포도
│                                    └ 원인 분석 – Pareto 기법, 특성 요인도
├ 업무 분류 – QM(경영) → [QP(계획), QA(보증), QI(개선)] → QC + 신뢰성 + 지속성
└ 품질 규정 ┬ 받아들이기 시 100m³마다 – 송장 Check – 차량 번호 및 운반 시간 확인 필수
           └ 시험 항목 – 강도, Slump, 공기량, 염화물 함량(Con'c 중, 잔골재 중)
```

(2) 유지 관리 – 초정밀 진단

점검/진단 – | 초기점검 | → | 정기점검 | → | 정밀점검 | | 정밀안전진단 |
　　　　　　시공 직후　　 6개월 주기　　 2년 주기　　　 5년 주기

(3) 콘크리트 비파괴 검사

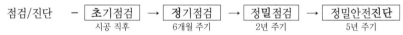

```
┌ 육안 검사
└ 비파괴 시험
```

┌───┐
│ ➤ **초음파 검사** │
│ (1) 투과법 – 투과된 파의 전파시간 측정 → 강도 측정, 내부 결함 검사 │
│ (2) 반사법 – 회절, 반사된 파의 전파 시간 측정 → 균열, 두께 Check │
└───┘

```
┌ 강도, 변형 추정 ┬ 순수 비파괴 ┬ 타격법 – 중성화 판정 → 조건에 따라 시행
│                │            ├ 초음파법 – Crack Check → 강도 추정시 타격법과 병행
│                │            └ Maturity 법
│                └ 부분 파괴 – 인발법, Pull – out 법, Break – out 법, 관입 저항법
├ 내부 탐사 ┬ 두께 및 내부 결함, 균열 – 음속법, 방사선법, 전자법(Radar), 초음파법
│          └ 철근 위치 – 자연 전극법, 방사선법, 전자법
└ 열화 판정 – 중성화 – 페놀프탈렌 1% 용액, 염해 – 질산은 적정법, 비색법, 전위차 적정
```

➤ **도식화**

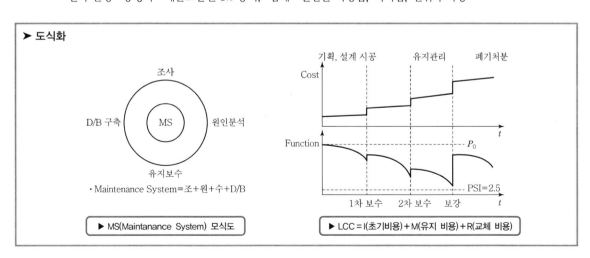

・ Maintenance System = 조 + 원 + 수 + D/B

| ➤ MS(Maintanance System) 모식도 |

| ➤ LCC = I(초기비용) + M(유지 비용) + R(교체 비용) |

➤ 정의

(1) 열화 : 콘크리트가 갖고 있던 소요의 강도, 내구성, 수밀성 및 강재 보호 성능이 물리적 · 화학적 요인에 의하여
저하되는 현상으로 중성화, 철근 부식, 균열의 형태로 나타난다.

(2) 열화 원인 : 내적 → 알칼리 골재 반응(AAR), 철근 부식, 외적 → 물리적 : 하늘(온도, 습도), 땅(진동, 충격),
화학적 : 하늘(산성비, CO_2), 땅(해수/하수)

➤ 분류(흐름)

(1) 열화

```
┌─ 문제 – 열화 → Con'c 팽창 → 균열 → Con'c 강내수강(강도/내구성/수밀성/강재보호성능)↓
├─ 원인 ┬─ 공용후 ┬─ 내적 – AAR, 철근 부식
│        │         └─ 외적 ┬─ 물리적 – 하중, 동해, 열, 마모, 진동, 충격
│        │                  └─ 화학적 ┬─ 염해 – 해사, 해수에 의한 $Cl^-$ → 철근 이온 분해 촉진
│        │                             └─ 화학적 침식($SO_4$)
│        └─ 공용전 – 설계, 시공
├─ 대책 ┬─ 방지 ┬─ 재료 – 분말도 높은 Cement, 양질의 골재, 혼합수 사용
│        │       ├─ 설계 – 철근 간격, 철근 피복
│        │       ├─ 배합 – W/B, s/a, $G_{max}$
│        │       └─ 시공 – 계량, 비비기, 운반, 타설, 다짐, 양생, 이음, 마무리
│        └─ 처리 ┬─ 보수 – 표면 복구, 단면 복구, 균열 주입, 중성화 처리 → 표면처리, 주입, 충전
│                └─ 보강 – 부재 추가, 단면 증가, PS 도입, 교체(재시공) → 강판/강섬유 보강, FRP
└─ 현상 ┬─ 중성화 – (탄산화, 중화, 용출, 폭렬) → 부동태 → 활성태
         ├─ 철근 부식 – 중성화 → 염해 → 철근 분해 → 철근 부식
         └─ 균열 – 내부 팽창압 > 인장 강도 ⇨ 균열 발생
```

(2) 내구 – 3총사

```
┌─ 내구 설계 – 내구 지수($D_t$) ≥ 환경 지수($E_t$)
│              ⇨ 내구 지수($D_t$) = 기본 내구 지수 + 설계, 재료, 시공 증분치
│              ⇨ 환경 지수($E_t$) = 표준 환경 지수 + 화학적 침식, 염해, 중성화, 동해 증분치
├─ 내구 수명 – 결정 요인(설계/시공)↑ + 저하 요인(열화)↓ + 연장 요인(유지 관리)↑
└─ 내구 평가 – 소요 내구성 값 ≤ 설계 내구성 값
               ⇨ 소요 내구성 값 = 내구 성능 예측값 · 환경 계수($A_p · \gamma_p$)
               ⇨ 설계 내구성 값 = 내구 성능 특성값 · 감소 계수($A_k · \phi_k$)
```

➤ 도식화

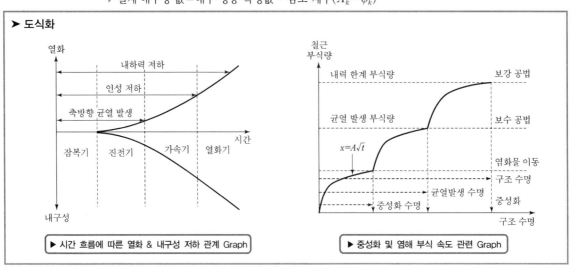

▶ 시간 흐름에 따른 열화 & 내구성 저하 관계 Graph

▶ 중성화 및 염해 부식 속도 관련 Graph

➤ 정의

(1) 복합 열화 : 콘크리트의 구조물 성능이 물리적, 화학적, 기후적, 환경적 요인에 의하여 발생하는 내구 성능저하 현상 또는 내구 성능 저하 요인 → 시간의 경과에 따른 구조물의 성능 저하 현상

(2) 복합 열화 형태 : Con'c 자체 팽창 − AAR, 화학적 침식, 철근 부식 − 염해, 중성화, 물 − 동해

(3) 내구성(부재 성능) : 콘크리트가 설계 조건하에 시간 경과에 따른 내구적 성능 저하 또는 열화가 작고, 소요의 사용 기간 중 요구되는 성능의 수준을 지속할 수 있는 성질

➤ 분류(흐름)

(1) 복합 열화

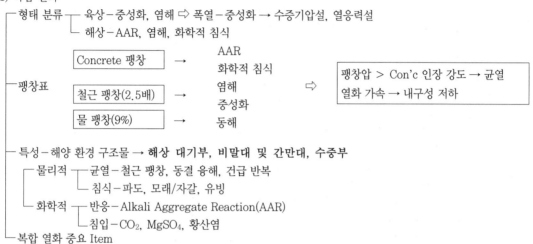

구분	기본 Item	중요 Item	차별 Item
화학적 침식	문제점	부식(H_2SO_4), 팽창($CaSO_4$)	
AAR	원인	Pessimum Percentage	Mechanism + 복합 열화
염해	대책	Fick's Second Law	
중성화	형태	$x(중성화 \; 속도) = A\sqrt{t}$	
동해	검토 방법	$DF(내구성 \; 계수) = P \cdot M/N$	

➤ 도식화

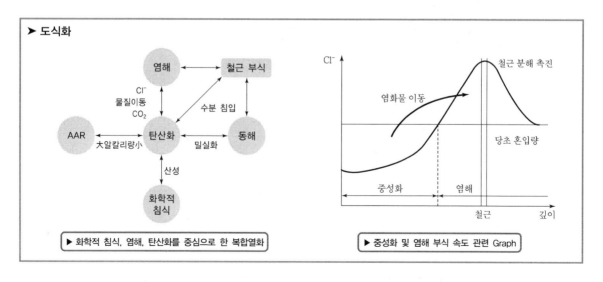

▶ 화학적 침식, 염해, 탄산화를 중심으로 한 복합열화

▶ 중성화 및 염해 부식 속도 관련 Graph

➤ **정의**

(1) 화학적 침식 : 콘크리트가 외부로부터 화학 작용을 받음 → 시멘트 경화체를 구성하는 수화 생성물이 변질 또는 분해하여 결합 능력을 잃는 열화 현상을 총칭 ⇨ 팽창, 부식

(2) AAR(Alkali Aggregate Reaction) : 콘크리트 중 알칼리 이온이 골재중의 실리카 성분과 결합하여 알칼리 실리카겔을 형성 → 겔 주변의 수분을 흡수 → Con'c 내부에 국부적 팽창압 발생 → 균열

➤ **분류(흐름)**

(1) 화학적 침식

```
┌ 원인 ┬ 팽창 – 콘크리트[Ca(OH)₂] + 해수[MgSO₄] → CaSO₄(석고) + Mg(OH)₂
│      │         ⇨ CaSO₄ + C₃A(시멘트 성분 중 Aluminate) → Ettringite(폭발적 팽창성 물질)
│      └ 부식 – 콘크리트[Ca(OH)₂] + 하수[유기물(혐기성 물질)] → H₂SO₄(황산) → 부식
└ 대책 ┬ 재료 – 결(폴리머 시멘트 콘크리트, 내황산염 시멘트), 성, 골, 채
       ├ 배합 – W/B 작게, 단위 수량 작게
       └ 시공 – 콘크리트 피복 두께 확보(거푸집, 도장, 라이닝)
```

(1) 화학적 침식

원인
- 팽창 – 콘크리트$[Ca(OH)_2]$ + 해수$[MgSO_4]$ → $CaSO_4$(석고) + $Mg(OH)_2$
  ⇨ $CaSO_4$ + C_3A(시멘트 성분 중 Aluminate) → Ettringite(폭발적 팽창성 물질)
- 부식 – 콘크리트$[Ca(OH)_2]$ + 하수[유기물(혐기성 물질)] → H_2SO_4(황산) → 부식

대책
- 재료 – 결(폴리머 시멘트 콘크리트, 내황산염 시멘트), 성, 골, 채
- 배합 – W/B 작게, 단위 수량 작게
- 시공 – 콘크리트 피복 두께 확보(거푸집, 도장, 라이닝)

(2) AAR(알칼리 골재반응)

- ASR – 알카리 실리카 반응
- ASR – 알카리 실리케이트 반응 → 필요요소
- ACRR – 알카리 탄산염암 반응
  - 골재의 SiO_2(반응성 골재의 수용성 실리카 성분)
  - 시멘트의 R_2O(알칼리 성분) → 철근의 부동태 피막
  - 물
- 저감 방안
  - 재료 – 결(저알칼리 C), 성(고로 Slag, 알칼리 프리계 급결재), 골(AAR 무해 골재), 채
  - 배합 – W/B 낮게, 단위 수량 적게
  - 시공 – 계, 비, 운, 타, 다, 양, 이, 마 → 치밀한 Concrete 시공
- Pessimum Percentage(최악의 혼입률)
  ⇨ 알카리 실리카 반응에 의한 팽창이 가장 크게 될 때 골재 중에 포함되어 있는 반응성 골재 비율
- 알칼리 골재 반응의 양면성
  - 부정적 영향 – AAR → Concrete 팽창
  - 긍정적 영향 – LW → 지반내 고결, 차수

➤ **도식화**

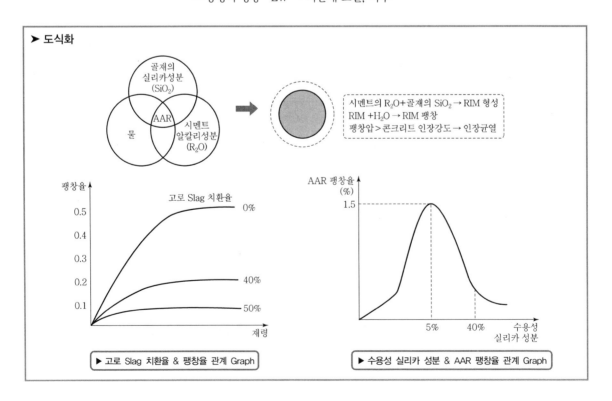

▶ 고로 Slag 치환율 & 팽창율 관계 Graph

▶ 수용성 실리카 성분 & AAR 팽창율 관계 Graph

➤ **정의**

(1) 중성화 : CO_2에 발생되며 철근 부식에 의한 콘크리트 균열의 원인이 되고, 탄산화, 중화, 용출, 폭열 현상으로
    나타나며 중성화 속도의 분석을 통하여 원인을 규명

(2) 염해 : 콘크리트 중의 염화물 이온(Cl^-)이 철근의 부동태 피막을 파괴하여 강재가 부식함으로써 콘크리트 구조물에
    손상을 끼치는 현상

➤ **분류(흐름)**

(1) 중성화 ┬ CO_2에 의한 탄산화
      ├ 산성비에 의한 중화
      ├ 유수에 의한 용출 현상
      └ 화재에 의한 폭렬 현상

(2) 염해 ┬ 문제점 – 철근 부식, Con'c 인장 균열, 구조물 성능저하
     ├ 원인 – 해수, 해사 사용, 제설제, PVC, 화재, Gas
     ├ 대책 ┬ 해사 사용시 – 세척, 수중 침적, 제염, 모재혼합
     │   ├ 철근 부식 – 내식성 철근 사용, 아연 도금, Epoxy Coating
     │   └ 시공 관리 – W/B 작게, 밀실한 다짐, 피복 두께 증가, 양생 철저
     ├ Fick의 제2법칙(확산 방정식) $\dfrac{\partial C}{\partial t} = D \cdot \dfrac{\partial^2 C}{\partial X^2}$
     └ 해풍 영향 Graph(염해 영향 범위), 해수 영향 Graph(구조물 위치와 침식 작용)

➤ **도식화**

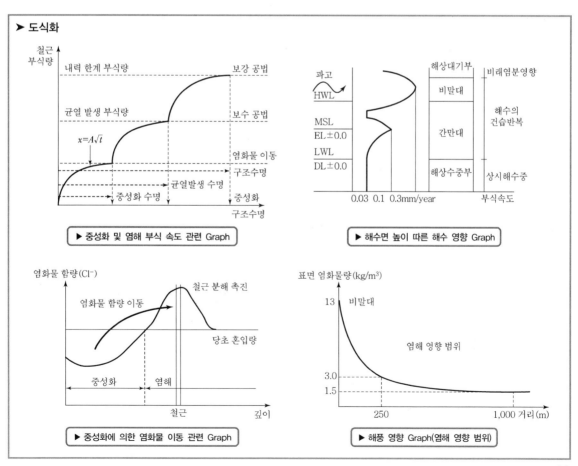

▶ 중성화 및 염해 부식 속도 관련 Graph

▶ 해수면 높이 따른 해수 영향 Graph

▶ 중성화에 의한 염화물 이동 관련 Graph

▶ 해풍 영향 Graph(염해 영향 범위)

➤ **정의**

(1) 동해 : 콘크리트의 내부에 습기나 수분을 흡수하여 결빙점 이하의 온도에서 동결되면서 수분의 동결 팽창(9%)에 따른 콘크리트 내부의 팽창으로 균열이 발생하고 동결 융해의 반복으로 내구성 저하

➤ **분류(흐름)**

(1) 동해 이론 ┬ 모세관이론 ← 외부에서 물 공급 : 지반
          └ 열역학이론 ← 내부에서 물 공급 : Con'c, 지반

⇒ 내구성 계수 : 고성능 Con'c – 80% 이상

동결

물 이동 (열역학 이론) 열역학적 불균형 ➡ 1. 물(작은), 얼음(큰 공극)
                                        2. 물 이동(작은 → 큰)
                                        3. 동결(작은 공극)

열역학적 평형

대책 ┬ 재료 – 결성골재 – 조강 시멘트 사용, 공기 연행제 사용
   ├ 배합 – W/B 작게, 단위 수량 작게
   └ 시공 – 계, 비, 운, 타, 다, 양, 이, 마 – 온도 제어 양생(단열, 가열)

➤ **도식화**

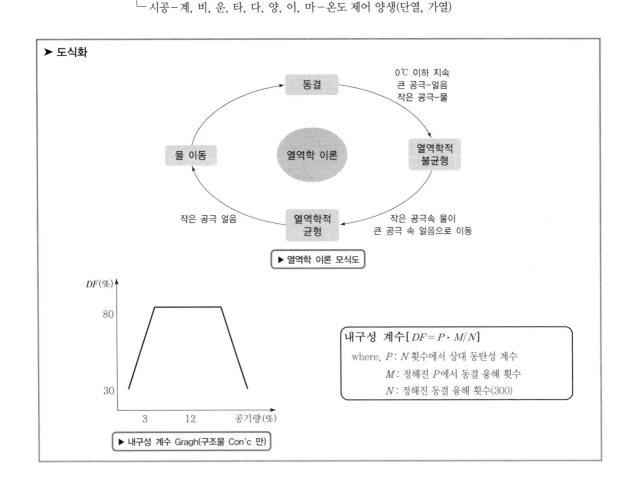

0℃ 이하 지속
큰 공극 – 얼음
작은 공극 – 물

동결 → 열역학적 불균형

물 이동 (열역학 이론)

작은 공극 속 물이
큰 공극 속 얼음으로 이동

작은 공극 얼음 열역학적 균형

▶ 열역학 이론 모식도

$DF(\%)$

80

30

        3   12   공기량(%)

내구성 계수[$DF = P \cdot M/N$]

where, P : N 횟수에서 상대 동탄성 계수
    M : 정해진 P에서 동결 융해 횟수
    N : 정해진 동결 융해 횟수(300)

▶ 내구성 계수 Gragh(구조물 Con'c 만)

➤ **정의**

(1) 균열 보수 : 콘크리트의 내구성 개선 및 기능 회복을 목적으로 시행하는 것으로 표면 처리 공법, 주입법, 충전법을
사용하여 비구조적 균열에 적용한다.

(2) 균열 보강 : 콘크리트의 내하력 증진 및 기능 증진을 목적으로 시행하는 것으로 강판 접착, 섬유 보강, Prestress
도입 등으로 구조적 균열에 적용한다.

➤ **분류(흐름)**

(1) 결함 ┬ 내적 - 균열, 공극

└ 외적 - 표면 결함 → Sand Streak, Honey Comb, Efflorescence

Pop - out, Air Pocket, Laitance

Dusting, Bolt Hole

(2) 균열 ┬ 조사 ┬ 방법 - 파괴적(Core 채취 - 균열 깊이), 비파괴적(RT, UT, VT, PT)

│ └ 범위 - 발생 위치/시기, 발생 규모(폭, 길이, 간격, 깊이, 개수), 관통/진행 여부

├ 원인 ┬ 자연적 ┬ 내적 - AAR, 철근 부식

│ │ └ 외적 ┬ 物理的 - 하늘(온도/습도), 땅(진동/충격)

│ │ └ 化學的 - 하늘(산성비/CO_2), 땅(해수/하수)

│ └ 인위적 ┬ 재료(결성골재 불량), 설계(단면 설계 불량 - 철근 간격, 피복, 부재 형상)

│ └ 배합(W/B, s/a, G_{max}), 시공(계, 비, 운, 타, 다, 양, 이, 마, 철, 거 불량)

└ 대책 ┬ 저감(재설배시 대책), 처리(보수, 보강, 교체)

├ 보수

균열폭	0.2mm		0.5mm	기 타
보수방법	**표면처리** Epoxy 수지 Epoxy 모르타르	**주입법** 흡입식 압입식	**충전법** U - Cut V - Cut	Pin Grout 침투성 방수제

Flow - 전통적무기계 → **합**성수지계 → 유무기복합계 → 무기질 폴리머계

(균열발생)　　(열에 취약)　　(시공관리 곤란)

└ 보강 ┬ 방법 ┬ Active - 응력 개선 → Anchoring, PS 도입

│ └ Passive - 응력 유지 → 단면 유지(강판, 보강 섬유), 단면 증대

└ 재료 - 성질 ┬ 모재와 거동 특성 유사

└ 경량화(강판 → 탄소 섬유 Sheet)

➤ **도식화**

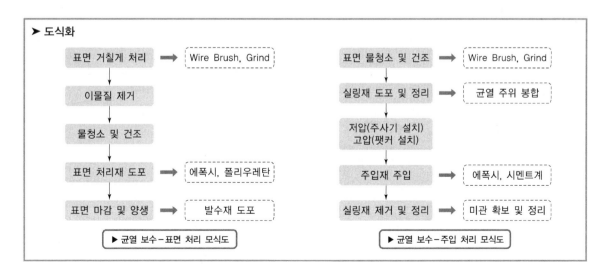

표면 거칠게 처리 ➡ Wire Brush, Grind

이물질 제거

물청소 및 건조

표면 처리재 도포 ➡ 에폭시, 폴리우레탄

표면 마감 및 양생 ➡ 발수재 도포

▶ 균열 보수 - 표면 처리 모식도

표면 물청소 및 건조 ➡ Wire Brush, Grind

실링재 도포 및 정리 ➡ 균열 주위 봉합

저압(주사기 설치)
고압(팻커 설치)

주입재 주입 ➡ 에폭시, 시멘트계

실링재 제거 및 정리 ➡ 미관 확보 및 정리

▶ 균열 보수 - 주입 처리 모식도

➤ **정의**

(1) 고성능 Concrete : 콘크리트의 유동성 증진 이외에 고강도, 고내구성, 고유동성을 갖는 콘크리트
　　　　　→ 높은 초기 재령 강도, 장기적 역학적 특성 개선, 내구성 증진, 자기 충전성 증진 등

(2) 폭열 현상 : 화재로 인한 콘크리트의 구조적 피해 현상으로 화재시 철근이 직접적으로 고온에 노출되어 유효 단면의
　　　　　결손 초래 및 그로 인한 구조물의 붕괴의 원인이 되는 현상

(3) 고강도 Concrete : 설계 기준 강도가 일반 콘크리트에서는 40MPa 이상, 경량 골재 콘크리트에서는 27MPa 이상
　　　　　인 경우의 콘크리트

(4) 고내구성 Concrete : 설계 기준 강도 60MPa 이상의 고강도와 자기 충전성 확보를 바탕으로 균열 억제 및 강재 보호,
　　　　　내동해성에 탁월한 성능을 발휘하는 콘크리트

➤ **분류(흐름)**

(1) 고성능 Con'c – 고내구, 고강도, 고유동, 고수밀성 확보

```
┌ 고강도 방안 ┬ 강도개선 – Cement Paste, 골재
│            ├ 부착 성능 개선 – 골재 Coating
│            └ 3축 재하 – 나선형 철근 → 보강 충전 강관
├ 고내구 방안 ┬ 양질의 골재 사용
│            ├ 결합재 품질 향상
│            └ 피복두께 증가 – 내구성, 내화성, 철근 방청
└ 고유동 방안 ┬ 유동성 증진
             ├ 재료 분리 저항성 증진
             └ 간극 통과성 및 충전성
```

> ➤ **고성능 Concrete 관리 방안**
> (1) 재료 – MDF, DSP, Silica Fume,
> 　　Slump 저감형 고성능 AE 감수제
> (2) 배합 – W/B 35%↓, Slump 150mm↓,
> 　　s/a 작게, G_{max} 25mm↓ (치밀)
> (3) 시공 – 운반(신속), 타설(거푸집 측압 주의)
> 　　양생(습윤)

강도(MPa)	27	40	60	70	150
구분	경량 고강도	고강도	고내구	고성능 고인성	초고성능

(2) 폭열 현상

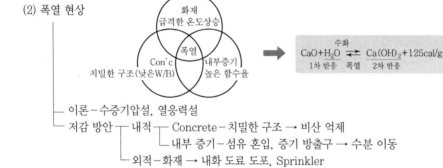

$$CaO + H_2O \underset{\text{폭열}}{\overset{\text{수화}}{\rightleftarrows}} Ca(OH)_2 + 125cal/g$$
1차 반응　　2차 반응

```
├ 이론 – 수증기압설, 열응력설
└ 저감 방안 ┬ 내적 ┬ Concrete – 치밀한 구조 → 비산 억제
          │      └ 내부 증기 – 섬유 혼입, 증기 방출구 → 수분 이동
          └ 외적 – 화재 → 내화 도료 도포, Sprinkler
```

➤ **도식화**

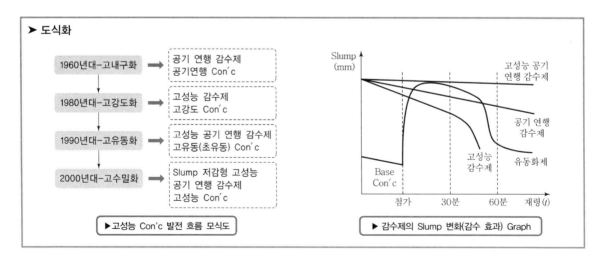

1960년대 – 고내구화	➡	공기 연행 감수제 공기연행 Con'c
1980년대 – 고강도화	➡	고성능 감수제 고강도 Con'c
1990년대 – 고유동화	➡	고성능 공기 연행 감수제 고유동(초유동) Con'c
2000년대 – 고수밀화	➡	Slump 저감형 고성능 공기 연행 감수제 고성능 Con'c

▶고성능 Con'c 발전 흐름 모식도

▶ 감수제의 Slump 변화(감수 효과) Graph

➤ **정의**

(1) 유동화 콘크리트 : Base Concrete에 유동화제(고성능 감수제, Superplasticizer)를 첨가하여 이를 교반, 유동성을 크게 한 콘크리트

(2) 고유동(초유동) 콘크리트 : 고성능 공기 연행 감수제 첨가호 단위 수량을 증가시키지 않고 고유동성을 얻을 수 있는 콘크리트 ⇨ 요구 조건 - **자기 충전성, 유동성,** 재료 분리 저항성, 간극 통과성

(3) 고강도 콘크리트 : Base Concrete에 고성능 감수제를 첨가하여 강도를 향상시킨 콘크리트
    ⇨ 일반 콘크리트 - 40MPa 이상, 경량 콘크리트 - 27MPa

➤ **분류(흐름)**

(1) 유동화 Concrete = Base Con'c + 유동화제

┬ 특징 - 단위 수량 유지 또는 감소하며 Workability 개선 → 고유동화, 고성능화
├ 분류 - 유동화제(표준형, 지연형)
├ 장점 - 유동성↑ → 시공성↑ → 공기/공비↓
├ 단점 - 재료 분리, 표면 기포, 측압↑
└ 관리 ┬ 재료 - 유동화제 주성분(멜, 나, 폴, 리)
        ├ 배합 - Slump 150~200mm
        └ 시공 ┬ 유동화 방법(공공, 공현, 현현)
                └ 유동화 Con'c 재유동화 금지

┌───┐
│ ▶ 고유동(초유동) Con'c = Base Con'c + 고성능 공기 연행 감수제 │
│ (1) 특성 ┬ **자기 충전성**(다짐 없이) 가능 │
│   └ 유동성(재료 분리 없이) │
│ (2) 기준 ┬ **자기 충전성** ┬ 1등급(철근 순간격 35~60mm) │
│   │   ├ 2등급(60~200mm) │
│   │   └ 3등급(200mm 이상) │
│   └ 유동성 - Slump Flow 600mm 이상 │
│ (3) 제조 - 증점계, 분체계, 병용계 │
└───┘

(2) 고강도 Concrete = Base Con'c + 고성능 감수제

┬ 특징 - 일반 Con'c 40MPa 이상, 경량 Con'c 27MPa 이상
├ 분류 - 고성능 감수제 → 표준형, 지연형
├ 장점 - 고강도 → 부재 경량화
├ 단점 - 고강도 → 취성 파괴, 부배합 → 수화열 → 온도 균열
└ 관리 ┬ 재료 - 고성능 감수제 주성분 - **멜나폴리** - 멜리민계, 나프탈린계, 폴리카본산계, 리그닌계
        ├ 배합 - W/B 45% 이하, Slump Flow 500~700mm, G_{max} 400mm 이하(가능한 25mm 이하)
        └ 시공 - 운반 신속 - 재료 분리, Slump 저하 방지, 타설 - 낙하고 1m 이하, 습윤 양생

➤ **도식화**

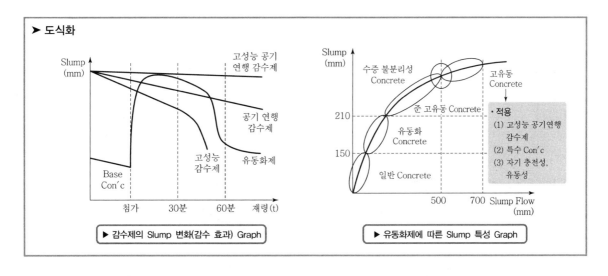

▶ 감수제의 Slump 변화(감수 효과) Graph

▶ 유동화제에 따른 Slump 특성 Graph

➤ **정의**

(1) 섬유 보강 콘크리트 : 콘크리트의 인장 강도나 균열 저항성을 높이고 인성을 대폭 개선시킬 목적으로 모르타르, 콘크리트 속에 금속, 유리, 합성수지 등의 단섬유를 고루 분산시킨 콘크리트

(2) Porous Concrete : 입경이 작은 굵은 골재만을 사용한 콘크리트로 내부에 다량의 연속 공극을 확보하여 투수성, 투기성, 흡음성, 단열성 기능을 확보하는 무세골재 콘크리트의 일종이다

(3) 팽창 콘크리트 : 콘크리트의 자체 팽창 기능을 향상시켜 만든 콘크리트로서 (건조)수축 보상용, 화학적 Prestress 도입, 무진동 파쇄용으로 활용하는 콘크리트

➤ **분류(흐름)**

(1) 섬유 보강 Concrete
```
┌─ 특징 − 섬유 보강 → 균열 저항성, 인성↑
├─ 보강 섬유재 ┬─ 단섬유 − GPCS − Glass, Polypropylene(Plastic), Carbon, Steel
│              ├─ 연속 섬유 − 섬유 + 수지
│              └─ 연속 섬유 Sheet, Hybrid Sheet
├─ 장점 − 인성↑, 균열 저항성↑, 폭열 저항성↑
└─ 단점 − Fiber Ball − 섬유재 뭉침 → 내구성 저하
```

> ▶ **강섬유 길이별 용도**
> (1) 20mm − Shotcrete
> (2) 30mm − 보통 Concrete
> (3) 40mm − Fiber Ball 우려 → 대책 ┬ 재료(격자형)
>   └ 장치(Screen)
> (4) 60mm − Slab

(2) Porous Concrete → 에코 Con'c
```
┌─ 생물 대응형 → 자연 생물의 생식장을 확보한 Con'c
│   ├─ 육상 환경 − 식생 Con'c
│   ├─ 수역 환경 − 인공 어초, 생식장 등
│   └─ 수질 정화 − 하수 또는 하천의 수질 정화재 등
└─ 환경 부하 저감형 → 콘크리트 활용한 환경 부하 저감
    ├─ 열수지 억제 − 투수성 포장재, 배수성 포장재 등
    └─ 물수지 억제 − 투수성 트렌치, 흄관, 배수 파이프, 우수 저장 시설 등
```

> ▶ **친환경 Concrete**
> (1) 에코 시멘트 Concrete
> (2) 재생 골재 Concrete
> (3) Porous Concrete − 무세골재 Concrete

(3) 팽창 Concrete
```
┌─ 특징 − 팽창 → (건조) 수축 보상, 화학적 Prestress, 균열 보수, Grouting
├─ 재료적 접근 − 결합재(팽창 시멘트 사용 Concrete), 성능 개선재(팽창재 사용 Concrete)
└─ 특성 − 팽창률 ┬─ 小 − (건조) 수축 보상용
                 ├─ 中 − 화학적 Prestress
                 └─ 大 − 무진동 파쇄용
```

> ▶ **팽창 이론**
> (1) 팽윤설, 분화설, 결정 성장설
> cf) 팽윤 = 점성토 입자의 흡습 팽창

➤ **도식화**

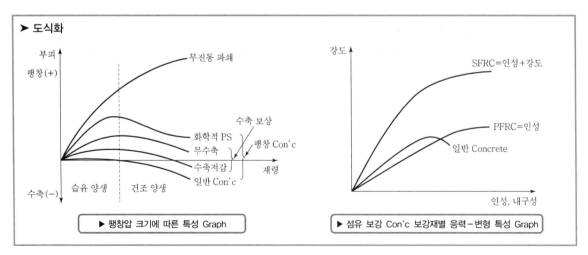

▶ 팽창압 크기에 따른 특성 Graph

▶ 섬유 보강 Con'c 보강재별 응력 − 변형 특성 Graph

➤ 정의

(1) Mass Concrete : 수화열로 인한 온도균열, 온도응력을 검토해야 하는 구조물로서 부재 치수가 넓은 평판구조에서는 두께 0.8m 이상, 하단이 구속된 벽체에서는 두께 0.5m 이상인 콘크리트

(2) 온도 균열 : Mass Concrete 구조물에서의 시멘트의 수화열에 의한 높은 온도가 발생하고, 구조물 표면부와 중심부에 온도차에 의해 구조물의 수축변형이 구속된 경우 온도응력에 의해 발생하는 균열

(3) 온도 균열 지수 : Massive한 콘크리트에서 온도응력에 의해 발생하는 균열 검토를 위한 방법으로 콘크리트의 인장강도를 온도응력으로 나눈 값으로 정밀법과 간이법에 의한 검토방법이 있음

➤ 분류(흐름)

(1) Mass Concrete

┌ 특성 – 수화열에 의한 온도 응력 및 온도 균열을 검토 → 하단 구속($t \geq 0.5m$), 불구속($t \geq 0.8m$)

├ 대책 – 수화열(125cal/g) → 온도 증가 → 온도 응력 증가 → 온도 균열 발생

   ⇨ 적극적 대책 – 온도 균열 저감 → 섬유 보강, 보강 철근

   ⇨ 소극적 대책 ┬ 온도 응력 제어 → 신축/수축 이음, 분할 타설, 초지연제

            └ 온도 저감 → 재료(저열 Con'c, 혼화 재료), 시공(Cooling Method)

├ 검토 ┬ 온도 균열 지수($I_{cr}(t)$)에 의한 방법

       ├ 정밀법 – $I_{cr}(t) = \dfrac{f_{sp}(t) \leftarrow (인장강도)}{f_f(t) \leftarrow (인장응력)}$

       └ 간이법 – 내부 구속 $\dfrac{15}{\Delta T_i}$, 외부 구속 $\dfrac{10}{R \cdot \Delta T_0}$

└ 기왕의 실적

> **▶ 수화열 검토 해석 Program**
> – MIDAS/CIVIL, DIANA, ADINA, ABAQUS

> **▶ 관련식**
> (1) 수화 반응식
> $CaO + H_2O \rightleftharpoons Ca(OH)_2 + 125cal/g(수화열)$
> (2) 단열 온도 상승식
> $Q_t = Q^{\infty}(1 - e^{-rt})$

(2) 서중 Mass Concrete

┌ 특성 – 서중(일평균 기온 25℃ 초과) + Mass(수화열에 의한 온도 응력/균열을 검토해야 하는 구조물)

├ 문제 ┬ Con'c 타설 → 25℃ → 구속, 비구속 조건

     ├ ① 내적 – 수화 반응 촉진 → 시간 → 수화 → Slump, 공기량↓ → 온도 균열↑, Cold Joint

     └ ② 외적 – 급격한 수분 증발 과다 → 소성 수축 균열↑, 단위 수량↑(간접)

└ 관리 ┬ 재료 – 온도(Pre-cooling) – 혼합 전 재료 냉각, 혼합중 Con'c 냉각, 타설 전 Con'c 냉각

     ├ 배합 – W/B↓ → 수화열↑

     └ 시공(양생) ┬ 온도(Post, Pipe-cooling) → Pipe – 직경, 간격, Cool – 온도, 시간, 양

               └ 습도 – 습윤 양생 → 물 공급(물 양생), 물 보존(봉함 양생)

> **▶ 골재±2℃, 물±4℃, Cement±8℃ 변화시 ⇨ Concrete±1℃ 변화**

➤ 도식화

▶ 내부 및 외부 구속 조건에 따른 Con'c 온도와 재령 관계 Graph

▶ 온도 균열 지수 Graph(균열 발생 확률)

➤ **정의**

(1) 한중 Concrete : 하루 평균 기온이 4℃ 이하가 되는 기상조건 → 응결 경화 반응이 지연, 밤중이나 새벽뿐만
아니라 낮에도 콘크리트가 동결될 염려가 있을 때 시공하는 콘크리트

(2) 서중 Concrete : 하루 평균 기온이 25℃, 일최고 기온이 30℃를 초과하는 시기에 시공하는 콘크리트
→ 운반 시간의 고려, Cold Joint 관리, 온도 균열 관리, 습윤 양생 관리를 중점으로 시행

➤ **분류(흐름)**

(1) 한중 Concrete

```
┌ 적용 범위 – 일평균 기온 4℃ 이하
├ 문제점 ┬ 내적 – 수화 반응 지연
│        │        → 초기 동해 우려(5MPa 이하인 경우)
│        └ 외적 – 동결 온도 지속
├ 관리 ┬ 재료 ┬ 결합재(조강 시멘트)
│      │      ├ 성능개선재(촉진제, 동결 융해 저항제)
│      │      └ 골재(동결 및 빙설 혼입 골재 사용 금지)
│      ├ 배합 – 단위 수량 적게 → 초기 동해 방지
│      └ 시공 – 양생(가열, 단열), 운반 시간 고려
└ 적산 온도(Maturity)
```

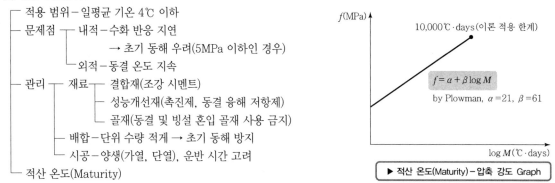

▶ 적산 온도(Maturity) – 압축 강도 Graph

$M = \Sigma(\theta + A)\Delta t \Rightarrow$ 여기서, Δt : 기간 중 일평균 양생 온도, $A = 10 \sim 15$

(2) 서중 Concrete

```
┌ 적용 범위 – 일 평균 기온 25℃ 초과
├ 문제점
│   ┌ 내적 ┬ 급격한 수화 반응 촉진
│   │      ├ 시간 → 수화 반응, Slump 손실 증대
│   │      ├ 연행 공기량 감소, 온도 균열 발생
│   │      ├ 응결 시간의 단축, Cold Joint 우려
│   │      └ 재령 28일 이후의 장기 강도 저하
│   └ 외적 – 급격한 수분 증발 → 소성 수축 균열, 단위 수량↑
└ 관리 ┬ 재료 – 결합재(저열 시멘트), 성능개선재(지연제)
       ├ 배합 – 단위 시멘트량 적게 → 수화열↓
       └ 시공 – 양생(Cooling, 습윤), Cold Joint 관리
```

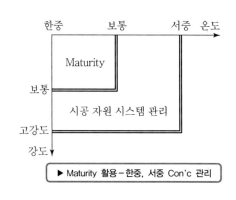

▶ Maturity 활용 – 한중, 서중 Con'c 관리

➤ **도식화**

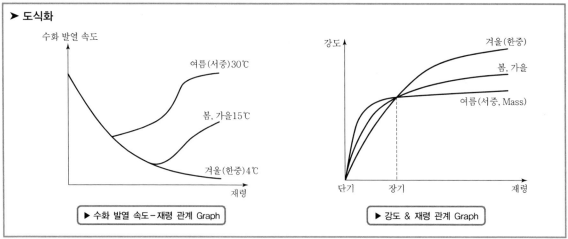

▶ 수화 발열 속도 – 재령 관계 Graph

▶ 강도 & 재령 관계 Graph

▶ 정의

(1) 경량 Concrete : 설계 기준 강도 15MPa 이상, 24MPa 이하 → 기건 단위 질량이 1,400~2,000kg/m³의 범위에 들어가는 것 ⇨ 경량 골재 콘크리트, 경량 기포 콘크리트, 무세골재 콘크리트

(2) 중량 Concrete : 주로 생물체 방호를 위하여 X선, Y선 및 중성자선을 차폐할 목적으로 중량 골재를 사용하여 단위 질량의 범위가 2,500~6,000 kg/m³인 콘크리트

▶ 분류(흐름)

(1) 경량 Concrete – Con'c 자중 감소

- 분류 ┬ 경량 골재 Con'c – 인공, 천연, 부산물   ┌ ▶ ALC → Autoclaved Lightweight Concrete
  - ├ 경량 기포 Con'c(ALC) – 물리(기포 – 수소, 염소), 화학(발포 – Al분말)
  - └ 무세골재 Con'c(Porous Con'c) – 잔골재가 없거나 굵은 골재의 1/10
- 장점 – 자중 감소, 열전도율 감소
- 단점 ┬ 물리 – 파쇄율 大, 흡수율 大 (단위 수량 증가)
  - └ 화학 – 중성화, 동해 문제(경량 골재)
- 관리 ┬ 인공 경량 골재, 천연 경량 골재, 부산물 경량 골재
  - ├ 배합 – W/B 50%↓ (수밀성 기준), Slump(50~180mm)
  - └ 시공 – Prewetting(Sprinkler 3일 살수, 함수율 관리)

┌───────────────────────────────┐
│ ▶ (현장 타설) 경량 기포 Con'c │
│ (1) Formed Concrete │
│ • 선기포 방식(Pre – Foaming Type) │
│ • 혼합기포 방식(Mix – Foaming Type) │
│ (2) Gas Concrete │
│ • 후기포 방식(Post – Foaming Type) │
└───────────────────────────────┘

(2) 중량 Concrete – 방사선 차폐용 콘크리트

- 특성 – 방사선 차폐 → 골재 기건 단위 질량 2,500~6,000kg/m³
- 분류 – 중량 골재 → 자철석, 적철석, 중정석
- 장점 – 방사선 차폐
- 단점 ┬ 물리 – 재료 분리, 골재 파괴(Workability 저하), 취성 파괴, 방사선 조사 후 Creep
  - └ 화학 – AAR
- 관리 – 중용열 Cement, 공기 연행제 가능한 사용 금지, 중량 골재 사용
- 배합 – f_{ck} 91 = 42MPa↑(원자로 차폐벽), W/B 50% 이하, Slump 150mm 이하
- 시공 – 이음부 없도록 타설, 진동 다짐 → 밀실한 Concrete

▶ 도식화

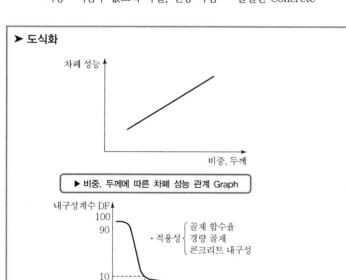

▶ 비중, 두께에 따른 차폐 성능 관계 Graph

▶ 경량 공재 함수율과 내구성 계수 Graph

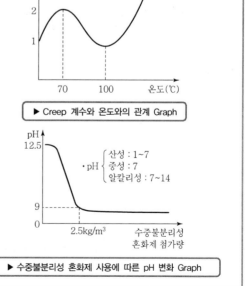

▶ Creep 계수와 온도와의 관계 Graph

▶ 수중불분리성 혼화제 사용에 따른 pH 변화 Graph

➤ **정의**

(1) 수중 Concrete : 해양, 하천 등 수면 하에 시공되는 콘크리트로서 다짐이 불가능하기 때문에 큰 유동성이 필요하고, 재료 분리의 방지를 위해 점성이 풍부한 콘크리트를 사용

(2) 수밀 Concrete : 투수나 투습에 의해서 구조물의 안정성, 내구성, 기능성, 유지 관리 및 외관 등에 영향을 받는 구조물에 적용하는 콘크리트로서, 누수의 원인이 되는 이음부 시공에 주의해야 함

➤ **분류(흐름)**

(1) 수중 Concrete
- 특성 – 해양, 하천, 니수 중 타설하는 Concrete → 해상 교각, 하천 현타, Slurry Wall
- 타설 공법 ┬ 원칙 – Tremie 이용, Pump 이용
  └ 임시 – 밑열림 상자, 밑열림 포대
- PAC공법(Preplaced Aggregate Concrete) – 조골재 미리 채움 → 고유동 Mortar 주입
  ┬ 분류 – 일반, 고강도(f_{91} ≥ 40~50MPa), 대규모
  └ 시공 관리 ┬ 재료 – Intrusion Aid 첨가 → 유동성 증대 → 재료 분리 저항성↑, 팽창성↑
    ├ 배합 – $G_{\min}$ ≥ 15mm, 잔골재 F.M=1.4~2.2
    └ 시공 – 주입압(0.3~0.5MPa)
- 문제점 ┬ 경화 전 – 품질 관리 난이, 재료 분리, 다짐 난이
  └ 경화 후 – 강도 저하 → 기준 강도의 60~80%
- 관리 ┬ 재료 – 증점제 ┬ 내적 저항(재료 분리 저감제)
  │ └ 외적 저항(수중 불분리성 혼화제)
  ├ 배합 ┬ W/B – 철근 해수, 철근 담수, 무근 해수, 무근 담수 → 50, 55, 60, 65%
  │ └ Slump – 밑열림 상자, 밑열림 포대(Slump 100~150), Tremi, Pump(130~180)
  └ 시공 – 유속 50mm/sec↓, Tremi/Pump 선단 삽입 깊이 0.3~0.5m

> ▶ **수중 불분리성 혼화제 부작용**
> (1) **경화 지연** – 경화제 사용
> (2) **기포 발생** – 소포제 사용
> (3) **유동성 저하** – 유동화제 사용

(2) 수밀 Concrete – 수밀성 개선 → 투수, 투습, 수압에 영향을 받는 구조물 – 수리, 지하, 상하수도
- 물질 혼합 × – 보통 수밀 Concrete → W/B ≤ 50%
- 물질 혼합 ○ – 방수 물질 첨가 Concrete ┬ 도포(외적) – Sylvester Method(바르고 열을 가함)
  │ └ 침투(내적) ┬ 물리적 – 미세 분말 공극 채움
  │ └ 화학적 – 혼화재
- 균열, Cold Joint 관리

⇨ 수중 불분리성 콘크리트 혼화제의 분류 및 특성
  ① 분류 – 경화 촉진제, 수중 불분리성 혼화제, 소포제, 유동화제
  ② 특성 – ㅅ(수직 분리도), ㅇ(유동성), ㅈ(재료 분리 저항성), ㅊ(충전성)

➤ **도식화**

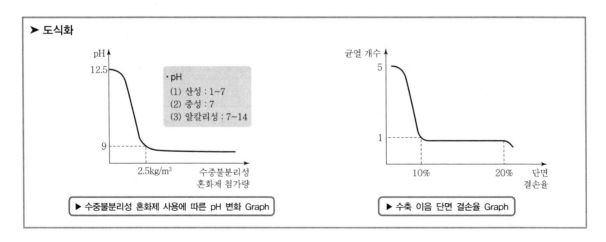

> · pH
> (1) 산성 : 1~7
> (2) 중성 : 7
> (3) 알칼리성 : 7~14

▶ 수중불분리성 혼화제 사용에 따른 pH 변화 Graph

▶ 수축 이음 단면 결손율 Graph

➤ 정의

(1) 해양 Concrete : 항만, 해양, 해안에서 시공하는 콘크리트를 총칭하며, 해수의 작용을 받는 구조물 외에 육상, 해상 공사시 파랑과 조류의 영향을 받는 구조물에 시공되는 콘크리트를 말한다.

➤ 분류(흐름)

(1) 문제점

```
┌─ 복합 열화 → 화학적 침식 + 염해 + AAR
└─ 염해 → 외적 영향(해풍, 해수)
     ⇨ 육상 구조물 ┬─ 복합 열화 = 염해 + 중성화 + 동해
                   └─ 염해 = 내적 영향(해사, 염화물 함량)
```

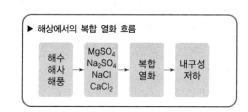

▶ 해상에서의 복합 열화 흐름

해수 해사 해풍 → MgSO₄ Na₂SO₄ NaCl CaCl₂ → 복합 열화 → 내구성 저하

(2) Mechanism(열화 과정)

```
┌─ ① 1단계 - 화학적 침식 - Concrete(Ca) + 해수(MgSO₄) → CaSO₄(석고) + C₃A
│        → Ettringite(콘크리트 자체 팽창) → 팽창압 > 인장 강도 → 인장 균열
└─ ② 2단계 - 염해 - 균열 내 Cl⁻이온 침입 → 철근 부식 팽창(2.5배) → 균열 증대
```

(3) 관리

▶ 염화물 이온 침투 해석 방법 - Fick's 확산 방정식

$$\frac{\partial C}{\partial t} = D\frac{\partial^2 C}{\partial x^2}$$

여기서, C : 콘크리트 중량에 대한 염분량(wt. %)
t : 사용 기간
x : 콘크리트 표면으로부터의 거리
D : 염분의 겉보기 환산 계수

```
┌─ 재료 ┬─ 시멘트 Concrete
│       ├─ 폴리머 시멘트 Concrete
│       ├─ 수지 Concrete
│       └─ 폴리머 함침 Concrete
├─ 배합 - W/B ≤ 50% → 해중 50%↓, 해상 대기 중 45%↓, 물보라 40%↓
└─ 시공 ┬─ 부식 대책 ┬─ 부식 허용 ○ → 부식 속도 설계 반영, 무도장 내후성 강 사용
        │            └─ 부식 허용 × → Concrete, 강재
        └─ 이음 피복 ┬─ 시공 이음 감조부 금지(HWL + 0.6m ~ LWL − 0.6m)
                     └─ 피복 두께 100mm 이상
```

▶ 폴리머 시멘트 콘크리트

① 재료 - 시멘트 혼화용 폴리머 디스퍼전, 시멘트 혼화용 재유화형 분말 수지

② 배합 - W/B = 30~60%, 폴리머 - 시멘트비 = 5~30%

③ 시공 - 온도는 5~35℃, 기계 혼합

④ 양생 - 시공 후 1~3일의 습윤 양생 후 양생 기간은 7일 표준

➤ 도식화

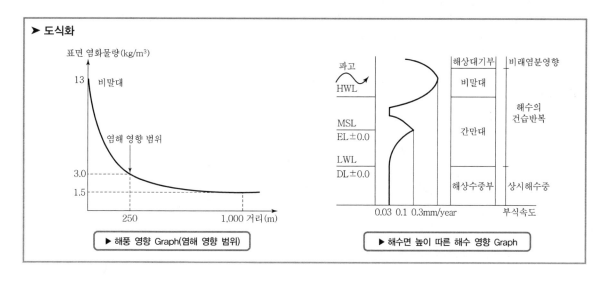

▶ 해풍 영향 Graph(염해 영향 범위)

▶ 해수면 높이 따른 해수 영향 Graph

➤ 정의

(1) Shotcrete : 압축 공기로 Concrete, Mortar를 Hose에 압송시켜 시공 면에 뿜어 붙이는 Concrete로서, 건식 방식
과 습식 방식이 있으며, 터널의 1차 지보공, 암반 사면의 보강 등에 활용

(2) Rebound율 : Shotcrete 뿜은 후 붙지 않고 탈락하는 현상 → Rebound율로 정량적으로 표현
　　　　⇨ 일반적으로 20~30%의 값을 표준 → 최소화 방안 - 강섬유 보강, 장비 개발

(3) 급결제 : Tunnel 공사와 같이 상향으로 시공시 박락 방지를 목적 → 주로 Shotcrete에 혼합
　　　　→ 분말(Sodium Silicate), 액상(Sodium Aluminate)

➤ 분류(흐름)

(1) Shotcrete

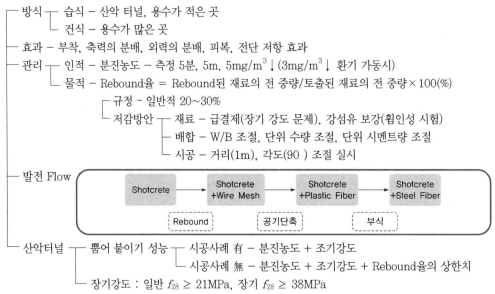

```
┌─ 방식 ┬─ 습식 – 산악 터널, 용수가 적은 곳
│       └─ 건식 – 용수가 많은 곳
├─ 효과 – 부착, 축력의 분배, 외력의 분배, 피복, 전단 저항 효과
├─ 관리 ┬─ 인적 – 분진농도 – 측정 5분, 5m, 5mg/m³↓ (3mg/m³↓ 환기 가동시)
│       └─ 물적 – Rebound율 = Rebound된 재료의 전 중량/토출된 재료의 전 중량×100(%)
│                 ┌─ 규정 - 일반적 20~30%
│                 └─ 저감방안 ┬─ 재료 – 급결제(장기 강도 문제), 강섬유 보강(휨인성 시험)
│                             ├─ 배합 – W/B 조절, 단위 수량 조절, 단위 시멘트량 조절
│                             └─ 시공 – 거리(1m), 각도(90 ) 조절 실시
├─ 발전 Flow
```

Shotcrete	→	Shotcrete +Wire Mesh	→	Shotcrete +Plastic Fiber	→	Shotcrete +Steel Fiber
		Rebound		공기단축		부식

```
└─ 산악터널 ┬─ 뿜어 붙이기 성능 ┬─ 시공사례 有 – 분진농도 + 조기강도
           │                   └─ 시공사례 無 – 분진농도 + 조기강도 + Rebound율의 상한치
           └─ 장기강도 : 일반 f₂₈ ≥ 21MPa, 장기 f₂₈ ≥ 38MPa
```

장기강도 : 일반 $f_{28} \geq$ 21MPa, 장기 $f_{28} \geq$ 38MPa

(2) 급결제

▶ 목적 – Tunnel 공사와 같이 상향으로 시공시 박락방지

▶ 품질기준 – 초결(1분 30초 ~ 5분), 종결(12 ~ 20분)

▶ 주의사항 – 환경문제(Cr^{+6}), 수질 오염 및 과다 사용시 강도저하 우려

▶ 분류 ⇨ 액상 – Sodium Silicate계, Sodium Aluminate계, Aluminium Phosphate계
　　　　⇨ 분말 – Sodium Aluminate계

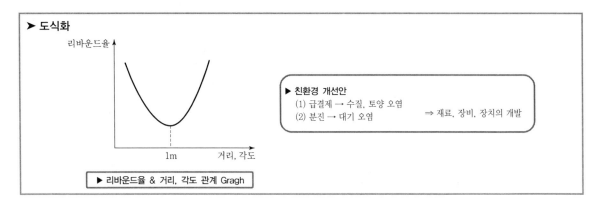

➤ 도식화

리바운드율

▶ 친환경 개선안
(1) 급결제 → 수질, 토양 오염
(2) 분진 → 대기 오염　　　⇒ 재료, 장비, 장치의 개발

1m　　　거리, 각도

▶ 리바운드율 & 거리, 각도 관계 Gragh

➤ **정의**

(1) Prestressed Concrete : 강선, 강연선 등을 사용해 부재 내에 강한 압축 변형력을 부여 → 공용시 인장응력이 압축 변형력에 의해 소거 → 사용시 받는 외력을 제거하는 콘크리트

(2) Pre-Tension : PS 강재에 사전 프리스트레싱을 한 후 콘크리트를 타설하는 공법으로 주로 공장용

(3) Post-Tension : 콘크리트를 선 타설한 후 콘크리트 속에 PS 강재를 넣고 프리스트레싱을 주는 공법

(4) PS 강재의 Relaxation : PS 강재에 인장 응력을 작용시켜 그 변형률을 일정하게 유지 → PS 강재에 준 인장 응력이 시간의 경과와 더불어 점차 감소하는 현상

➤ **분류(흐름)**

(1) PS

- 원리 – **응력** 개념, **하중 평형** 개념, **강도** 개념
- 관리 – 집중 Cable, 분산 Cable
- 방식
  - Pre-Tension – 타설 전 긴장(공장, 부착) – Long Line(연속식), Individual(단독식)
  - Post-Tension – 타설 후 긴장(현장, 정착) – Bond Type(Grouting), Unbond Type(Grease)
- 강재 – 강봉(Relaxation 3%), 강선(Relaxation 5%)
- 방법 – **기계적**(Jacking), **화학적**(팽창재 – 화학적 Prestress), **전기적**(전류), 기타(Preflex – 솟음)
- Relaxation
  - 순 Relaxation $= \dfrac{\Delta P}{P_i} = \dfrac{(\text{최초 인장 응력} - \text{현재 인장 응력})}{\text{최초 인장 응력}}$
  - 겉보기 Relaxation = 순 Relaxation + 2차 응력 손실
- 단계별 응력 손실

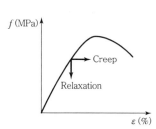

f (MPa)

Creep

Relaxation

ε (%)

Jacking → 초기 Prestress → 유효 Prestress

즉시 손실
▶ 콘크리트 : 탄성 변형
▶ PS강재 : 정착단 활동
　　　　　 Sheath관 마찰

시간 의존적 손실
▶ 콘크리트 : 2차 응력
　　　　　　 (건조수축, Creep)
▶ PS강재 : Relaxation

▶ **PSC 강재 Grouting**
(1) 목적 – PS 강선 부식 방지, Relaxation 억제, 부재와 일체화
(2) 요구 조건 – 강도, 고결 시간, 침투력
(3) 주입 시기/주입압/주입량 – PS 직후, 3kg/cm² 이상, 유출구 유출 시까지

➤ **도식화**

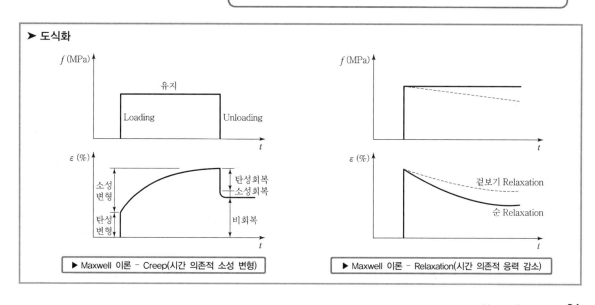

f (MPa)

유지

Loading　　　Unloading

t

ε (%)

소성 변형

탄성회복
소성회복

탄성 변형

비회복

t

▶ Maxwell 이론 – Creep(시간 의존적 소성 변형)

f (MPa)

t

ε (%)

겉보기 Relaxation

순 Relaxation

t

▶ Maxwell 이론 – Relaxation(시간 의존적 응력 감소)

➤ **정의**

(1) 공칭 응력 : 단면적이 변하지 않는 것을 가정(공칭 변형률)하여 사용하였을 때의 응력

(2) 진응력 : 단면 수축에 의한 봉의 실제 단면적(진변형률, 고유 변형률)을 계산에 사용해서 구할 때의 응력

(3) 무도장 내후성 강 : 일반강에 내식성이 우수한 Cu, Cr, P, Ni 등의 원소를 소량 첨가한 저합금강
           → 일반강에 비해 4 ~ 8배의 내식성을 갖는 강재

(4) Tapered Plate(Longitudinally Profiled Plate) : 두께가 연속적으로 변하는 강판

(5) 피로 부식 균열(Corrosion Fatigue Cracking) : 부식과 반복 응력의 동시 존재 상태 하 → 피로 저항↓

(6) 응력 부식 : 인장 응력하에 있는 금속 재료가 재료와 부식 환경이 특징적인 조합하에서 취성적 파괴

➤ **분류(흐름)**

(1) 종류

```
─ 화학적
    ┌ 탄소강 – Fe+C
    │    → TMCP(Thermo Mechanical Control Process)
    │    ⇨ C↓ → 인성, 용접성↑ → 내진성↑
    └ 합금강 – Fe+C+α
         → 무도장 내후성 강 : 일반강에 Cu, Cr, P, Ni(쿠크인니) 등 내식성이 우수한 원소 첨가
         ⇨ 안정 녹층 부식 억제, 내식성(일반 강 4 ~ 8배), 국부 손상
─ 구조적 – 보통강, 고장력강
```

(2) 문제점

```
─ 재질적
    ┌ 물리적(결함) ┬ 내적 – Lamination(실금)
    │              └ 외적 – Scalling(흠)
    └ 화학적(부식)
         ⇨ 부동태(RC) → 활성태(RC) → 분해(강재) → 부식(강재)
─ 구조적
    ┌ 지연 파괴 – 정적 응력
    ├ 응력 부식 – 고응력/잔류 응력
    └ 피로 파괴 – 반복 응력
```

> ➤ **화학성분이 강재의 특성에 미치는 영향**
> (1) 탄소(C) – 탄소량 0.8% 이하에서 함유량과
>   강도 비례
> (2) 망간(Mn) – 강도 증가, 연성 강도 적음
> (3) 규소(Si) – 강도 증가, 연신율, 충격치 감소
> (4) 인(P), 황(S) – 강에 존재하는 불순 원소로
>   기계적 성질을 불균일하게 함

➤ **도식화**

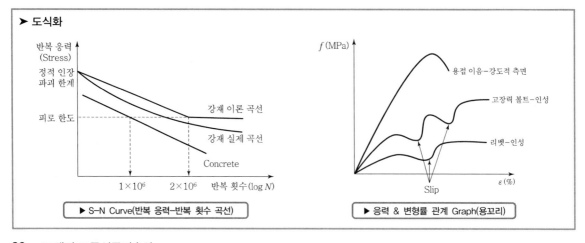

| ▶ S-N Curve(반복 응력–반복 횟수 곡선) | ▶ 응력 & 변형률 관계 Graph(용꼬리) |

➤ **정의**

(1) 강재의 연결 방법 : 야금적 방법 → 용접 이음, 기계적 이음 → 고장력 볼트 이음, 리벳 이음

⇨ 응력 집중이나 잔류 응력, 2차 응력이 생기지 않도록 할 것

⇨ 연결부 구조가 단순하여 응력 전달이 확실할 것, 편심이 일어나지 않을 것

(2) 용접 이음 : 금속 표면을 유동 상태까지 가열하여 부재가 용해되어 유착되도록 연결하는 방법

(3) 고장력 볼트 : 고장력 강을 사용한 볼트와 너트를 강하게 조여 마찰면에 일어나는 마찰력과 지압 및 전단 응력 등으로 부재를 연결한 것

(4) 리벳 이음 : 두 장 이상의 강판을 겹쳐 구멍을 내고 가열한 리벳을 삽입시키고 표면에 나온 축의 단부를 Rivet Snap을 대고 두들겨 두부를 형성하는 이음

➤ **분류(흐름)**

(1) 종류 – 야금적(**용**), 기계적(**고, 리**)

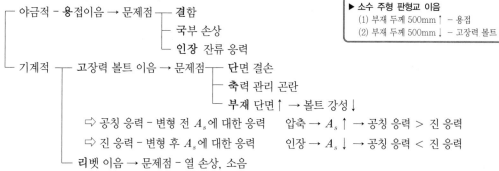

┌ 야금적 – 용접이음 → 문제점 ┬ **결함**
│ ├ **국부 손상**
│ └ **인장** 잔류 응력
└ 기계적 ┬ **고장력 볼트 이음** → 문제점 ┬ **단면 결손**
　　　　 │ 　　　　　　　　　　　　　├ **축력 관리 곤란**
　　　　 │ 　　　　　　　　　　　　　└ **부재 단면**↑ → 볼트 강성↓
　　　　 │ ⇨ 공칭 응력 – 변형 전 A_s에 대한 응력　압축 → A_s↑ → 공칭 응력 > 진 응력
　　　　 │ ⇨ 진 응력 – 변형 후 A_s에 대한 응력　인장 → A_s↓ → 공칭 응력 < 진 응력
　　　　 └ **리벳 이음** → 문제점 – 열 손상, 소음

┌─────────────────────────────┐
│ ➤ **소수 주형 판형교 이음** │
│ (1) 부재 두께 500mm↑ – 용접 │
│ (2) 부재 두께 500mm↓ – 고장력 볼트 │
└─────────────────────────────┘

(2) 연결 원칙

┌ 연결부 구조 간단 → 응력 전달이 확실할 것
├ 편심이 일어나지 않을 것, 응력 집중이 생기지 않을 것
├ 잔류 응력이나 2차 응력이 생기지 않도록 할 것
└ 모재 전강도의 75% 이상의 강도를 가질 것

┌─────────────────────────────┐
│ ➤ **고장력 볼트 이음** │
│ (1) 이음법 │
│ 　① 마찰 이음(Friction Type) │
│ 　② 지압 이음(Bearing Type) │
│ 　③ 인장 이음 │
│ (2) 볼트 이음 – 토크법, 너트 이음법 │
│ (3) 검사 – 회전법, 토크법 │
└─────────────────────────────┘

(3) 시공법 ┬ 용접 이음 ┬ 응력 전달 ○ – Groove, Fillet
　　　　　 │ 　　　　　 └ 응력 전달 × – Plug, Slot
　　　　　 ├ 고장력 볼트 시공법 ┬ 하중과 축평행 – 인장
　　　　　 │ 　　　　　　　　　 └ 하중과 축직각 – 마찰, 지압
　　　　　 └ 리벳 시공법 – 직접, 간접

➤ **도식화**

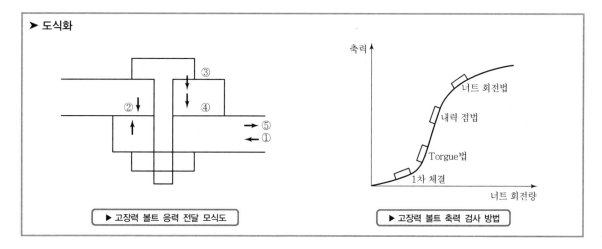

▶ 고장력 볼트 응력 전달 모식도

▶ 고장력 볼트 축력 검사 방법

➤ 정의

(1) 용접부 비파괴 검사 : 재료나 구조물의 파괴 없이 결함을 조사하는 것

        → 육안 검사, 내부 결함 조사 - 방사선 투과 시험(RT), 초음파 탐상(UT)

        → 외부 결함 조사 - 자분 탐상 시험(MT), 침투 탐상(PT)

(2) 자분 탐상 검사(Magnetic Particle Test) : 강자성체의 표층부에 존재하는 결함을 검출하는 검사 방법

(3) 침투 탐상 검사(Liquid Penetration Test) : 시험 대상물의 표면에 열려 있는 결함만 검출하는 검사

(4) 방사선 투과 검사(Radiographic Test) : 시험 대상물에 같은 강도의 방사선을 조사하여 투과

        → X선 필름, 형광판으로 받아서 가시상 만들어 → 결함, 내부 구조 등 조사

(5) 초음파 탐상 검사(Ultrasonic Test) : 초음파를 피검체에 전달시켜 피검체 내부, 외부에 위치한 결함으로부터 반사

        되어 나온 신호를 스코우프에 나타나게 하여 결함을 탐지

(6) 용접 결함 : 용접 구조물의 안정성 및 사용 목적을 손상시킬 수 있는 특정한 형태의 불연속 지시를 지칭

       (불연속 지시 - 균일한 형상에서 불균일한 형상을 총칭)

➤ 분류(흐름)

(1) 용접 검사

  ┌ 용접 전 - 트임새, 구속법

  ├ 용접 중 - 환경(습도), 자세, 전류

  └ 용접 후 - 비파괴 검사 ┬ 육안 검사 - 지식과 경험이 있는 기술자

          └ 비파괴 시험 ┬ 내부 탐사 - UT(초음파 탐상), RT(방사선 투과)

                └ 외부 탐사 - MT(자분 탐상), PT(침투 탐상)

> ➤ **용접 결함이 강구조물에 미치는 영향**
> (1) 용접부 단면적↓ → 응력 증가 → 강도 초과 → 파괴
> (2) Notch 효과 → 응력 집중 → 부재 파괴
> (3) 결함 → 열화 촉진 → 내구 수명 감소 → 조기 파괴

(2) 비파괴 시험

  ┌ 내부 ┬ 초음파 탐상 검사 ┬ 표면, 내부 결함, 부식 상태
  │   (Ultrasonic Test) └ 장점(정밀, 신속, 현장 판단 가능), 단점(결함 종류 구분 난이)
  │   └ 방사선 투과 검사 ┬ 내부 균열, 기포, 언더컷, 용접 부족
  │   (Radiographic Test) └ 장점(증거 보존 가능), 단점(경험 필요, 즉석 판단 불가, 취급 난이)
  └ 외부 ┬ 자분 탐상 검사 ┬ 표면 갈라짐, 용입 부족, 균열
       (Magnetic Particle Test) └ 장점(표면 결함 조사 용이, 즉석 판단), 단점(자성 물질에만 가능)
     └ 침투 탐상 검사 ┬ 미세 표면 균열
       (Penetration Test) └ 장점(간편, 비용 저렴), 단점(표면 결함만 가능)

(3) 용접 결함 형태 ┬ 치수상 - 변형, 치수불량, 형태 불량
       ├ 재질상 - 기계적, 화학적
       └ 구조상 - Undercut, Underfill, Overlap, Blowhole, Crack, Fit, 용입 불량

➤ 도식화

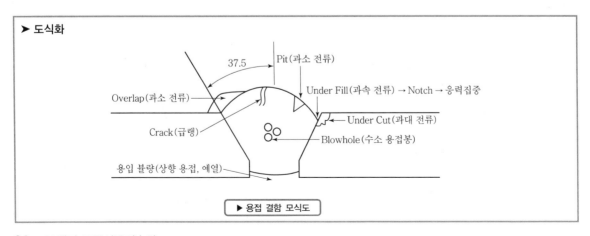

▶ 용접 결함 모식도

➤ 정의

(1) 강재의 방청 : 강재의 강도 저하, 내구성 저하, 마감재의 부착력 감소 방지

　　　　→ 물과 산소를 강재 표면으로부터 차단시켜 부식 진행을 방지하는 것

(2) 강재의 방식 : 부식의 원인(부식 반응)을 억제하거나 역행시키는 것

(3) 외부 전원법 : 외부에서 직류 전원 장치를 사용하여 피방식체(강말뚝, 강널말뚝)에 음전극을 접속

　　　　→ 해중 또는 지중에 양전극을 접속 ⇨ 피방식체에 방식 전류를 공급하는 방법

(4) 희생 양극법 : 피방식체보다 전위가 낮은 비금속체인 알루미늄, 마그네슘, 아연 등의 양극을 강구조물에 접속

　　　　→ 피방식체와 비금속체 간의 전위차로 발생하는 전류를 이용

➤ 분류(흐름)

(1) 종류

```
┌─ 부식 환경 차단 - 양극과 음극의 전기 저항 확대 → 대책 ┬ 투과성이 적은 전색제의 선택
│                                                    ├ 도막두께의 증대
│                                                    └ 차단 효과가 큰 안료의 배합
│
├─ 금속면 부동태화 - 양극 분극의 증대 → 대책 ┬ 납 등의 방청 안료의 배합
│                                          └ Inhibitor의 배합
│
└─ 음극 방청 작용 - 음극 분극의 증대 → 대책 ┬ 철로부터 이온화 경향이 큰 금속을 도료 사용
                                           └ 아연 도금
```

(2) 전기 방식 공법

구 분	외부 전원법	희생(유전) 양극법
개 념	외부에서 직류 전원 장치를 사용 피방식체(강말뚝, 강널말뚝)에 음전극 접속 해중 또는 지중에 양전극을 접속 → 피방식체에 방식 전류를 공급하는 방법	피방식체보다 전위가 낮은 비금속체 (알루미늄, 마그네슘, 아연 등)의 양극을 강구조물에 접속 → 피방식체와 비금속체 간의 전위차로 발생하는 전류를 이용
시공성	① 협소한 장소에 설치 가능 ② 타 공사에 영향이 없음	① 시공이 간단하고 편리 ② 타 공정에 영향을 줄 수 있음
경제성	① 대규모 구조물 : 초기 투입비 저렴 ② 지속적 전원공급에 따른 유지비 필요	① 소규모 구조물 : 저렴 ② 비저항이 높은 환경에는 비경제적
유지 관리	① 시공 후 전류 조정이 가능 ② 정류기, 배관, 배선 등 유지 관리 필요	① 인위적인 유지 관리 불필요 ② 전류 조절이 불가능

➤ 도식화

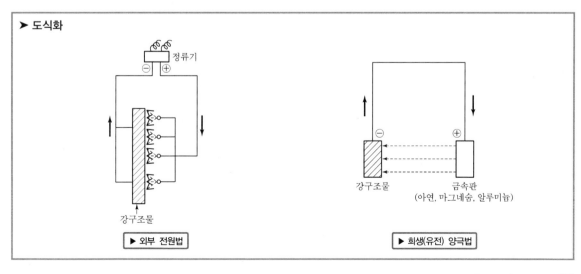

▶ 외부 전원법　　　　▶ 희생(유전) 양극법

➤ 정의

(1) 흙의 함수비 : 흙입자의 중량에 대한 수분의 중량의 비를 백분율로 표시한 것

(2) 상대 밀도(Relative Density) : 사질토와 같은 조립토에서 토립자의 배열 상태, 즉 느슨한 상태, 조밀한 상태를 알기 위하여 간극비 혹은 건조 단위 중량을 이용하여 구한 값

(3) 활성도(活性度, Activity) : 지반의 팽창성 판단 목적 → 점토 표면의 물리적, 화학적 성질의 정도 표시

⇨ 점토 광물의 성분이 일정할 경우 흙속의 점토분의 함량에 비례

(4) TSP(Tunnel Seismic Prediction, 터널 지진파 예측) : 터널의 전방 막장 예측 시스템으로 탄성파를 이용

(5) GPR(Ground Penetration Radar) : 전자기파를 이용한 지구 물리 탐사 방법 중 한 가지로서 천부 지질 및 구조물에 대한 고해상도 이미지를 제공

(6) 흙의 전단 강도(Shearing Strength) : 점착력과 마찰력으로 구성되는 강도로 흙에 작용하는 전단 응력에 대항하는 흙의 역학적 특성 중 하나임

➤ 분류(흐름)

(1) 기본 사항 – 성토 재료 요구 조건, 흙의 3상, 흙의 구조 및 전단 특성

- 성토 재료 요구 조건(전공T입지) – **전**단 강도, **공**학적 특성, Trafficability, **입**도 양호, 지지력 확보
- 흙의 3상 – 공기, 물, 흙입자 ─┬ 공극(공기) 제거 → 다짐(순간적)
  └ 수극(물) 제거 → 압밀(시간 의존적)
- 흙의 구조 ─┬ 사질토 – 단립, 봉소 구조 → 골재 Interlocking(맞물림) ⇨ 동적 다짐
  └ 점성토 – 면모, 이산 구조 → 전기적 결합 ⇨ 정적 다짐
- 흙의 전단 특성($\tau_f = c + \sigma' \tan\phi$ $(\sigma' = \sigma - u)$) ─┬ 점토 → 점착력(c)
  ├ 모래 → 상대 밀도(D_r)
  ├ 자갈 → Interlocking
  └ 암반 → 불연속면 특성

(2) 조사(Flow : 조사 → 검사 → 시험)

- 조사 ─┬ 방법 – 예비 조사, 현장 답사, 본 조사(검사 → 시험)
  ├ 범위 – 발생위치 및 시기, 발생 규모(폭, 길이, 개수, 간격), 진행성/관통 여부
  └ 시공 계획 – 계약 조건, 현장 조건
- 검사 – 지반 물리 탐사 ─┬ 파를 이용 ─┬ **탄성**파 – (표면, 굴절, 반사법)
  │ │ → TSP – 200 ~ 300m 막장 전방 예측
  │ └ **전자기**파 – 고, 중간, 저주파
  │ → GPR – 지표 및 구조물 상태 조사
  └ 파를 미이용 – **방사**능, **전기** 비저항

➤ 도식화

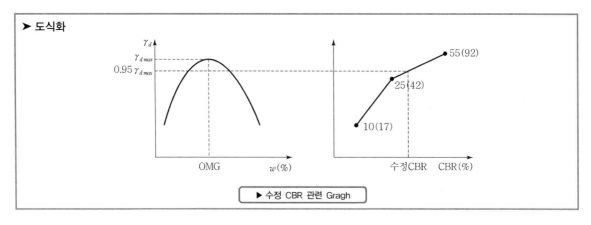

▶ 수정 CBR 관련 Gragh

➤ **정의**

(1) Sounding : 파괴적 개념에 대한 원위치 시험의 일종으로 Rod 선단의 저항체 지중에 매입

　　　　　→ 관입, 회전, 인발 저항치, → 지반의 토질 및 토층 상태 파악

(2) Vane Shear Test : 4개의 날개가 달린 Vane을 회전시켜 현장 비배수 전단 강도를 측정하는 원위치 시험

(3) SPT(Standard Penetration Test : 표준 관입 시험) : 63.5kg 추를 75cm의 높이에서 자유 낙하

　　　→ 시험용 Sampler 30cm 관입 ⇨ N 값의 도출

(4) N 값 : 표준 관입 시험(SPT)시 Sampler를 30cm 관입시키는 데 필요한 타격 횟수로서 흙의 지내력 측정

　　　→ N 값의 수정 – ① Rod 길이에 대한 수정, ② 토질에 대한 수정, ③ 상재압에 대한 수정

(5) PBT(Plate Bearing Test) : 강성 평판 → 작용 하중에 대한 침하량 → 지지력 계수(K) – 지반 지지력 파악

(6) CBR(California Bearing Ratio) : 설계 CBR(가요성 포장 두께 결정), 수정 CBR(노상, 노반 재료 선정)

➤ **분류(흐름)**

(1) 종류

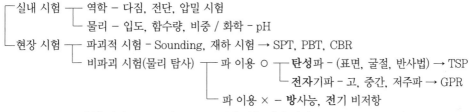

(2) Sounding

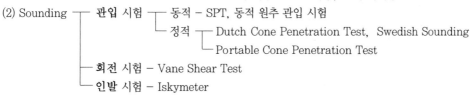

(3) 특성

구분	SPT	PBT	CBR
원리	하중(충격) – 관입/횟수	하중(지속) – 침하량	하중(관입) – 관입량
구하는 값	N 값	K=하중 강도/침하량	CBR=시험 하중/표준 하중
적용	흙의 지내력 측정 토질 주상도 기초 자료	CCP 포장 설계 지반 지지력	ACP 포장 설계 노상 지지력
주의 사항	N값 수정 → 로드길이, 토질, 상재하중	Scale Effect 지하수위 변화 침하량/지지력 변화	설계 CBR – 포장 두께 선정 CBR – 성토 재료

➤ **도식화**

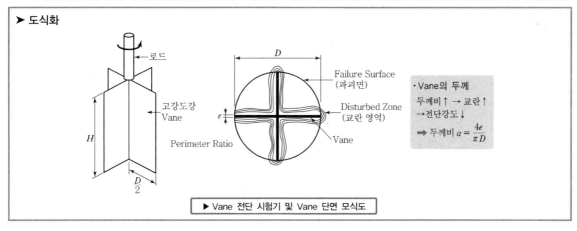

・Vane의 두께
두께비↑ → 교란↑
→전단강도↓
⇒ 두께비 $\alpha = \dfrac{4e}{\pi D}$

▶ Vane 전단 시험기 및 Vane 단면 모식도

➤ 정의

(1) 통일 분류법 : Casagrande(1942)가 고안한 흙의 분류법 → 입경을 바탕으로 입도와 Consistency 고려한 흙의 공학적 분류 방법의 표준 ⇨ 국지적 특성 미반영

(2) Atterberg 한계(흙의 연경도 : Consistency) : 세립토의 함수비 변화에 따른 상태 변화(고체 → 반고체 → 소성 → 액성) ⇨ 액성 한계(LL), 소성 한계(PL), 수축 한계(SL) ⇨ 소성 지수(PI) ⇨ 소성도

(3) 소성도(Plasticity Chart) : 액성 한계(LL), 소성 지수(PI) 활용 → 흙의 분류와 특성을 파악

➤ 분류(흐름)

(1) 통일 분류법(USCS)

┌ 주요 입경 - D_{10}(유효입경), D_{30}, D_{60}, D_{50}(액상화 판정 지표)

├ 입도 양호 조건 ┬ C_u(균등계수) $= \dfrac{D_{60}}{D_{10}}$ → 자갈 : $C_u > 4$, 모래 : $C_u > 6$

│ └ C_g(곡률계수) $= \dfrac{(D_{30})^2}{D_{10} \times D_{60}}$ → $1 < C_g < 3$

├ Filter 조건 ┬ 기능 → 배수기능 원활, 토립자 유출 방지 기능

│ └ 규정 → 통과백분율 15%, 85%에 해당하는 입경 D_{15}, D_{85}

│ $(4\sim5) \cdot D_{15} < d_{15} \leq (4\sim5) \cdot D_{85}$

└‥ 사용문자 ┬ 제1문자 - G, S, M, C, O, P_t

└ 제2문자 - W, P, M, C, L, H

> ➤ 통일분류법
> (1) No.200체 통과량 50% 이하 → 조립토
>   50% 이상 → 세립토
> (2) No. 4체 통과량 50% 이하 조립토 → 자갈
>   50% 이상 조립토 → 모래

(2) Atterberg 한계(Consistency 한계)

┌ 정의 - 세립토의 함수비 변화에 따른 상태 변화(고체 → 반고체 → 소성 → 액성)

└ 분류 - 액성한계(LL), 소성한계(PL), 수축한계(SL)

(3) 소성도(Plasticity Chart)

┌ 활용성 - 흙의 개략적 거동 특성 파악, 흙의 분류에 활용, 수축 한계의 결정

└ 분류 ┬ A선 → 실트(C)와 점토(M)의 구분선(PI = 0.73(LL−20))

├ U선 → LL과 PI의 상한선(PI = 0.9(LL−8))

└ B선 → 액성한계 50% 구분선으로 H(압축성 大), L(압축성 小)의 경계선

(4) USCS와 AASHTO 차이점

구분	USCS	AASHTO	비고
분류기준	입도, Consistency	입도, Atterberg limit, 군지수	
조립·세립구분	#200체 통과량 50% 기준	35% 기준	AASHTO가 적절
모래·자갈 구분	#4체	#10체(분류불명확)	

➤ 도식화

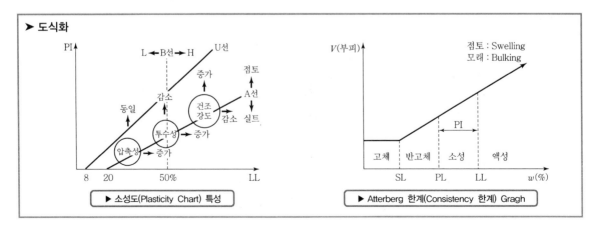

▶ 소성도(Plasticity Chart) 특성

▶ Atterberg 한계(Consistency 한계) Gragh

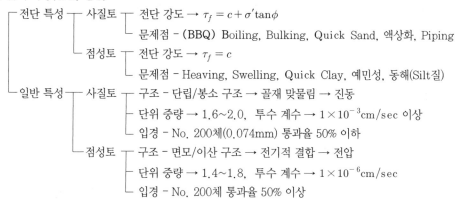

문제 **39** 토공(4) – 흙의 특성, Boiling & Heaving, Bulking & Swelling [출제횟차 : 62, 81, 93, 100]

➤ 정의

(1) 흙의 특성 : 사질토와 점성토의 전단 특성 및 일반 특성 규명 → 전단 강도에 영향을 주는 요인 분석

(2) Boiling : 느슨한 모래 지반 굴착 → 가물막이 내외 수위차 발생 → 가물막이 내부 지반이 부풀어 오름

(3) Heaving : 가물막이 내 외측 흙의 중량차 → 굴착 내부 저면이 부풀어 오르는 현상

(4) Bulking : 함수비 적은 사질 지반의 다짐 → 물 공급 → 모관 장력에 의한 저항력 증가 → 체적 증가

(5) Swelling : Montmorillonite 계열의 점성토 지반에 물을 가하면 체적이 크게 팽창하여 분산되는 현상

➤ 분류(흐름)

(1) 흙의 특성(전단, 일반)

```
┌ 전단 특성 ┬ 사질토 ┬ 전단 강도 → τ_f = c + σ'tanφ
│          │        └ 문제점 - (BBQ) Boiling, Bulking, Quick Sand, 액상화, Piping
│          └ 점성토 ┬ 전단 강도 → τ_f = c
│                   └ 문제점 - Heaving, Swelling, Quick Clay, 예민성, 동해(Silt질)
└ 일반 특성 ┬ 사질토 ┬ 구조 - 단립/봉소 구조 → 골재 맞물림 → 진동
           │        ├ 단위 중량 → 1.6~2.0, 투수 계수 → 1×10⁻³cm/sec 이상
           │        └ 입경 - No. 200체(0.074mm) 통과율 50% 이하
           └ 점성토 ┬ 구조 - 면모/이산 구조 → 전기적 결합 → 전압
                    ├ 단위 중량 → 1.4~1.8, 투수 계수 → 1×10⁻⁶cm/sec
                    └ 입경 - No. 200체 통과율 50% 이상
```

전단 강도 → $\tau_f = c + \sigma'\tan\phi$

전단 강도 → $\tau_f = c$

단위 중량 → 1.6~2.0, 투수 계수 → 1×10^{-3}cm/sec 이상

단위 중량 → 1.4~1.8, 투수 계수 → 1×10^{-6}cm/sec

(2) Boiling & Heaving

```
┌ Boiling ┬ 지반(사질토), 문제점(전단 강도↓), 원인(상·하류 수두차 → 상향 침투력)
│         └ 대책(F_s = i_c/i → i(=h/L)↓ → h↓, L↑)
└ Heaving ┬ 지반(점성토), 문제점(전단 응력↑), 원인(토괴 중량, 피압)
          └ 대책(F_s = 저항 M/활동 M → 저항 M↑, 활동 M↓)
```

대책($F_s = i_c/i \rightarrow i(=h/L)\downarrow \rightarrow h\downarrow, L\uparrow$)

대책($F_s = $ 저항 M/활동 $M \rightarrow$ 저항 $M\uparrow$, 활동 $M\downarrow$)

(3) Bulking & Swelling

```
┌ Bulking → 표면 장력 팽창
│  ┌ 지반(사질토)
│  └ 문제점(팽창 → 겉보기 C↑, 다짐불량), 원인(물 → 표면 장력), 대책(물다짐)
└ Swelling → 입자 흡수 팽창
   ┌ 지반(점성토)
   └ 문제점(팽창 → 지반융기, 터널 지압), 원인(물 → 점토 광물(KIM) 흡수), 대책(치환, 안정처리)
```

➤ 도식화

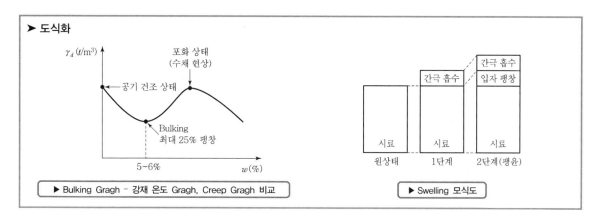

▶ Bulking Gragh - 강재 온도 Gragh, Creep Gragh 비교

▶ Swelling 모식도

➤ 정의

(1) Thixotropy : 교란된 시료가 시간의 경과에 따라 강도가 서서히 회복되는 현상

(2) 예민비(Sensitivity Ratio) : 지반의 강도가 교란에 의해서 약해지는 정도를 표시한 것

→ 비예민, 보통, 예민, 매우 예민, Quick Clay

(3) Quick Sand : 사질토 지반에서 수두차에 의해 상향의 침투 압력이 커질 경우에 침투 압력과 사질토의 중량이 같아

지면 사질토 지반의 유효 응력이 감소되어 0이 되며 전단 강도가 0이 됨

→ 모래가 상향으로 솟구쳐 오르는 현상

(4) Quick Clay : 예민비가 큰 초예민성 점토로서, 강도가 적고 충격, 진동시에 교란이 심한 점토

→ 해저에서 퇴적된 점토가 지반의 융기로 인해 담수로 세척되어 생성된 점토

➤ 분류(흐름)

(1) Thixotropy & 예민비(Sensitivity Ratio)

Mechanism

점성토	교란	강도 저하	시간	강도 회복
면모 구조	예민성	이산 구조	Thixotropy	면모 구조

예민비 $S_t = \dfrac{\text{불교란시료의 일축 압축 강도}(q_u)}{\text{교란시료의 일축 압축 강도}(q_{ur})}$

(2) Quick Sand – 사질토 지반($\tau = c + \sigma' \tan\phi = 0$)

Mechanism – 간극수의 상향 침투 → 간극 수압(u)↑ → 유효 응력(σ')↓ → Quick Sand 발생

(전단 강도가 0) → 침투 수력에 의해 국부적 토체 파괴(Boiling) → 물길(Piping) 형성

검토 방법 – 한계 동수 경사($F_s = \dfrac{i_{cr}}{i} = \dfrac{L \cdot \gamma_{sub}}{\Delta h \cdot \gamma_w} > 1.6$), 물체력($F_s = \dfrac{W}{V} = \dfrac{V \cdot \gamma_{sub}}{i \cdot \gamma_w \cdot V} > 1.5$)

대책 – 동수 구배 조정($i = \dfrac{\Delta h}{L}$에서 L 증가), 차수벽 설치, C값 증가, Filter 설치

(3) Quick Sand & Quick Clay

구분	Quick Sand(침투압 붕괴)	Quick Clay(예민성 점토)
지반	사질토	점성토
문제점	전단 강도(τ)= 0	전단 강도(τ) 감소
원인	상향 침투압 → 유효 응력(u) 감소	Leaching → 부착력 저하
대책	지수, 치환, 고결, 탈수, 다짐	치환, 고결, 탈수

➤ 도식화

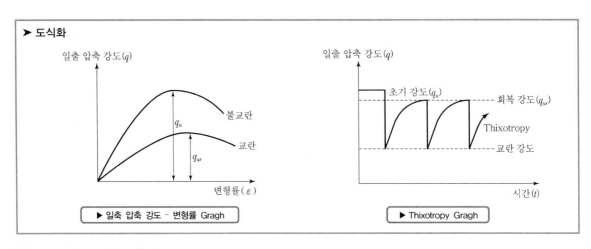

▶ 일축 압축 강도 – 변형률 Gragh

▶ Thixotropy Gragh

➤ **정의**

(1) 동결 심도 : 지반 속의 온도가 $0℃$ 이하 → 지표면에서 지하 동결선까지의 깊이

(2) 지반의 동상(Frost Heave) : 지반 속의 온도가 $0℃$ 이하 → 지표 근처 흙속 간극수 동결 및 Ice Lens 형성
  → 체적의 팽창 : 지표면이 부푸는 현상

(3) 융해(Thawing) : 지표 근처 Ice Lens가 녹기 시작 → 하부 동결층 배수 방해 → 지반의 연약화 현상

(4) 동결 지수(Freezing Index) : 동결 깊이에 대한 $0℃$ 이하의 온도와 지속 기간의 정량적 표시

➤ **분류(흐름)**

(1) 흙의 동상

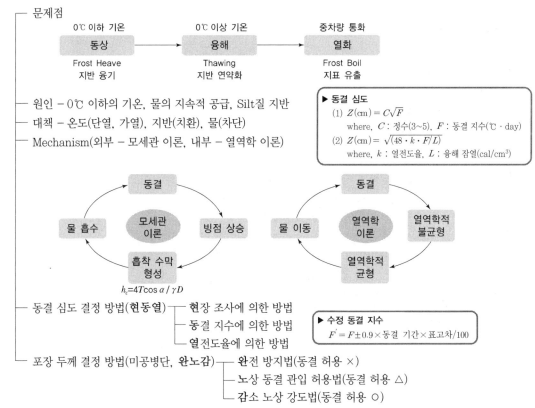

▶ **동결 심도**

(1) $Z(㎝) = C\sqrt{F}$
  where, C : 정수(3~5), F : 동결 지수($℃ \cdot$ day)

(2) $Z(㎝) = \sqrt{(48 \cdot k \cdot F/L)}$
  where, k : 열전도율, L : 융해 잠열(cal/cm³)

$h_c = 4T\cos a / \gamma D$

▶ **수정 동결 지수**

$F^{'} = F \pm 0.9 \times$ 동결 기간 $\times$ 표고차/100

➤ **도식화**

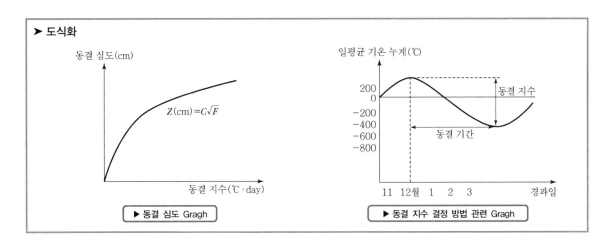

$Z(cm) = C\sqrt{F}$

▶ 동결 심도 Gragh

▶ 동결 지수 결정 방법 관련 Gragh

➤ **정의**

(1) 유토 곡선(Mass Curve) : 선형 토공에서 토량 배분을 효율적으로 하기 위하여 작성한 곡선
(2) 토량 환산 계수 : 토공 작업 중 절토 → 운반 → 다짐 3단계에서 원지반 자연 상태 토량을 기준으로 한 체적 변화 비율

➤ **분류(흐름)**

(1) 토취장/사토장 선정

┌ 고려 사항 – 토질, 토량, 경제성, 법규, 시공성, 기타(환경, 민원)
├ 조사 – 예비조사, 현지답사, 본조사
└ 복구 대책 – 사면 안정, 토사 유출, 지반 개량

(2) 토공 계획

┌ 선형 토공 – 유토 곡석(Mass Curve) → 종방향법, 횡방향법
└ 단지 토공 – 화살표법(Block 토량) → 평균 단면법, 주상법, 등고선법

(3) Tocycle(www.tocycle.com) → 토석 정보 공유 시스템(국토해양부)

┌ 목적 – 건설 현장 순성토 및 사토 정보 공유 및 관리
├ 활용 :

입력&공시	→	조회&사용
발주/건설업체		인근 지역 수요자
설계/발생량 정보		순성토 사토 관리

├ 효과 → 효율적 토석 정보 관리, 운반거리 단축, 공사비 절감, 환경 보호 및 민원 관리
└┈ 토공 Balance ┬ 굴착(굴착량, 사토량), 되메우기(유용토, 순성토)
                ├ 굴착량 = 구조물 체적량 + 유용토 + 순성토
                └ 사토량 = 구조물 체적량 + 순성토

(4) 유토 곡선(작성 원칙) – 높은 곳 → 낮은 곳, 한곳에 모아 일시에, 운반 거리 짧게

(5) 토량 환산 계수 – 토량 변화율 ┬ L(팽창률) = 흐트러진 토량/자연 상태 토량
                                └ C(압축률) = 다져진 토량/자연 상태 토량

▶ **토량 변화율**

(1) $L = \dfrac{\text{흐트러진 상태의 토량}}{\text{자연 상태의 토량}}$

(2) $C = \dfrac{\text{다져진 상태의 토량}}{\text{자연 상태의 토량}}$

(3) 상태별 흙의 체적
① 암(흐트러진>다짐>자연)
② 토사(흐트러진>자연>다짐)

구분		자연 상태	흐트러진	다져진 후
자연 상태	➤	1	L	C
흐트러진	➤	1/L	1	C/L
다져진 후	➤	1/C	L/C	1

➤ **도식화**

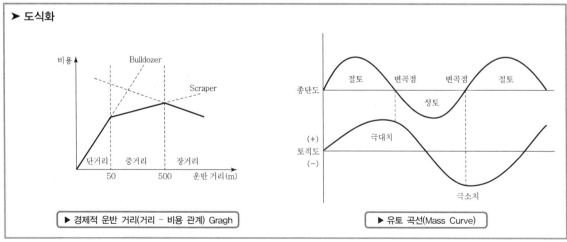

| ▶ 경제적 운반 거리(거리 – 비용 관계) Gragh | ▶ 유토 곡선(Mass Curve) |

➤ **정의**

(1) 한계 평형법 : 사면(토괴)의 활동력과 저항하려는 전단 강도가 한계평형 → 안전율=1 : 활동이 시작될 시점

(2) 평사 투영법 : 절리나 단층과 같은 불연속면의 주향과 경사를 측정 → Net에 절리면의 Pole을 투영

　　　　　　⇨ 불연속면을 입체적으로 파악하여 암반 사면의 안정성을 검토하는 방법

(3) SMR(Slope Mass Rating) : RMR을 근거로 하여 사면에 대한 요소를 고려 → 등급에 따른 파괴 형태

　　　　　　→ 안정성을 예비적으로 평가하는 분류 방법

(4) 사면 안정 해석 중 전응력 해석(단기 안정 해석) : 간극 수압을 고려하지 않은 비배수 전단 강도를 이용

(5) 사면 안정 해석 중 유효 응력 해석(장기 안정 해석) : 유효 응력으로 얻은 강도 정수를 이용하는 방법

➤ **분류(흐름)**

(1) 사면 안정

　　┌ 토질 – 토사 사면(붕락, 활동, 유동) / 암반 사면(붕락, 활동, 전도)

　　├ 성인 – 자연 사면(Land Slide, Land Creep) / 인공 사면(절토, 성토)

　　└ 형태 – 단순, 무한, 복합 사면

(2) 사면 붕괴

　　┌ 문제 ┬ 1차적(구조적, 직접) – 인적, 물적 피해

　　│　　　└ 2차적(비구조적, 간접) – 파급 효과(사회 기회 비용 증대)

　　├ 원인 ┬ 자연 사면 – 내적(Land Creep → 전단 강도 ↓) / 외적(Land Slide → 전단 응력 ↑)

　　│　　　└ 인공 사면 – 설계(경사), 재료(토질), 시공(발파, 비탈면 보호), 유지 관리(환경)

　　├ 대책(사면 안정 공법) ┬ Fₛ(안전율) 유지 – 비탈면 보호 공법

　　│　　　　　　　　　　├ Fₛ(안전율) 증가 – 안정 공법 ┬ 영구 대책(억지공) – τ_f ↑ : S/N, E/A

　　│　　　　　　　　　　│　　　　　　　　　　　　└ 임시 대책(억제공) – τ_f ↓ : 배토, 성토

　　│　　　　　　　　　　└ 다짐 공법 ┬ 피복토 설치 ○ → 사질토, 비점착성 흙, 침식성 흙

　　│　　　　　　　　　　　　　　　　└ 피복토 설치 × → 기계 다짐, 더돋기 후 절취, 완경사 후 절취

　　├ 형태 – 토사 사면(붕락, 활동, 유동) / 암반 사면(붕락, 활동, 전도)

　　└ 검토 ┬ 경험적 → $SMR = RMR + (f_1 \times f_2 \times f_3) + f_4$

　　　　　　├ 기하학 → 평사 투영법(사면 + 불연속면 주향, 경사)

　　　　　　├ 한계 평형 → Fellenius, Bishop, Janbu

　　　　　　└ 수치 해석 → FEM, FDM, DEM, DDM

┌─────────────────────────────┐
│ ▶ $\tau_f = c + (\sigma - u)\tan\phi$ │
│ 　여기서, c ↑ : Grouting │
│ 　　　　　 σ ↑ : Anchoring │
│ 　　　　　 u ↓ : 지하수 저하 │
│ 　　　　　 ϕ ↑ : 다짐 │
└─────────────────────────────┘

➤ **도식화**

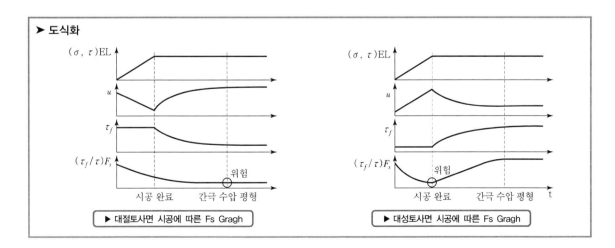

▶ 대절토사면 시공에 따른 Fs Gragh

▶ 대성토사면 시공에 따른 Fs Gragh

➤ **정의**

(1) Land Slide : 사면의 이동이 순간적으로 발생하는 붕괴 → 발생 규모가 작다. ⇨ 외적 전단 응력 증가

(2) Land Creep : 시간 의존적 사면 이동 현상 → 발생 속도가 느리고 규모가 크다. ⇨ 내적 전단 강도 저하

(3) 토석류(Debris Flow) : 집중 강우 시 자연 사면 붕괴로 인한 파괴 쇄설물이 간극수 및 지표수와 섞여 물길이 형성되면서 빠르게 이동하는 사면 파괴의 유형

(4) 피암 터널 : 비탈면이 급경사로 이격부 여유가 없거나 낙석의 규모가 커서 기존 낙석방지 시설물로 안전을 기대하기 어려울 때 적용 → 예상되는 낙석, 붕괴 암괴의 충격에너지가 커서 기존의 공법으로 대체 불가능할 때 터널 형식의 보호 시설로서 도로, 철도 등의 기능을 유지 및 보호

➤ **분류(흐름)**

(1) 자연 사면의 붕괴(산사태)

구분	Land Slide	Land Creep
원인	전단 응력 증가(호우, 지진 등)	전단 강도 감소(지하수위 상승)
발생 시기	호우 중 또는 직후, 지진 시	강우 후 일정 시간 경과
형태	소규모, 순간적	대규모, 지속적
지질	풍화암, 사질토	파쇄대, 연질암대
지형	급경사면(30) 이상	완경사면(30) 이하

(2) 토석류(Debris Flow)

```
┌ Mechanism – 집중 강우 → 자연 사면 붕괴로 인한 파괴 쇄설물 → 간극수 및 지표수와 혼합
│              → 물길이 형성 → 계곡부를 빠르게 이동 ⇨ 자연 사면의 파괴 유형
├ 종류 ┬ 토석류(Debris Flow : #4체 통과 백분율 50% 이상)
│      ├ 토사류(Sand Flow)
│      └ 이류(Mud Flow : #200체 통과 백분율 50% 미만)
├ 원인 ┬ 간극 수압 증가(집중 호우 : I > 55mm/hr → 누적 강우량 ≥ 250mm/hr)
│      └ 급한 경사(시작부 : 20 ~ 40°, 퇴적지 : 5 ~ 10°), 구속압 감소(지하수위 상승 시)
├ 형태 ┬ 계곡형 – 대규모, 이동 거리 길다.
│      └ 사면형 – 토석류의 초기 단계, 이동 거리 짧다.
└ 대책 ┬ 표면수에 의한 지표면 침식 저감 – 식생, 표면 피복
       ├ 사면 안정성 증대 – 산마루 측구/배수로 바닥 및 측면 침식 방지
       └ 유량 조절 – 사방댐, 유수지
```

➤ **도식화**

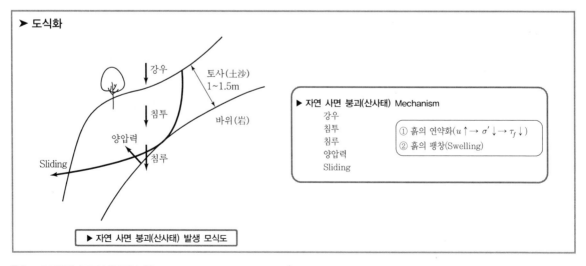

▶ 자연 사면 붕괴(산사태) 발생 모식도

➤ **정의**

(1) 낙석 방지공 : 암반 사면의 경우 비탈면의 풍화, 강우, 암반의 동결 융해, 침식, 발파 등의 이유로 낙석의 위험이 예상되는 장소에 사용되는 공법

(2) 산사태 예측도 : 자연 사면에서 일정량의 강우가 내릴 경우 → 어떤 지점의 산사태 확률을 예측하기 위한 확률론적 방법을 근거로 작성된 지도

(3) Soil Nailing : 사면 보강 및 굴착면 지반 보강 공법 → 보강재 원지반 삽입 : 원지반 자체 전단강도 증대
⇨ Top Down 방식 절토면 보강토 공법

(4) 억지 말뚝 공법 : 사면에 활동면을 관통하여 부동 지반까지 설치 → 말뚝의 수평 저항력으로 사면활동 억지

➤ **분류(흐름)**

(1) 비탈면 보호 공법(F_s 유지)

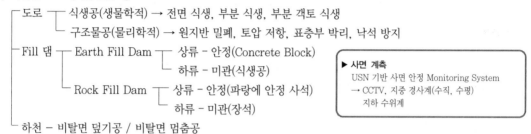

- 도로
  - 식생공(생물학적) → 전면 식생, 부분 식생, 부분 객토 식생
  - 구조물공(물리학적) → 원지반 밀폐, 토압 저항, 표층부 박리, 낙석 방지
- Fill 댐
  - Earth Fill Dam
    - 상류 – 안정(Concrete Block)
    - 하류 – 미관(식생공)
  - Rock Fill Dam
    - 상류 – 안정(파랑에 안정 사석)
    - 하류 – 미관(장석)
- 하천 – 비탈면 덮기공 / 비탈면 멈춤공

┌─────────────────────────────────┐
│ ➤ **사면 계측** │
│ USN 기반 사면 안정 Monitoring System │
│ → CCTV, 지중 경사계(수직, 수평) │
│   지하 수위계 │
└─────────────────────────────────┘

(2) 낙석 방지공법

- 낙석 예방공
  - 낙석 고정 – Shotcrete, Rock Block ⇨ 낙석 수치 모형 실험
  - 낙석 처리 – 전석 제거
- 낙석 방호공 – 낙석 방호책, 방지망, 옹벽

┌─────────────────────────────────┐
│ ➤ **인공 사면 표준 구배** │
│ (1) 문제점 - 일률적 표준 구배 적용 → 붕괴 │
│ (2) 대책 │
│   ① 차별적 사면 대책 - 지형, 지질, 지역 특성 고려 │
│   ② 계측 관리 │
└─────────────────────────────────┘

(3) 우리나라 강우 특성

- 호우 집중(연간 강수량의 2/3 우기철 집중)
- 강우 강도(mm/hr) – 강우 강도 100mm/hr 빈번
- 하상 계수 – $Q_{max} / Q_{min} = 100$단위(외국 10단위)
- 지역 특색 – 남부(집중 호우), 중부(누적 강우)

➤ **도식화**

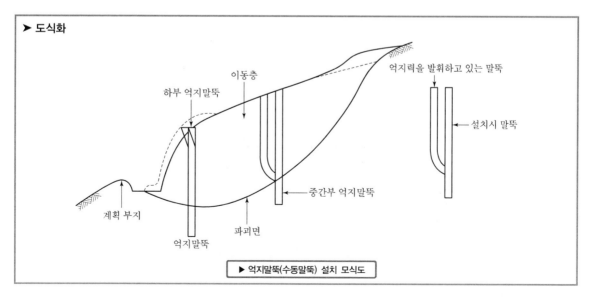

▶ 억지말뚝(수동말뚝) 설치 모식도

➤ 정의

(1) 구조물 뒷채움 : 교대, 암거 등의 비압축성인 콘크리트 구조물과 압축성이 있는 성토와의 사이에 부등 침하로 인한 단차가 발생하기 쉬운 시공으로 포장의 평탄성 훼손과 파손의 원인이 됨

(2) 도로 확폭시 주의 사항 : 기존 도로의 확장시에는 지반의 안정 처리와 절·성토 경계부 시공시 양질의 성토재료와 다짐 관리가 중요

(3) 편절, 편성(반절, 반성)부 시공시 유의 사항 : 도로 개설시 균등한 토량 배분을 위하여 한쪽은 절토, 다른 쪽은 성토일 경우 절성 경계부는 지지력, 간극 수압의 상이로 인해 부등 침하 발생
→ 양질의 성토 재료와 다짐 관리가 중요

(4) 절토시 유의 사항 : 절토부 노상 시공은 각기 다른 토사, 암반으로 구성되므로 지반의 지내력이 불균형
→ 노상이 연약화 또는 부등 침하 등을 일으켜 시공 후 많은 문제 발생
⇨ 절토부 지반 처리, 절토부 지하수 처리, 다짐 관리, 굴착 토사 처리 등

➤ 분류(흐름)

(1) 취약 5공종
- 구조물 + 토공 = 단차(공용 중) + 구조물 뒷채움(시공 중) → 압축성 차이 → 침하
- 토공 + 토공 = 편절, 편성부(반절, 반성) + 종방향 절성토(흙쌓기, 땅깎기) + 확폭 구간 접속부
→ 지지력, 간극비 상이 → 침하

(2) 절토 및 성토 시공시 유의 사항
- 성토
  - 성토고
    - 높은 경우 - 사면 안정, Scale Effect
    - 낮은 경우 - 주행성(Trafficability)
  - 토질
    - 고함수비 점성토 → 과다짐 우려, 주행성, 배수 처리
    - 암버럭 → 지지력 불규칙(균질 다짐 곤란)
  - 접속부 - 취약 5공종
- 절토
  - 지반
    - 암반 → 면처리
    - 암 + 토사 → 지지력 균일
    - 토사 → 사면 안정
  - 지하수 → 고갈
    - 우물 고갈 → 민원
    - 단위 질량 변화($\gamma_{sub} = 1.0 \rightarrow \gamma_t = 1.8$) → 무게 증가 → 침하

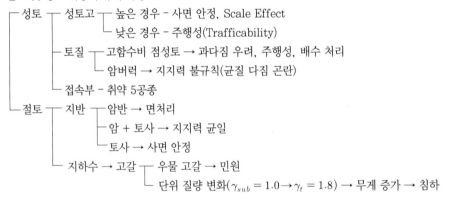

➤ 도식화

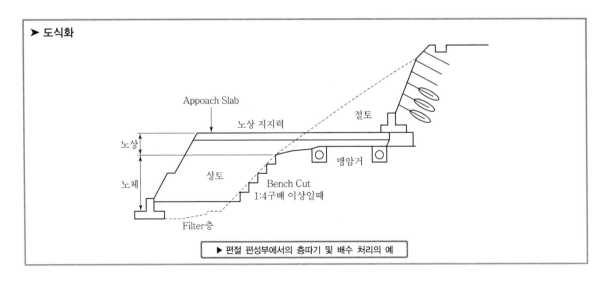

▶ 편절 편성부에서의 층따기 및 배수 처리의 예

➤ 정의

(1) 다짐 : 흙에 인위적인 힘을 가하여 간극내의 공기를 배출시켜 결합을 치밀하게 하여 흙의 단위 중량을 증가시키는 과정 ⇨ 목적(강도 증가, 압축성 및 투수성 감소)

(2) 최대 건조 단위 중량(최대 건조 밀도) : 다짐 곡선의 최대 점에 해당하는 건조 단위 중량

(3) 최적 함수비(OMC : Optimum Moisture Content) : 일정한 작업량에서 흙이 가장 잘 다져질 때의 함수비

(4) 최적 함수비선 : 다짐 시험시 각 다짐 곡선의 최대 건조 단위 질량의 정점을 연결 → ZAVC와 평행

(5) 영공기 간극곡선(Zero Air Void Curve) : 어떤 함수비에서 다짐에 의해 흙 속의 공기가 완전히 배출되면 완전 포화 상태가 되어 건조 중량 최대 → 이때 함수비와 건조밀도와의 관계 곡선

➤ 분류(흐름)

(1) 다짐 원리 - 원리곡선

┌ 실내 다짐 시험 → $\gamma_d = \dfrac{\gamma_t}{1+w}$

(여기서, γ_d : 건조단위중량, γ_t : 습윤단위중량, w : 함수비)

└ 현장 다짐 시험 → 다짐 장비, 포설 및 다짐 두께, 다짐 횟수

(2) 특성(다짐) ┌ 도로, 댐, 제방 - 건조 밀도(OMC 최대), 전단 강도(건조측 최대), 투수 계수(습윤측 최대)
└ ACP 다짐 - 밀도(OAC), 안정도, 공극

(3) 효과(다짐)

┌ 함수비 ┌ 多 - Cushion 효과 → Sponge 현상 → 다짐 곤란
│   └ 少 - 입자간 저항력(Interlocking) 감소 → 다짐 곤란
├ 토질 ┌ 조립토 - $\gamma_{d\max}$ 큼, OMC 작음, 다짐 곡선이 급경사
│   └ 세립토 - $\gamma_{d\max}$ 작음, OMC 큼, 다짐 곡선이 완경사
├ 에너지 - 다짐 에너지 증가 → $\gamma_{d\max}$ 증가, OMC 감소
└ 유기물 함량 - 많을수록 다짐 효과 저하

> ➤ 흙의 다짐 목적
> (1) 강도 증가 → 지지력 증가
> (2) 압축성 감소 → 침하량 감소
> (3) 투수성 감소 → 동상, 액상화 방지

> ➤ 다짐 에너지
> $$E_c = \frac{W \cdot H \cdot N_l \cdot N_b}{V}$$
> 여기서, W : 램머 무거
> V : 몰드 체적
> H : 램머 낙하고
> N_l : 다짐 충수
> N_b : 각층당 다짐 횟수

➤ 도식화

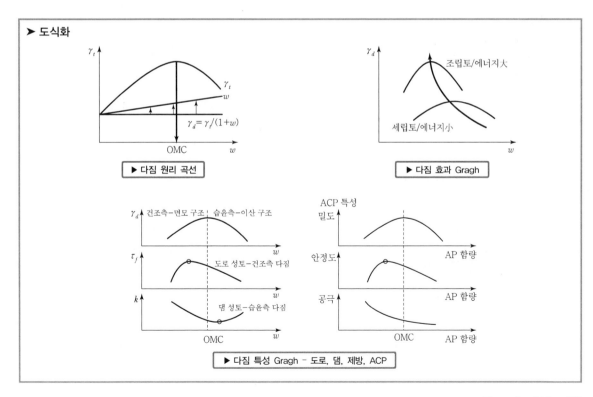

▶ 다짐 원리 곡선

▶ 다짐 효과 Gragh

▶ 다짐 특성 Gragh - 도로, 댐, 제방, ACP

➤ 정의

(1) 과다짐 : OMC 습윤측 다짐 → 다짐 에너지 과다 → 흙입자 파괴에 의한 전단 파괴 → 지반의 강도 감소

      ⇨ 화강풍화토에서 자주 발생, 동일 다짐 에너지에서는 건조측 유리

(2) 화강 풍화토 : 화강암류가 풍화작용에 의하여 제 위치에서 형성된 흙 → 풍화 속도가 중력, 침식 또는 빙하 작용에

      의해 제거되는 속도보다 빠를 때 형성 → 실트질 모래, 점토질 모래로 구성

(3) 다짐 규정 방법(다짐도 판정) : 품질 규정 방법(건조 밀도, 포화도, 강도, 상대 밀도, 변형량)

                    공법 규정 방법(다짐 두께, 다짐 횟수, 다짐 속도)

(4) 다짐 공법(다짐 방법) : 평면 다짐(좁은 경우 - Plate Type, 넓은 경우 - Roller Type)

                비탈 다짐(피복토 설치, 피복토 미설치)

➤ 분류(흐름)

(1) 규정(다짐)

    ┌ 품질 규정 ┬ 건조 밀도(γ_d), 포화도(85 ~ 95%), 강도(CBR, Cone 지수, k값), 상대 밀도(간극비)

    │   └ 변형량(Proof Rolling, Benkelman Beam Test)

    └ 공법 규정 - 다짐 기종, 다짐 횟수

(2) 제한(다짐) - 다짐 두께(Scale Effect), 다짐 횟수(과전압), 다짐 속도(효율)

(3) 공법(다짐) ┬ 평면 다짐 ┬ 좁은 경우 - Plate Type - 충격식(Rammer, Tamper)

            │   └ 넓은 경우 - Roller Type - 진동식(사질토), 전압식(점성토)

            └ 비탈면 다짐 ┬ 피복토 설치 ○ - 부슬부슬한 흙 → 사질토, 비점착성 흙, 침식성 흙

                       └ 피복토 설치 × ┬ 기계 다짐(Winch+Roller), 더돋기 후 절취

                             └ 완경사 후 절취

(4) 장비(다짐) ┬ 정적 장비, 동적 장비

            └ Roller Type, Plate Type

➤ 도식화

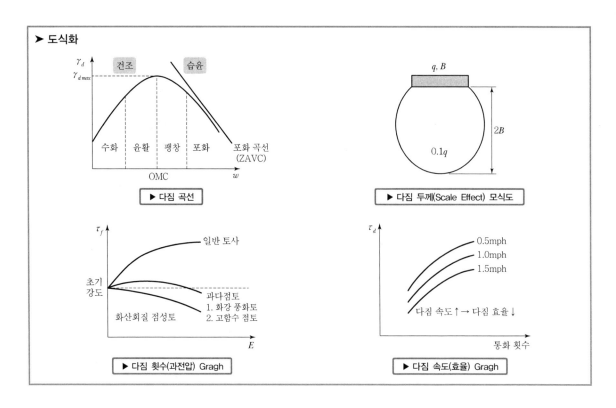

▶ 다짐 곡선

▶ 다짐 두께(Scale Effect) 모식도

▶ 다짐 횟수(과전압) Gragh

▶ 다짐 속도(효율) Gragh

➤ **정의**

(1) 건설 기계의 경제 수명 : 경제 내용시간을 연간 표준 가동시간으로 나눈 값 → 기계의 정비 관리 사용조건

(2) 시공 효율 : 작업 효율, 시간 효율, 가동률을 포함한 개념

(3) 작업 효율 : 현장에서 사용하는 기계의 능력, 현장 조건 고려 → 작업할 수 있는 능력을 산정하는 식

(4) 기계 손료 : 감가상각비, 정비비, 관리비를 포함한 개념

　　　　 ⇨ 감가상각비 : 기계 사용에 따른 가치 감소를 매 기간의 비용에 계상하는 것

　　　　 ⇨ 정비비 : 고장에 대한 수리 및 정비, 기능 유지를 위한 정기 점검, 부품 교환 등

　　　　 ⇨ 관리비 : 보유에 필요한 보관비, 세금, 보험료, 금리 등

➤ **분류(흐름)**

(1) 기본 사항

　　　┌ 목적 – 시공 관리 ┬ 목적물 관리 – 공기 단축, 원가 절감, 품질 향상
　　　│　　　　　　　　 └ 사회 규약 – 안전 확보, 환경 보호
　　　├ 전망 – 다기능화, 대형화, 표준화, 환경 친화적, 인간 중심적 → 무인화
　　　├ 요구 조건 – 내구성, 안정성, 정비성, 범용성 + 경제성
　　　├ 장비 ┬ 작업 능력 → $Q = C \cdot E \cdot N$ 여기서, Q : 작업 능력($\mathrm{m^3/hr}$), C : 작업량(1회당)
　　　│　　　│　　　　　　　　 E : 작업 효율 $= E_1 \times E_2$, N : 작업 횟수(시간당)
　　　│　　　└ 시공 효율 ┬ **작업 효율**($E_1 \times E_2$), **가동률**, **시간 효율**
　　　│　　　　　　　　　└ 향상 방안 ┬ 내적(인적 – 숙련도, 작업 의욕, 물적 – 기계 성능, 유지 관리)
　　　│　　　　　　　　　　　　　　 └ 외적(기상 관리, 장비 선정 및 조합, Trafficability)
　　　└ 경제성 ┬ 경제 수명(비용 – 시간)
　　　　　　　 ├ 경제 거리(비용 – 거리)
　　　　　　　 └ 경비 – **기계 손료**(감가상각비, 정비비, 관리비), 운전 경비, **조립/해체**, **운송**

(2) 종류(건설 기계)

　　　┌ Crusher ┬ 정치식 – 대형(400ton/hr↑), 운반 설치(복잡, 난이), 적용(석산)
　　　│　　　　 │　　┌ 1차(**조쇄**) – Jaw Crusher
　　　│　　　　 │　　├ 2차(**중쇄**) – Cone Crusher
　　　│　　　　 │　　└ 3차(**분쇄**) – Triple Roll Crusher
　　　│　　　　 └ 이동식 – 소형(200ton/hr↓), 운반 설치(단순, 용이), 적용(현장 – 골재, 순환 골재)
　　　│　　　　　 ⇨ 파쇄 원리 – 압축력, 전단력, 충격력, 마멸력, 뒤틀림
　　　└ 다짐 장비 ┬ 분류 – Plate Type(좁은 경우), Roller Type(넓은 경우)
　　　　　　　　　└ Effect → Scale Effect, Kneading Effect

➤ **도식화**

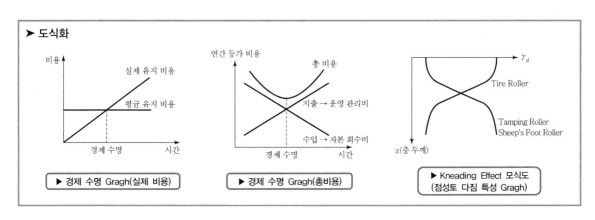

▶ 경제 수명 Gragh(실제 비용)　　▶ 경제 수명 Gragh(총비용)　　▶ Kneading Effect 모식도 (점성토 다짐 특성 Gragh)

➤ **정의**

(1) 건설 기계의 선정 원칙 : 작업 시간당 감가상각비와 수리비가 적은 것, 경비가 적게 드는 것
　　　　　　　　　　　　새 장비, 작업 가능 범위 큰 것, 가능한 사용 기계 통일화, 표준화, 특수 기능
(2) 건설 기계의 조합 원칙 : 작업을 병렬로 분할, 주작업+보조 작업, 시공 속도 균등화, 예비 기계수 결정
(3) Trafficability : 토공사 시 사용하는 시공 기계가 그 토질에 대하여 주행할 수 있는 정도
　　　　　　　　　→ 흙의 종류나 함수비에 따라 달라지는 주행 성능 → Cone 지수로 나타낸다.
(4) Rippability : Dozer에 부착된 Ripper로 암 굴착시 작업 효율성 → 탄성파 속도로 표시
(5) 장비 조합과 Simulation : Monte Carlo Simulation 원리 → 해당 작업에 대한 시간과 비용을 고려하여 최적으로
　　　　　　　　　　　　조합하여 운용계획 확립 → 공기 단축, 공비 절감의 효과를 기대

➤ **분류(흐름)**

(1) 선정
```
┌ 원칙 - 비용, 새장비, 특수 기능, 수리비, 대형화, 표준화+(경제성, 시공성)
└ 고려 사항
        ┌ 토질 ┬ Trafficability
        │      │   ┌ 판정 - Cone 지수(kg/cm²)
        │      │   ├ 조건 - Fs = 지반 지지력/(장비 접지압+부설 중량) = Qult/P > 1.5
        │      │   └ 향상 ┬ 지지력↑ - 쇄석 부설, 지표수 처리, 대나무 매트, 순환 골재, PTM
        │      │          └ 접지압↓ - 장비 중량↓, 접지 면적↑, 호버크래프트
        │      ├ Ripperbility - 판정 → 탄성파 속도(km/sec)
        │      └ 암괴 상태
        ├ 종류(작업)
        ├ 물량(작업)
        └ 소음/진동
```

F_s = 지반 지지력/(장비 접지압+부설 중량) = $Q_{ult}/P > 1.5$

┌─────────────────────────────────────┐
│ ➤ **Cone 지수**(q_c, kg/cm²)
│ 　(1) 사질토 - $q_c = 4 \cdot N$
│ 　　　　여기서, N : 표준 관입 시험의 N치
│ 　(2) 점성토 - $q_c = 5 \cdot q_u = 10 \cdot C$
│ 　　　　여기서, q_u : 일축 압축 강도(kg/cm²)
│ 　　　　　　　C : 흙의 점착력(kg/cm²)
└─────────────────────────────────────┘

(2) 조합 - 원칙 ┬ **병렬 조합**, **주작업+보조 작업**,
　　　　　　　　├ 시공 속도 균등화
　　　　　　　　└ **예비 기계 수** $x = n(1-f)$ ⇨ (여기서, n : 사용 대수, f : 가동률)

(3) 장비 조합 Simulation
```
┌ 최적 장비 투입을 위한 시뮬레이션 - Monte Carlo Simulation 원리
├ ┬ 작업 시간의 통계적 분포 - 정규 분포 함수 → 확률 누적 함수
│ └ S/W - SIGMA, MICRO-CYCLONE, ARENA 등
└ 현장에 최적 장비 조합 및 선정 - 공종별 장비 규격 및 대수 최종 도출
```

➤ **도식화**

┌──┐
│
│　　　　　　품질(신뢰성)
│
│　　　　　　　　　　　　　　　　➤ ○○신항 ○○○ 부지 조성 공사
│　　　　　　　　　　　　　　　　　장비 조합 시뮬레이션을 통한 최적 장비 투입
│　　　　　　　　　　　　　　　　(1) 현장 구성 및 작업 조건(자원, 이동 가능 경로) 분석
│　　　　　　　안전　　　　안전을 중심(기준)으로　(2) 작업 수행 시나리오(운반로, 장비 조합, 적업 절차) 검토
│　　　　　　　　　　　　공정, 원가 품질고려　　(3) 작업 시나리오별 Event-Oriented 시뮬레이션 구축
│　　　　　　　　　　　　　　　　(4) 작업 기초 Data 입력/실행, 투입 장비 조합 변동에 따른
│　　　　　　　　　　　　　　　　　　작업 효율성 분석(공정/비용 적정성 포함)
│　공기(능력)　　　　공비(손료)　(5) 최적 장비 조합 및 선정 → 공종별 장비 규격/대수 도출
│
│　　　　▶ 장비 선정시 고려 사항 모식도
└──┘

➤ **정의**

(1) 연약 지반 : 상부 구조물의 하중을 지지할 수 없는 지반 → 안정과 침하에 문제를 일으킴

　　　　　→ 외적 기준(상대적 기준, 절대적 기준), 내적 기준

(2) 토질별 대책 공법 : 사질토(다짐, 수위저하 → 밀도 증대 → 전단강도 증대)

　　　　　　　　　　　점성토(탈수, 치환 → 간극 수압 저하 → 전단강도 증진)

(3) 안정 관리 기법 : 통계적 신뢰성 → 정성적 지표(수렴, 발산), 정량적 지표(Matsuo, Kurihara, Tominaga)

(4) 침하 관리 기법 : 응력-변형 해석 → Asaoka법, 쌍곡선법, Hoshino법

➤ **분류(흐름)**

(1) 정의
- 내적 – 시간 의존적 연약화 지반(매립지, 유기질토)
- 외적
  - 상대적 기준 – 상부 구조물 하중을 지지할 수 없는 지반 → 안정, 침하의 문제
  - 절대적 기준 – 사질토 N < 10, 점성토 N < 4

(2) 문제점
- 안정
  - 사면 안정 – 자연 사면, 인공 사면
  - 측방 유동
    - 성토 지반 – 안정, 침하
    - 교대 구조 – 배면 침하, 수평 이동, 전면 융기
- 침하
  - 침하 시간($t = \dfrac{T_v \cdot H}{C_v}$ 여기서, H : 배수거리)
  - 침하량
    - $S_t = S_i + S_c + S_s$, $\quad S_c = \dfrac{C_c}{1+e} \cdot H \cdot \log \dfrac{P + \Delta P}{P}$ 여기서, H : 연약층 두께
    - 1차 압밀과 2차 압밀의 특징 및 차이점, 흐름

> ➤ **지반 개량 원리**
> $\tau_f = c + (\sigma - u)\tan\phi$
> ① $c \uparrow$ – 주입 공법
> ② $\sigma \uparrow$ – 재하 공법
> ③ $u \downarrow$ – 탈수 공법
> ④ $\phi \uparrow$ – 다짐 공법

(3) 대책
- **하중 조절**(전단 응력↓) – 균형(압성토), 경감(EPS), 분산(Sand Mat)
- **지반 개량**(전단 강도↑)
  - 안정화 공법 – 지수(약액/분사), **치환**(굴착/강제), 고결
  - 고밀도화 공법 – **탈수**(VD/Preloading), **다짐**(VF, VC(SCP))
- 지중 구조물(깊은 기초)

(4) 시공 관리
- 계측
  - 목적
    - 안정 – 측방 유동(안정도 판정 → 성토 두께 및 속도 조절)
    - 침하 – 시공 관리(압밀도 추정 → 성토 제거 시기 판정)
  - 항목
    - 안정 – 수평 계측(지중 경사계, 수평 변위 말뚝, 신축계)
    - 침하 – 수직 계측(침하판, 토압계, 층별 침하계, 간극 수압계, 지하수위계)
  - 분석
    - 안정 – 통계적 신뢰성
      - 정성적 지표(수렴, 발산)
      - 정량적 지표(Matsuo, Kurihara, Tominaga법)
    - 침하 – 응력/변형 해석 – Hoshino, Asaoka, 쌍곡선법
- 한계 성토고 – 성토시 안정을 유지할 수 있는 최고 높이($H = 5C/\gamma_t$)

➤ **도식화**

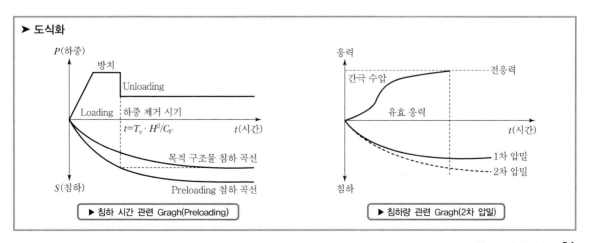

▶ 침하 시간 관련 Gragh(Preloading)　　　▶ 침하량 관련 Gragh(2차 압밀)

➤ **정의**

(1) 연약 지반 계측 : 설계시 자료와 실제 지반의 조건이 불일치 → 현장에서 실시간 현 상태 안정성과 위험 정도를 판단, 계측 관리 결과에 의해 설계와 시공을 보완

    ⇨ 계측 관리의 정확성, 이용성, 경제성 등을 고려 → 계측 기기를 선택

    ⇨ 현장 계측 자료는 예측치와 비교 분석하여 공사의 안정성 및 적합성을 판단

(2) 침하 관리 기법 : Asaoka 법 → 1차원, 3차원 압밀 및 Creep 효과 고려

     쌍곡선 법 → 비교적 객관성 있는 자료 분석이 가능하다.

     Hoshino 법 → 쌍곡선 법에 비하여 직선성이 향상되었음

➤ **분류(흐름)**

(1) 연약 지반 계측 목적

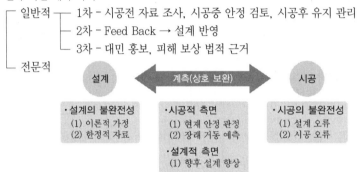

(2) 연약 지반 계측 흐름

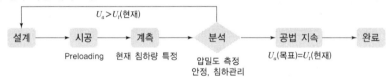

(3) 연약 지반 계측 항목

  ┌ 침하 – 계측 기기(지표 침하계, 층별 침하계), 설치 목적(장래 침하 예측, 층별 압밀도 추정)

  ├ 수평 변위 – 계측 기기(지중 수평 변위계, 변위 말뚝, 신축계), 설치 목적(측방 유동 예측)

  └ 압력 – 계측 기기(지하 수위, 간극 수압계, 토압계), 설치 목적(수압 및 토압 변화 → 안정성 판정)

➤ **도식화**

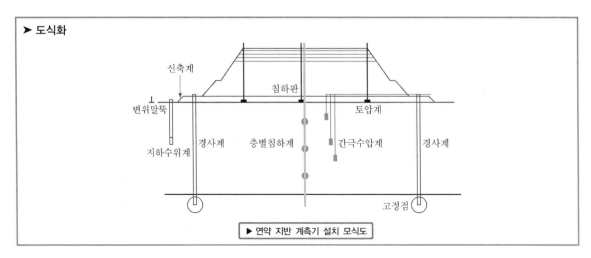

▶ 연약 지반 계측기 설치 모식도

➤ 정의

(1) EPS(Expanded Polystyrene Block) : 성토 및 뒷채움재 활용 → 초경량성, 내압축성, 내수성 및 자립성
　　　　　　　　　　　　　　　　　　　　　　　　→ 시공성 우수, 공기 단축, 구조물에 작용하는 토압 감소

(2) 약액 주입 공법 : 지반내 주입관 삽입 → 화학약액 지중에 압송 및 충진 → 지반 고결, 강도 증진, 투수성 저하
　　　　　　　　　　　　　→ 사질토(약액 침투 → 물, 공기 배출 → 전단강도 증대)
　　　　　　　　　　　　　점성토(할렬 효과 미비 → 전단 강도 소폭 증대)

(3) LW(Labilies Water Glass, 물유리 공법) : 물유리를 지반에 주입 → 차수성 증대, 강도 증진

(4) JSP(Jumbo Special Pattern) : 초고압의 분사 방식 이용 → 지반 절삭, 파쇄 → Grouting 주입재 충진

(5) RJP(Rodin Jet Pile) : 공기를 수반한 초고압수 이용 → 지반을 절삭 → 경화재 충진, 치환

➤ 분류(흐름)

(1) EPS 공법
　　┌─ 분류(제조 방법) – 형내 발포법, 압출 발포법
　　├─ 원리 – 발포 폴리스티렌 성토 및 뒷채움 시공 → 구조물 자중 경감 → $\tau \downarrow$ → $F_s \uparrow$
　　├─ 시공 순서 – 배수공 → 쇄석, 모래 부설 → EPS 부설 → 보호 Sheet → Concrete Slab → 복토
　　├─ 요구 조건 – 경량성, 내압축성, 내수성, 자립성, 시공성, 경제성, 강도
　　├─ 장점 – 하중 경감, 침하 감소, 공기 단축
　　├─ 단점 – 변형(Concrete Slab), 내화(보호 Sheet), 부력(배수공)
　　└─ 적용성 – 성토(연약지반 → 하중↓), 옹벽(뒷채움 → 토압↓), 터널(낙반 뒷채움)

(2) 약액 주입 공법
　　┌─ 분류 ┬─ 현탁액 형 – Asphalt, Bentonite, Cement
　　│　　　 └─ 용액 형 – 물유리(LW), 고분자계(공해, 수질 오염 – 양면성)
　　├─ 요구 조건 – 강도 증진 및 유지, 고결 시간 조절 기능, 침투 능력
　　├─ 주입 ┬─ 방식 ┬─ 1.0 Shot → Gel Time 20분
　　│　　　 │　　　 ├─ 2.0 Shot → Gel Time 2~10분
　　│　　　 │　　　 └─ 3.0 Shot → Gel Time 즉시
　　│　　　 └─ 방법 ┬─ 약액 주입 – 침투(사질토), 할렬(점성토)
　　│　　　　　　　 └─ 분사 주입 – 교반(JSP, CCP), 치환(RJP, CJP)
　　├─ 원리 ┬─ 사질토 – 침투 → 물, 공기 약액 치환 → $c \uparrow$ → $\tau_f \uparrow$
　　│　　　 └─ 점성토 – 할렬 → 물 약액 치환 → $c \nearrow$ → $\tau_f \nearrow$
　　└─ 문제점 – 내구 수명이 짧음, 공해 유발, 개량 범위 효과 불확실

> ▶ **LW 공법**
> Alkali(시멘트) + Silica(골재) + 물 → 팽창
> (1) 지반 : 팽창 → 다짐, 개량 → 긍정적
> (2) Concrete : 팽창 → 균열 → 부정적
>
> ▶ **용탈(Leaching)**
> – Silica 성분이 빠져나가는 현상

➤ 도식화

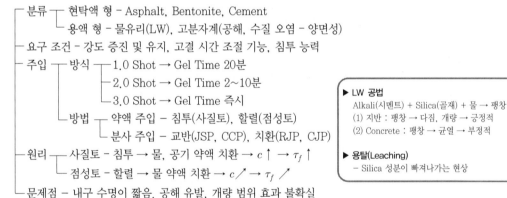

수압 파쇄
충전물 이동

이상적

간극 막힘
균열 연결성 미약

Q(주입량)

P(주입압)

▶ $P - Q$ (주입압 – 주입량) Gragh

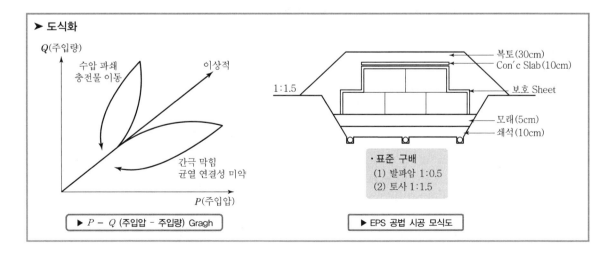

복토(30cm)
Con´c Slab(10cm)
1:1.5
보호 Sheet
모래(5cm)
쇄석(10cm)

・표준 구배
(1) 발파암 1:0.5
(2) 토사 1:1.5

▶ EPS 공법 시공 모식도

➤ **정의**

(1) 치환 공법 : 연약한 지반의 흙을 양질의 토사로 치환 → 굴착 치환, 강제 치환

(2) 고결 공법 : 고결재를 흙 입자 사이의 공극에 주입 → 흙의 화학적 고결 작용 → 지반의 강도 증진, 압축성 억제, 투수성 감소 : 고결 물질 주입 여부 고려

(3) 동결 공법 : 지중 수분을 일시적으로 동결시켜 지반의 강도와 차수성을 향상하는 일종의 가설 공법 → 블라인(Blain) 방식, 가스 방식(액체 질소 공법)

(4) 소결 공법 : 점토질의 연약 지반 중에 보링하여 구멍을 뚫고 그 속을 가열하여 그 주변 흙을 탈수시켜 지반을 개량하는 공법 → 밀폐식, 개방식

(5) 심층 혼합 처리 공법(DCM : Deep Cement Method) : 연약 지반내에 시멘트와 물을 혼합한 안정 처리재를 저압으로 주입 → 연약토와 안정 처리재를 교반 혼합 → 원지반내에 고화시켜 말뚝체 형성
  ⇨ 기계 교반(분체계/슬러리계), 분사 교반(슬러리계)

➤ **분류(흐름)**

(1) 치환 공법

```
┌ 분류 ┬ 굴착 치환 − 부분, 전면 굴착
│      └ 강제 치환 − SCP, 동치환, 자중, 폭파 치환
├ 원리 − 연약 지반을 양질의 토사로 대체
├ 장점 − 개량 효과 확실
└ 단점(동치환) ┬ 내적 ┬ 응력 − 액상화(사질토), 사석 φ↓
              │      └ 변형 − 부등 침하, 잔류 침하
              └ 외적 ┬ 토취장 − 수급 문제(쇄석)
                     └ 사토 − 처리 문제(배토)
```

┌──────────────────────────┐
│ ▶ **동결 공법** │
│ (1) 블라인(Blain) 방식 │
│ (2) 가스 방식(액체 질소 방식) │
│ │
│ ▶ **소결 공법** │
│ (1) 밀폐식 − 가스, 석유 등을 이용 │
│ (2) 개방식 − 고온의 공기를 불어 넣음 │
└──────────────────────────┘

(2) 고결 공법

```
┌ 고결 물질 주입(O) ┬ 충전 − 약액 주입 공법
│                   └ 혼합 − 생석회 말뚝, 심층 혼합 처리 공법(DCM)
└ 고결 물질 주입(×) ┬ 소결 − Boring 후 가열(300℃↑) → 공비, 효과 문제
                    └ 동결 − 지중 수분 동결(자연 함수비 10%↑) → 가설 공법, 동결/융해/열화
```

(3) 심층 혼합 처리 공법(DCM)

```
┌ 종류 ┬ 기계 교반 − 분체계, 슬러리계
│      └ 분사 교반 − 슬러리계
├ 적용 지반 − 초연약 지반 및 풍화토 등의 N치 4회 미만의 육상, 해상 지반
├ 시공 심도 − 2.0~34.0m, Rod 연결시 50m까지 가능
└ 강도 발현 − 시공 후 7일에 목표 강도의 60% 이상 목표
```

➤ **도식화**

원리 : CaO→H₂O→Ca(OH)₂+125cal/g
  ②   ③   ①

원리 : CaO→H$_2$O→Ca(OH)$_2$+125cal/g

③ 포졸란 반응
② 수화반응
① 간극수 탈수, 흡수
원지반 강도
단기 / 장기

▶ 생석회 말뚝 공법 화학적 효과 − 수화 반응

원리 : Arching Effect → 침하최소화

압밀 후
압밀
말뚝 설치
모래 말뚝
복합 지반
연약 지반

▶ 생석회 말뚝 공법 물리적 효과 − 복합 지반

➤ 정의

(1) Vertical Drain 공법 : Terzaghi 압밀이론 → 연약한 점성토 지반에 투수성이 좋은 수직 배수재 삽입
→ 지반중의 간극수를 수평 방향 탈수 → 압밀 촉진 → 지반의 압축성↓, 강도↑

(2) Sand Drain 공법 : 연약한 점토지반 → Sand Pile 시공 → 단기간에 지반을 압밀, 강화하는 공법
⇨ Preloading 공법, 지하수위 저하 공법과 병용

(3) Paper Drain 공법 : 연약한 점토지반 → 고분자 합성수지 Card Board 압입 ⇨ 압밀 촉진

(4) Pack Drain 공법 : Sand Drain 공법의 Sand Pile이 절단되는 단점을 보완하기 위해 개발된 공법
→ Pack(포대)에 모래를 채워 Drain의 연속성을 확보

(5) Plastic Board Drain(PBD) 공법 : 연약한 점토지반 → Plastic Board 관입 ⇨ 압밀 촉진

➤ 분류(흐름)

(1) 종류

(2) 원리 − Terzaghi 압밀 이론 → 압밀 시간 $t = \dfrac{T_v \cdot H^2}{C_v}$

여기서, T_v : 시간 계수, C_v : 압밀 계수, H : 배수 거리

(3) Flow − 장비 거치 → Casing, Drain재 동시 관입 → Casing 인발 → 두부 정리

(4) 장점 − 압밀 효과 ┬ 강도 − 간극 수압↓ → 유효 응력↑ → 전단 강도↑
└ 변형 − 간극비↓ → 압축성↓

(5) 단점

┌ 배수 효과 저하 ┬ Stress 집중 − 재료의 강성 차이
│   ├ Smear Zone Effect − 시공 시 주변 지반 교란
│   ├ Well Resistance − 압밀, 이물질 혼입
│   └ Mat Resistance − 압축, 이물질 혼입
└ 장심도 문제 ┬ 측압 영향 − 통수 면적 감소
              └ 압밀 영향 − Drain재 파열

(6) 적용 − 점성토, 유기질토

> ➤ PTC(Pack Twist Check) Drain
> (1) 배경 − Pack Drain 망 꼬임을 방지하기 위해 고안
> (2) 특징
> ① 걸림턱이 있는 케이싱 사용
> ② 하단부에 안내판 부착하여 꼬임 현상 방지
> ③ 공기압 조절 − 케이싱 인발시 10~15kg/cm² 공기압 사용

➤ 도식화

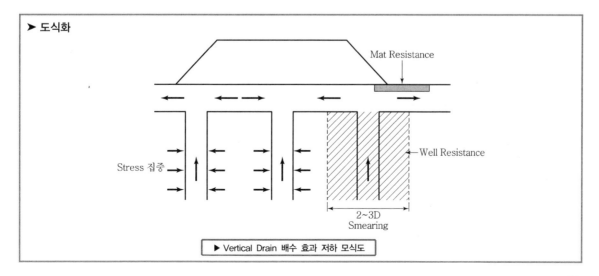

▶ Vertical Drain 배수 효과 저하 모식도

➤ **정의**

(1) Preloading 공법 : 연약 지반의 압밀을 촉진 목적 → 미리 선행 하중을 재하 → 지반 개량
(2) 압성토(Surcharge) 공법 : 토사의 측방 유동 방지 목적 → 소단 모양의 성토 → 활동 저항 모멘트 증가
                        → 성토 지반의 활동 파괴를 방지
(3) 진공 압밀 공법(대기압 공법) : 연약지반을 진공 상태로 만든 후 → 재하중으로 대기압 이용 → 압밀 촉진

➤ **분류(흐름)**

(1) 재하 공법

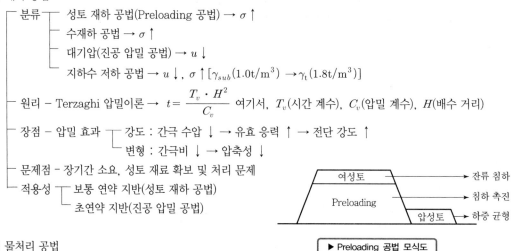

- 분류
  - 성토 재하 공법(Preloading 공법) → $\sigma \uparrow$
  - 수재하 공법 → $\sigma \uparrow$
  - 대기압(진공 압밀 공법) → $u \downarrow$
  - 지하수 저하 공법 → $u \downarrow$, $\sigma \uparrow [\gamma_{sub}(1.0\mathrm{t/m^3}) \rightarrow \gamma_t (1.8\mathrm{t/m^3})]$
- 원리 – Terzaghi 압밀이론 → $t = \dfrac{T_v \cdot H^2}{C_v}$ 여기서, T_v(시간 계수), C_v(압밀 계수), H(배수 거리)
- 장점 – 압밀 효과
  - 강도 : 간극 수압 $\downarrow$ → 유효 응력 $\uparrow$ → 전단 강도 $\uparrow$
  - 변형 : 간극비 $\downarrow$ → 압축성 $\downarrow$
- 문제점 – 장기간 소요, 성토 재료 확보 및 처리 문제
- 적용성
  - 보통 연약 지반(성토 재하 공법)
  - 초연약 지반(진공 압밀 공법)

여성토 → 잔류 침하
Preloading → 침하 촉진
압성토 → 하중 균형

▶ Preloading 공법 모식도

(2) 물처리 공법

- 분류
  - 지표수
    - 배수(Open Channel)
    - 복수(Recharge) → 배수로 인한 우물 고갈 및 지반 침하 방지
  - 지하수
    - 다량(배수 – 중력식(Deep Well), 강제식(Well Point)
    - 소량(차수 – 물리적(지하 연속벽), 화학적(약액 주입)
  - 사용수 – 수질 처리 → 배수(Open Channel), 이수(재사용)
- 양면성
  - 긍정적 – 강도 증진 : $u \downarrow \rightarrow \sigma' \uparrow \rightarrow \tau_f \uparrow$)
  - 부정적 – 침하 문제
    - 인적 – 민원, 우물 고갈
    - 물적 – 흙 무게 증가($\gamma_{sub}(1.0\mathrm{t/m^3}) \rightarrow \gamma_t (1.8\mathrm{t/m^3})$)

➤ **도식화**

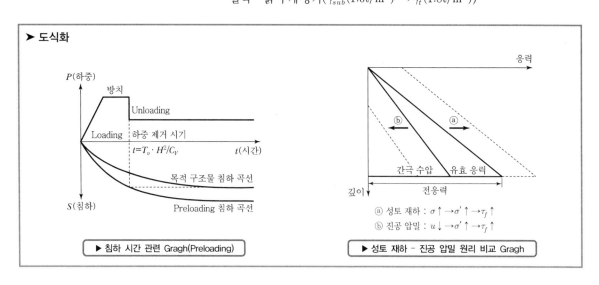

P(하중)
방치
Unloading
Loading 하중 제거 시기
$t = T_v \cdot H^2/C_V$ t(시간)
목적 구조물 침하 곡선
S(침하)
Preloading 침하 곡선

▶ 침하 시간 관련 Gragh(Preloading)

응력
ⓑ ← ⓐ →
간극 수압   유효 응력
깊이
전응력
ⓐ 성토 재하 : $\sigma \uparrow \rightarrow \sigma' \uparrow \rightarrow \tau_f \uparrow$
ⓑ 진공 압밀 : $u \downarrow \rightarrow \sigma' \uparrow \rightarrow \tau_f \uparrow$

▶ 성토 재하 – 진공 압밀 원리 비교 Gragh

▶ 정의

(1) Vibro Floatation : 수평 방향으로 진동하는 Vibro Float 이용 → 사수, 진동 → 느슨한 모래지반 개량

(2) Vibro Composer : 수직 진동, 충격 → 다짐 모래 말뚝 조성 → 점성토 지반 개량, 대규모 공사 시행

(3) 모래 다짐 말뚝 공법(Sand Compaction Pile) : 느슨한 사질토 지반 → 일정한 간격으로 모래 말뚝 형성
→ 복합 지반 효과 형성 → 지반 개량

(4) 복합 지반 효과 : 점토 지반에 모래 또는 쇄석을 지중에 설치 → 조립토의 전단 강도로 인해 → 점토 지반의 전단 강도 증가 ⇨ 점토보다 크고 조립토보다 작은 복합 지반 강도 형성

(5) 액상화(Liquefaction) : 모래 지반 → 충격, 지진, 진동의 수평 하중 → 유효 응력 감소 → 전단 저항 상실
→ 지반이 액체 상태로 변하는 현상

▶ 분류(흐름)

(1) 진동 다짐 공법
- 분류 ─ 수평 진동(Vibro Floatation) – 사수, 진동 → 사질토 다짐
        └ 수직 진동(Vibro Composer) – 모래 말뚝 조성 → 사질토 다짐, 점성토 치환
- SCP(→ Vibro Composer)
    ─ 저치환 SCP(육상 점토 : 치환율 20~40%)
    └ 고치환 SCP(해상 점토 : 치환율 60~80%)
- 원리 – 사질토(다짐), 점성토(치환)
- 장점 – 사질토(액상화 방지), 점성토(침하 방지)
- 문제점 ─ 소음/진동, 표층(1~2m) 구속력 미소,
          └ SCP 파괴(Shear, Punching)

(2) 액상화(Liquefaction)
- 발생 요인
    ─ 외력(수평력) – 지반 진동, 충격
    ─ 지반 조건 – 느슨한 사질토, Silt Sand
    └ 물 조건 – 포화, 비배수
- Mechanism : 수평력 작용 → 간극수압(u)↑ → 유효 응력($\sigma' = \sigma - u$)↓ → $\tau_f = 0$
- 대책 ─ 물 – 배수 공법(Well Point, Deep Well), 지반 – 지수, 치환, 고결, 탈수, 다짐
        └ 외력 – 발생원(장약량↓, 미진동/무진동), 매질(진동 – 트랜치, 소음 – 방음벽), 수진자(이주)
- 검토 ─ 정밀법 – 수치 해석법(지진 응답 해석), 실내 액상화 시험
        └ 간이법 – 등가 전단 응력비, 반복 전단 강도 응력비, 전단 저항률 방법

원리 : Arching Effect → 침하최소화

▶ 복합 지반 효과 Gragh

▶ 도식화

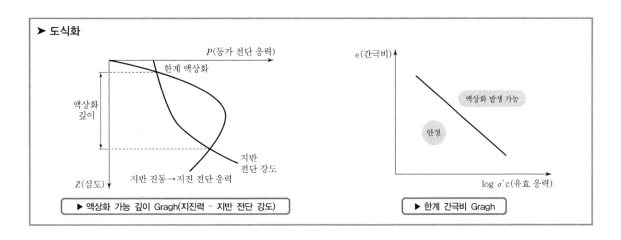

▶ 액상화 가능 깊이 Gragh(지진력 – 지반 전단 강도)

▶ 한계 간극비 Gragh

➤ **정의**

(1) 동다짐 공법(동압밀, 중추 낙하 공법) : Crane 등에 달린 추를 자유 낙하 → 충격에너지 → 지반 강도 증진

⇨ 넓은 사질토 지반에 적용 → 소음, 분진 문제

(2) 동치환 공법 : 무거운 추를 크레인을 사용하여 고공으로부터 낙하 → 큰 타격에너지로 연약 지반 위에 미리 포설하여 놓은 쇄석 또는 모래 자갈 등의 재료를 지반으로 관입 → 대직경의 쇄석 기둥을 지중에 형성하는 공법

➤ **분류(흐름)**

(1) 동다짐 공법

→ 다짐 공법(개선) ≠ 동치환 공법(=쇄석 치환) → 치환 공법(교체)

┌ 원리

│ ┌ 사질토 지반 ┬ P파 - 물에 작용 - $u\uparrow \to \sigma'\downarrow \to \tau_f\downarrow \to$ 액상화

│ │   └ S파 - 흙에 작용 - 입자 재배열 → $\tau_f\uparrow$

│ └ 점성토 지반 - 방사 균열 → 간극수 배출 → $u\downarrow \to \sigma'\uparrow \to \tau_f\uparrow$

│   ⇨ 지진파 ┬ P파 - 종파, 피해 小

│   ├ S파 - 횡파, 피해 中

│   └ L파 - 표면파, 피해 大

├ 장점 - 효과 확실 → 광범위, 대심도

└ 단점 - 소음/진동, 액상화, 장비 전도, 포화 점토 효과 저하

   ⇨ 진동이 Concrete 양생에 미치는 영향

      ┌ **양생** - 초기(긍정적, 진동 다짐), 후기(부정적, 초기 균열)

      ├ **제어** - 발생원(미/무진동), 매질(트렌치, 방음벽), 수진자(이동)

      └ **기준** - 소음(주간 60dB↓), 진동(가문조아 0.1~0.4)

(2) 동치환 공법

┌ 원리 - 무거운 추를 고공으로부터 낙하 → 큰 타격 에너지 발생 → 미리 포설된 쇄석, 자갈

│   → 타격 에너지로 관입 → 대직경의 쇄석 기둥 지중에 형성 → 개량

└ 특징 - 시공 한계 ┬ 점성토 연약지반의 경우 치환기둥의 깊이는 4.5m 이내

                   └ 4.5m 이상의 경우 → Menard Drain 선행

➤ **도식화**

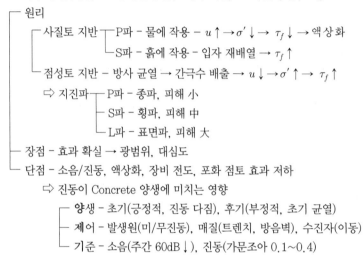

▶ 동다짐 거동 Gragh

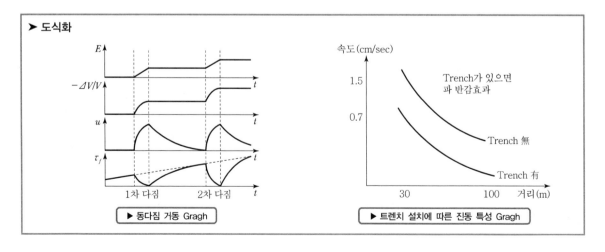

▶ 트렌치 설치에 따른 진동 특성 Gragh

➤ 정의

(1) 토목 합성 물질(Geosynthetics) : 배수재, 필터재, 분리재, 보강재 등으로 쓰이는 토목 섬유
→ Geotextile, Geomembranes, Geogrid, Geocomposites 등

(2) 1차 압밀 : 흙에 일정한 하중이 가해질 때 → 지반 중 간극수의 배출 → 지반의 체적 감소

(3) 2차 압밀 : 1차 압밀 후 → 흙 입자의 재배열 → 압밀 침하의 발생 → 체적 감소

➤ 분류(흐름)

(1) 토목 합성 물질

```
┌ 기능 - 분리, 필터, 보강, 배수
├ 분류 - Geo ┬ Textile - 투수성 → 배수 필터
│            ├ membranes - 방수성 → 쓰레기 매립장
│            ├ grid - 보강성 → 보강토용
│            └ composite → 2개 이상 토목 섬유 결합
├ 요구 조건 - 강도, 내구성, 시공성, 경제성 + 내화학성, 신율
└ 주의 사항 ┬ 선정 - 용도에 적합한 재료, 품질 인증된 재료
            ├ 보관 - 직사광선으로부터 보호
            └ 사용 - 파열 및 접합(접착제, 재봉기, 열, 초음파)
```

> ➤ **부산항 신선대 부두 표층 처리 공법**
> (1) 포설 - Geosynthetics + 대나무 네트
> (2) 개량 - 배수, 고결, 치환

(2) 1차 압밀

```
┌ 원리 - Terzaghi 압밀 이론 → 간극수 배수
├ 발생 기간 - 하중 작용 → 과잉 간극 수압 소산, 배출
├ 침하 시간 - 단기(짧고 굵다)
└ 침하량 - 많음 →
```
$$S_c = \frac{C_c}{1+e} \cdot H \cdot \log\frac{P+\Delta P}{P}$$

(3) 2차 압밀

```
┌ 원리 - Rheology 이론 → 입자 재배열, Creep성 침하
├ 발생 기간 - 과잉 간극 수압 소산 후
├ 침하 시간 - 장기(가늘고 길다)
└ 침하량 - 적음 →
```
$$S_s = (1-U)S_c \text{ 여기서, } U(압밀도) = 1 - U_t/U_i$$

> ➤ **1차 압밀, 2차 압밀의 침하 흐름**
> 점성토
> ↓ 하중 재하
> 즉시 침하
> ↓ 시간 의존적 간극수 배출
> 1차 압밀
> ↓ 시간 의존적 입자 재배열
> 2차 압밀

➤ 도식화

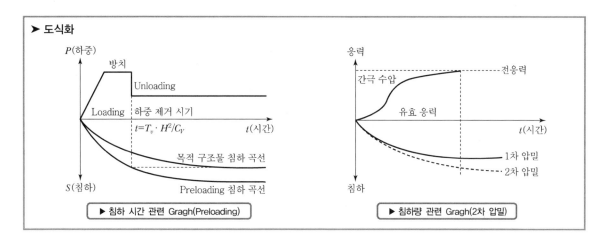

▶ 침하 시간 관련 Gragh(Preloading)

▶ 침하량 관련 Gragh(2차 압밀)

➤ 정의

(1) 보강토 공법 : 점착력이 없는 지반(흙) → 인장 강도와 마찰력이 큰 보강재 시공 → 흙과 보강재와의 부착면에 생기는 마찰력(겉보기 점착력) ⇨ 전단 저항 증대

(2) Gabion 옹벽 : 아연 도금 철선, 아연 도금 + PVC Coating 철선을 꼬아서 만든 육각형 mesh 형태
→ 철망태 안에 직경 100mm 이하의 골재 충진 → 계단식 시공

(3) Peck의 토압 : 연성 벽체에 적용 → 사질토 및 점성토에 설치된 토류벽에 대한 설계 토압 분포선 제안
→ 굴착 깊이(6m 이상), 벽체의 종류(가요성 흙막이)

(4) Arching Effect(토압 재분배 효과) : 옹벽, 토류벽 구조물에서 지반이 변형 발생 → 변형 부분과 안정 부분 사이에
전단 저항 발생 → 변형 발생 부분 토압 감소, 안정 부분 토압 증가 ⇨ 응력 전이

➤ 분류(흐름)

(1) 이론 토압

변위 허용 ○ ┬ 주동 토압 ─ $P_a = (1/2)\gamma \cdot H^2 \cdot k_a - 2c\sqrt{k_a \cdot H}$ → $k_a = (1-\sin\phi)/(1+\sin\phi)$

└ 수동 토압 ─ $P_p = (1/2)\gamma \cdot H^2 \cdot k_p - 2c\sqrt{k_p \cdot H}$ → $k_p = (1+\sin\phi)/(1-\sin\phi)$

변위 허용 × – 정지 토압 – $P_0 = (1/2)\gamma \cdot H^2 \cdot k_0$ → $k_o = 1 - \sin\phi$

(2) 경험 토압 ┬ 강성 벽체(Concrete 옹벽 - 이론 토압) → Rankine, Coulomb 토압
├ 연성 벽체(보강토 옹벽, 토류벽 - 경험 토압) → Peck 토압 이론
└ 지중 구조(지하 Box - 정지 토압)

(3) 보강토 공법 ┬ 자연 – 원지반 보강 → Soil Nailing
└ 인공 – 성토체 보강 → 성토 본체, 기초 / 벽식 보강공 → 보강토 옹벽

▶ 문제점 ┬ 벽체의 수직도 관리 - 동해 → 횡방향 응력 증가 → 수직도 저하
├ 보강재 – 금속재(부식) → 합성 섬유(Creep) → 복합 재료
└ 뒷채움 – 배수 문제, 재료 구득의 곤란

┌─────────────────────────────┐
│ ▶ 막이   │
│ (1) 흙막이   │
│   ① 강성 - 옹벽   │
│   ② 연성 - 보강토 옹벽, H-Pile, Sheet Pile │
│ (2) 물막이 - 가물막이, 최종 물막이 │
└─────────────────────────────┘

(4) 옹벽의 설계 Flow

설계 조건 → 단면 가정 → 외력 계산

No / 안정 검토 / Yes → 단면 결정 → 실시 설계

➤ 도식화

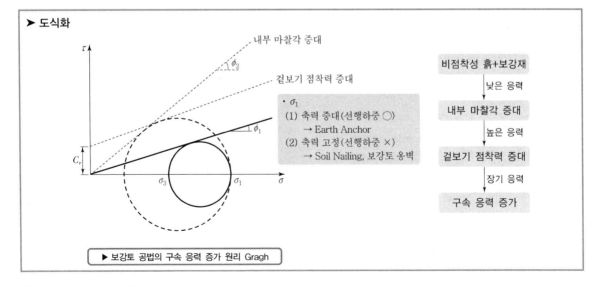

▶ 보강토 공법의 구속 응력 증가 원리 Gragh

➤ 정의

(1) 옹벽의 안정 조건 : 옹벽이란 토압에 저항하여 붕괴를 방지하기 위한 구조물 → 내적, 외적으로 안정 조건
　　　　　　　　⇨ 외적 안정 → 전도, 활동, 지지력, 원호 활동에 대한 안정
　　　　　　　　⇨ 내적 안정 → RC 옹벽 - 구조적 안정(철근 배근), 무근 콘크리트 - 균열 열화 등

(2) 옹벽의 시공 관리 : 배수(배수구, 배수공, 배수층, 배수관), 뒷채움, 줄눈(기능성, 비기능성), 기초 지반

➤ 분류(흐름)

(1) 안정 조건
```
┌ 내적 ┬ RC 구조물 - 구조적 안정 → 철근 배근
│      └ 무근 콘크리트 - 균열, 열화 등
└ 외적 ┬ 전도, 활동(평면, 원호), 지지력, 지반 침하
       └ 기타 – 지반 누수, 세굴, Piping
```

(2) 불안정시 대책
```
┌ 전도($F_s$)
│   ┌ 저항 모멘트↑ → 저판 확대
│   └ 활동 모멘트↓ → $P_a$↓ → 조립토, 경량 성토
├ 활동
│   ┌ 마찰 → 저판 확대
│   └ 저항 → Shear Key, 사항 설치
└ 지지력 - 지반 개량
```

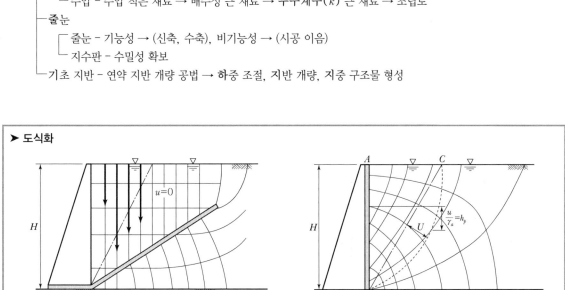

➤ **Shear Key 설치 이유 및 적정 위치, 높이**
(1) 설치 이유
　① 수동 토압론 – $K_p > K_a$
　② 전단 파괴론 – $\mu_1 > \mu_2$
(2) 적정 위치 - 수동 파괴면 외측
(3) 적정 높이 - 저판 두께와 폭 고려

(3) 시공 관리
```
┌ 배수
│   ┌ 구조물 – 배수구, 배수공, 배수층, 배수관
│   └ 토질 – 조립토(배수구, 배수공), 조립토+세립토(배수구, 배수층), 세립토(배수구, 배수층, 배수관)
├ 뒷채움
│   ┌ 토압 - 토압 적은 재료 → $P_a$ 적은 재료 → 내부 마찰각($\phi$) 큰 재료 → 조립토
│   └ 수압 - 수압 적은 재료 → 배수성 큰 재료 → 투수계수($k$) 큰 재료 → 조립토
├ 줄눈
│   ┌ 줄눈 - 기능성 → (신축, 수축), 비기능성 → (시공 이음)
│   └ 지수판 - 수밀성 확보
└ 기초 지반 - 연약 지반 개량 공법 → 하중 조절, 지반 개량, 지중 구조물 형성
```

➤ 도식화

▶ 경사 배수재 설치시 유선망 모식도(침투수압 = 0)

▶ 연직 배수재 설치시 유선망 모식도(침투수압 ≠ 0)

➤ **정의**

(1) 흙막이 공법 : 흙막이 배면에 작용하는 토압에 대응 → 굴착에 따른 지반의 붕괴, 물의 침입 방지
　　　　　 ⇨ 토압과 수압을 지지하는 공법

(2) Trench Cut 공법 : 지반이 연약하여 전단면 굴착이 불가능하거나 지하구조체의 면적이 넓어 흙막이 가설비가 과다
　　　　　 할 때, Heaving이 예상될 때 적용하는 공법

(3) Island Cut 공법 : 중앙부를 먼저 굴착하여 구조물을 축조한 후 버팀대를 설치하여 주변부를 굴착 후 구조물 축조
　　　　　 → 연약 지반 및 깊은 심도 적용 곤란 → 넓은 굴착에 유리, 경제적

➤ **분류(흐름)**

(1) 흙막이 기본

```
┌ 검토 사항 ─┬ 벽체 구조 안정성 - 좌굴, 변형
│           ├ 지지 구조 안정성 - 변형, 토립자 유출
│           ├ 바닥(굴착) 안정성 - Heaving, Boiling
│           ├ 주변 구조물 및 지반 - 균열, 침하
│           └ 지하수 처리 - 지하수 저하
├ 필수 대제목 - 계측, 공해(대소폐수), 지하 수위 변동(긍정적, 부정적)
└ 문제점 ─┬ 응력 해방(지반 변위), 풍화 진행, 지하수위 변동
          └ 굴착토 처리, 장비 진입로, 우수 배수처리
```

┌─────────────────────────┐
│ ➤ **굴착 및 흙막이 해석 Program** │
│ (1) SUNEX - 탄소성 해석 │
│ (2) EXCAD │
│ (3) EXCAV │
│ (4) WALLAP │
└─────────────────────────┘

(2) 공법 종류

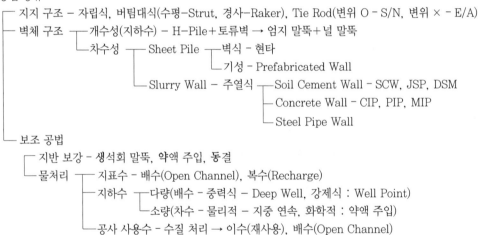

```
┌ 지지 구조 - 자립식, 버팀대식(수평-Strut, 경사-Raker), Tie Rod(변위 O - S/N, 변위 × - E/A)
├ 벽체 구조 ─┬ 개수성(지하수) - H-Pile+토류벽 → 엄지 말뚝+널 말뚝
│            └ 차수성 ─┬ Sheet Pile ─┬ 벽식 - 현타
│                      │             └ 기성 - Prefabricated Wall
│                      └ Slurry Wall - 주열식 ─┬ Soil Cement Wall - SCW, JSP, DSM
│                                              ├ Concrete Wall - CIP, PIP, MIP
│                                              └ Steel Pipe Wall
└ 보조 공법
   ┌ 지반 보강 - 생석회 말뚝, 약액 주입, 동결
   └ 물처리 ─┬ 지표수 - 배수(Open Channel), 복수(Recharge)
             ├ 지하수 ─┬ 다량(배수 - 중력식 - Deep Well, 강제식 : Well Point)
             │         └ 소량(차수 - 물리적 - 지중 연속, 화학적 : 약액 주입)
             └ 공사 사용수 - 수질 처리 → 이수(재사용), 배수(Open Channel)
```

➤ **도식화**

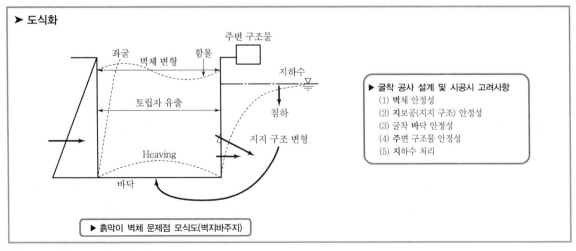

좌굴　벽체 변형　함몰　　주변 구조물

토립자 유출　　지하수

침하

Heaving　　지지 구조 변형

바닥

┌─────────────────────────┐
│ ➤ **굴착 공사 설계 및 시공시 고려사항** │
│ (1) 벽체 안정성 │
│ (2) 지보공(지지 구조) 안정성 │
│ (3) 굴착 바닥 안정성 │
│ (4) 주변 구조물 안정성 │
│ (5) 지하수 처리 │
└─────────────────────────┘

▶ 흙막이 벽체 문제점 모식도(벽지바주지)

➤ **정의**

(1) Earth Anchor : 흙막이 벽의 배면을 원통형으로 굴착 → Anchor체를 설치하여 주변 지반 지지하는 공법
⇨ 지지 방식별(마찰형, 지압형, 혼합형), 천공 방법(공압식, 수압식)

(2) Soil Nailing 공법 : 흙과 보강재 사이의 마찰력, 보강재의 인장 응력, 전단 응력, 휨 모멘트에 대한 저항력
→ 흙과 Nail의 일체화 → 지반 안정 유지

➤ **분류(흐름)**

(1) Earth Anchor 공법

┌ 종류 – 지지 방식 – 마찰형, 지압형, 혼합형 / 기간별 – 가설, 영구 / 천공 – 공압식, 수압식
├ 흐름 – 대규모 터파기 → 가시설 버팀대 길이 증대 → 좌굴 문제 → Earth Anchor 공법 적용
│　　　→ Earth Anchor 안정성 문제
├ 문제(E/A 안정성) ┬ 축력 증가 – 토압, 수압 증가
│　　　　　　　　 └ 축력 감소 – PS 손실 ┬ 두부 – 활동
│　　　　　　　　　　　　　　　　　　 ├ 자유장 – Sheath 마찰, Relaxation
│　　　　　　　　　　　　　　　　　　 └ 정착장 – Leaching(지하수)
└ 대책 ┬ 계측 관리 ┬ 내적 – 하중계(E/A), R/B 축력계, 변형률계(띠장), 토압계
　　　 │　　　　　 └ 외적 – 지중 수평 변위계, 지하 수위계, 지표 침하계, 경사계, 균열계
　　　 └ 안전 관리 ┬ 관찰 – 육안 관찰 – 벽체(누수, 변형), 배면(침하) 등
　　　　　　　　　└ 조치 ┬ 하중↓ – 배면 컨테이너, 강재 야적 등 제거
　　　　　　　　　　　　 └ 강도↑ – 지지 구조 보강

(2) Soil Nailing 공법

┌ 흐름 – 굴착 → 1차 Shotcrete → 천공 및 Nail 삽입
│　　　→ Grouting → 양생 → 인장 시험 →
│　　　Nail 정착 및 지압판 설치 → Wire Mesh 설치
│　　　→ 2차 Shotcrete
├ 문제 ┬ 점착력이 없는 사질토 적용 곤란
│　　　├ 건조한 지반, 지하수 아래 곤란
│　　　└ Nail과 지압판 부식
└ 시공 관리 ┬ 천공 각도 및 간격 유지
　　　　　　├ 부착력 확인 – 인발 시험기
　　　　　　└ Nut를 이용한 긴장 작업

┌─────────────────────────────┐
│ ➤ **중력식 Soil Nailing** │
│ (1) 인장재 – 이형 철근 │
│ (2) 그라우팅 – 중력 주입 │
│ (3) 확공 상태 – 확대 없음, 몰딩에 의한 수축 │
│ (4) 인발 저항력 – 약 13 Ton/본 │
│ (5) 시공성 – 3~5회 주입 │
└─────────────────────────────┘

┌─────────────────────────────┐
│ ➤ **가압식 Soil Nailing** │
│ (1) 보강재 – 강관, 인장 철근 │
│ (2) 그라우팅 – 가압 주입 │
│ (3) 확공 – 천공 직경의 15~30% 확대 │
│ (4) 인발 저항력 – 최대 중력시 1.5배 이상 │
│ (5) 시공성 – 인발력 증대 → 시공 간격, 공수 감소 │
└─────────────────────────────┘

➤ **도식화**

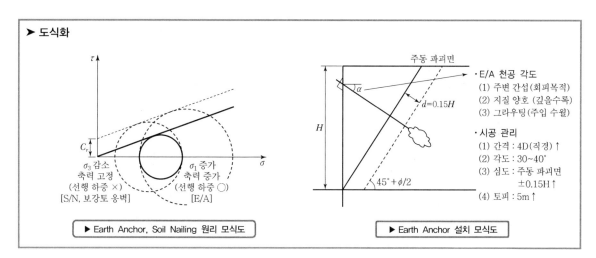

▶ Earth Anchor, Soil Nailing 원리 모식도

· E/A 천공 각도
(1) 주변 간섭(회피복적)
(2) 지질 양호 (깊을수록)
(3) 그라우팅(주입 수월)

· 시공 관리
(1) 간격 : 4D(직경) ↑
(2) 각도 : 30~40°
(3) 심도 : 주동 파괴면 ±0.15H↑
(4) 토피 : 5m ↑

▶ Earth Anchor 설치 모식도

➤ **정의**

(1) 지하연속벽(Slurry Wall) : 지하로 크고 깊은 트렌치 굴착 → 철근망 삽입 후 콘크리트 타설한 패널을 연속적으로 축조 또는 원형 단면 굴착공에 연속된 주열을 형성시켜 지하벽 축조

(2) 안정액 : 굴착 공사 중 굴착 벽면의 붕괴를 막고 지반을 안정시키는 비중이 큰 액체
　　　　　→ Bentonite 계열(Bentonite, CMC), Polymer 계열

(3) 일수 현상 : 공벽을 유지하기 위해서 공급한 안정액이 주위 지반으로 유출되는 현상
　　　　　→ 원인 - 내적(안정액 품질), 외적(지질 공동, 지하수위 변화 등)
　　　　　→ 대책 - 내적(유출 방지제, 톱밥, 점토 투입), 외적(굴착전 벽 외측에 약액 주입 – 방수벽)

(4) Guide Wall : 지하 연속벽을 시공하기 위한 선행 작업으로 지표면의 붕괴 방지, 벽체의 수직도 유지 등 지하 연속벽의 시공 정도를 높일 목적으로 설치하는 구조물

➤ **분류(흐름)**

(1) 지하 연속벽 분류

　　┌ 벽식 – 대벽, 대심도 → 현장 타설 방법, Prefabricated
　　└ 주열식 – SCW(Soil Cement Wall), CW(Concrete Wall), SPW(Steel Pipe Wall)

(2) 안정액

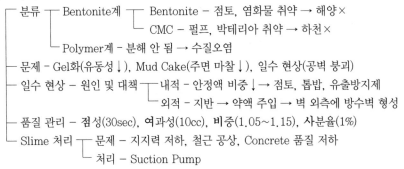

(3) Guide Wall – 역할 - 장비 거치 및 굴착 척도, 표토 붕괴 방지, 지중 연속벽 보호

(4) 시공 Flow

➤ **도식화**

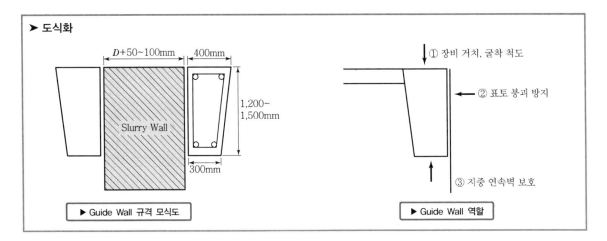

▶ Guide Wall 규격 모식도　　　　▶ Guide Wall 역할

➤ **정의**

(1) 흙막이 계측 : 설계 시 자료와 실제 지반의 조건이 불일치 → 현장에서 실시간 현 상태의 안정성과 위험 정도를 판단, 계측 관리 결과에 의해 설계와 시공을 보완
　　⇨ 계측 관리의 정확성, 이용성, 경제성 등을 고려 → 계측 기기를 선택
　　⇨ 현장 계측 자료는 예측치와 비교 · 분석하여 공사의 안정성 및 적합성을 판단

(2) 흙막이 계측 항목 : 흙막이 벽 → 변형, 응력, 토압, 수압 주변 지반 및 구조물 → 침하, 수평 변위, 경사
　　　　　　　　　지하수 → 굴착 밑부분의 히빙, 양수량, 수위 변동

➤ **분류(흐름)**

(1) 흙막이 계측 목적

```
┌ 일반적 ┬ 1차 - 시공 전 자료 조사, 시공 중 안정 검토, 시공 후 유지 관리
│        ├ 2차 - Feed Back → 설계 반영
│        └ 3차 - 대민 홍보, 피해 보상 법적 근거
└ 전문적
```

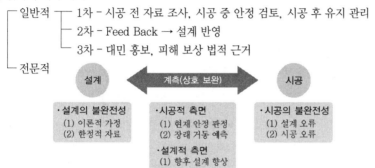

(2) 흙막이 계측 관리 방법

```
┌ 안정 - (계측치 < 1차 관리치) → 설계 변경(합리화)
├ 경고 - (1차 관리치 < 계측치 < 2차 관리치) → 설계 변경(안정화)   ⇨
└ 위험 - (2차 관리치 < 계측치) → 공사 중지, 긴급 보강, 설계 변경
```

> 1차 관리치(예상, 설계치)
> 2차 관리치(위험치, 극한치)

(3) 흙막이 계측 역해석(Feed Back) 방법

```
┌ 예측치 - 지반 물성치 가정, 거동 Simulation, 예상치 산정
├ 계측 관리 - 관리 한계치 설정, 계측, 안정 판정, 원인 규명, 대책 수립
└ 역해석 - 하중, 변위 산정, 지반 물성치 추정, 향후 거동 예측
```

> ➤ **계측기 배치의 원칙**
> (1) 한계 단면 배치
> 　① 과대 토압부
> 　② 편토압부, 지질 급변부
> 　③ 대단면부, 단면 급변부
> (2) 집중 배치
> 　– 계측기간 Cross Check

(4) 흙막이 계측 항목

```
┌ 벽체 구조 - 토압계, 하중계, R/B 축력계, 지지 구조 - 변형률계
└ 주변 구조물 - 지중 수평 변위계, 균열계, 지하수위 - 지하수위계
```

➤ **도식화**

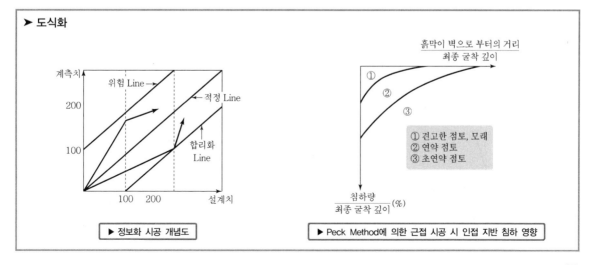

▶ 정보화 시공 개념도　　　　　　▶ Peck Method에 의한 근접 시공 시 인접 지반 침하 영향

➤ **정의**

(1) 가물막이(가체절) : 하천이나 해안 등에서 구조물을 축조시 → Dry Work을 위한 가설 구조물
                → 강도, 수밀성, 철거 용이성, 경제성

(2) 최종 물막이(최종 체절) : 대규모 매립, 간척 공사 → 호안, 방조제 공사시, 구조물을 축조 공정시
               → 마지막으로 남는 연결 구간

(3) Pile Lock : Sheet Pile의 누수방지 및 지하수 흐름 차단 역할 → 이음부에 팽창 지수제 도포

➤ **분류(흐름)**

(1) 사석 안정 중량
- 정밀법 – 모형 실험(수치해석, 수리적 해석)
- 간이법 – 세굴(물막이), 제방(Isbash공식), 파(방파제 – Hudson 공식, 댐 – Stevenson 공식)

(2) 가물 막이(가체절) 공법
- 경사 지역(댐) – 전체절, 부분 체절, 단계식 체절
- 평탄 지역(항만) – 자립식, 버팀대식, 특수식
- 특수식 ┬ 서해 대교(원형 셀식)
        ├ 영종 대교(강각 케이슨식)
        └ 시화 조력(원형 셀식)
- 계측 분석 ┬ 절대치 분석 - Simulation을 통한 최대치 → 관리 한계치 설정 및 계측 관리
             └ 추세 분석 - 1년 존치 거동 예측 → 역해석 → 관리 한계치 설정 및 계측 관리

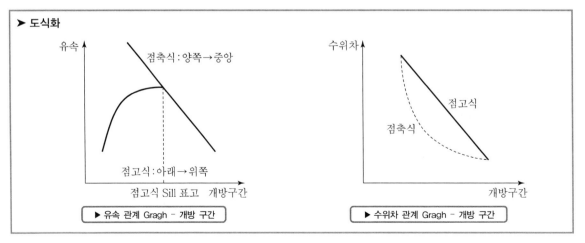

▶ 부분체절방식   ▶ 전체절방식   ▶ 단계식체절방식

(3) 최종 물막이(최종 체절)
- 완속식 - 점고식, 점축식, 혼합식
- 급속식 - Caisson식, 폐선식(VLCC)
- 검토 사항 ┬ **유속** - 5m/sec 이하(시화호 : 7.5m/sec, 새만금 : 7m/sec)
        ├ **시기** - 조금 시기(음력 2월)(영산강 : 3/6, 삽교천 : 3/27)
        ├ **위치** - 세굴 저항 큰 곳(암반 노출부, 암반선 얕은 곳)
        ├ **축조재료**(사석 안정 중량) ┬ 정밀법(모형 실험)
                      └ 간이법(체절 중 Isbash, 체절 후 Hudson)
        └ **구간** - 매립 면적의 20~30%를 길이로 환산
- 새만금 방조제 사례 - 기술적(체절 지연, 유실 토사), 사회적(이해 당사자 갈등, 예산 증가)

➤ **도식화**

유속 관계 Gragh - 개방 구간

유속 / 점축식 : 양쪽→중앙 / 점고식 : 아래→위쪽 / 점고식 Sill 표고 / 개방구간

▶ 유속 관계 Gragh - 개방 구간

수위차 관계 Gragh - 개방 구간

수위차 / 점고식 / 점축식 / 개방구간

▶ 수위차 관계 Gragh - 개방 구간

➤ 정의

(1) 기초의 허용 지내력 : 극한 지지력에 대한 소정의 안전율 확보 → 침하량 허용치 이내 ⇨ 지지력 + 침하량

(2) 부력(Buoyancy) : 수중에 있는 물체 → 물속에 잠긴 부피의 물 무게만큼 가벼워지는 힘

(3) 양압력(Up Lift) : 수중에 있는 물체 → 상향으로 작용하는 수압

(4) 얕은 기초 : 상부 하중을 직접 기초에 전달하는 기초 형식 → $D_f/B \leq$ (Terzaghi) 조건

(5) 깊은 기초 : 상부 하중을 지지층까지 전달 → Pile, Concrete 말뚝 → $D_f/B > (1 \sim 4)$

(6) Top-base(팽이 기초) : 팽이형 Concrete Pile를 기초에 사용 → 강성 지반 구조 형성 → 침하억제, 지지력

(7) Pile Raft(뗏목, 말뚝지지 전면기초) : 상부 구조물의 하중 → Pile(말뚝)+Raft(전면) = 침하억제+ 하중분산

(8) Suction Pile : Pile 내부의 유체(공기, 물) 외부로 배출 → Pile 내·외부의 압력차 이용 시공 ⇨ 해상 파일

➤ 분류(흐름)

(1) 기초 일반

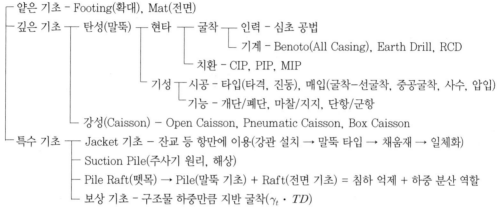

(2) 전단 파괴 − 기초폭 ┬ 넓은 경우 ┬ 지반 양호 - 전반 전단 파괴
                            │   └ 지반 불량 - 국부 전단 파괴
                            └ 좁은 경우 − 지반 불량 - 관입 전단 파괴

(3) 부력 대책 ┬ 부력 허용 ○ - 사하중 저항 - 자중↑, 부력 Anchor
                 └ 부력 허용 × - 양압력 배제 ┬ 차수 → Sheet Pile, Slurry Wall
                                   └ 배수 → 영구 배수

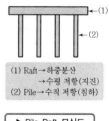

(1) Raft→하중분산
         →수평 저항(지진)
(2) Pile→수직 저항(침하)

▶ Pile Raft 모식도

➤ 도식화

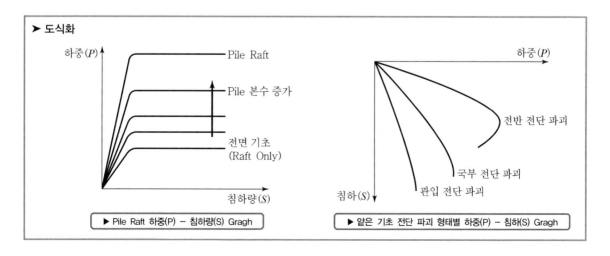

▶ Pile Raft 하중(P) − 침하량(S) Gragh

▶ 얕은 기초 전단 파괴 형태별 하중(P) − 침하(S) Gragh

▶ 정의

(1) 기성 말뚝 : 미리 공장에서 철근, PS 강재, 콘크리트, 강재 등을 이용하여 말뚝 생산 → 공장 생산, 품질 균일
(2) 무리 말뚝(군항, 다짐 말뚝) : 견고한 지반까지의 깊이가 너무 깊은 경우 → 다수의 말뚝을 무리지어 시공
　　　　　　　　　　　　　　　　　→ 연약한 지반의 다짐 효과를 이용하는 말뚝 ⇨ Scale Effect 고려
(3) 개단 말뚝(Open Ended Pile) : 선단부가 개방된 형태의 말뚝(강관 말뚝, H–Pile)
(4) 폐단 말뚝(Closed Ended Pile) : 선단부가 폐색된 형태의 말뚝(RC, PSC, PHC)
(5) 개단 말뚝의 폐색 효과(Plugging Effect) : 말뚝이 지반에 관입시 → 말뚝 내부에 형성되는 관내토
　　　　　　　　　　　　　　　　　　　→ 말뚝의 선단부가 막히는 현상 ⇨ 항타 효율 저하, 말뚝 손상

▶ 분류(흐름)

(1) 기성 말뚝
```
┌ 시공법 ┬ 타입 ┬ 타격 - 소음/진동, 암반 항타 효율 저하(선단 석분 → Cushion 역할), 전선층 불가
│        │      └ 진동 - 경질 지반 불가
│        └ 매입 - 굴착(선굴착, 중공 굴착), 사수(주변 교란), 압입(대규모 반력 장치 필요)
├ 항타 장비 ┬ Hammer - [Drop(winch) → Steam(증기) → Disel(폭발력) → Hydro(유압)]
│           ├ Leader - 길이 → (말뚝 + Hammer) 길이의 1.2배
│           └ 부속 장치 - Cap, Cushion → 두께 과다(효율 저하), 두께 과소(두부 파손)
└ 항타 해석 ┬ 지지력 예측 → GRLWEAP 방식, 파동방정식 이용
            └ 지지력 측정 → CAPWAP 방식, PDA 이용
```

$D(\text{영향 범위}) = 1.5\sqrt{(r \cdot l)}$

(2) 기능
```
┌ 개단/폐단 ┬ 개념 ┬ 개단 말뚝 - 선단부 개방 → 강관 Pile, H-Pile
│           │      └ 폐단 말뚝 - 선단부 폐색 → RC, PSC, PHC
│           └ 판정 ┬ 폐색 정도 - 관내도 증분비(r = ΔL/ΔD), 길이비(L/D), 지지력비
│                  ├ 폐색 상태 - 완전개방(r = 100%), 부분폐색(0 < r < 100%), 완전폐색(r = 0%)
│                  └ 폐색 효과 - N > 30(선단지지 면적 전체 설계 반영), N < 30(30~60% 반영)
├ 마찰/지지 ┬ 개념 - W(하중) < Q(지지력) = Q_b(선단) + Q_f(주면)
│           └ 판정 - Q_b > Q_f = 지지 말뚝, Q_b < Q_f = 마찰 말뚝
└ 단항/군항 ┬ 개념 - 간섭 × → 단항, 간섭 ○ → 군항
            ├ 판정 - 1개 → 단항, 2개 이상 → D < S : 단항, D > S : 군항
            ├ 효율 - 군효과 η = Q_ug(군항의 지지력)/ΣQ_us(단항 지지력합)
            ├ 검토 - 군효과로 인한 지지력 저하 ┬ 암반 및 사질토 → 미고려
            │                                  └ 점성토 → 고려(Scale Effect + 군효과)
            └ 군항의 Scale Effect ┬ 문제(응력 범위가 깊어짐), 대책(지반 조사 → 설계 반영)
                                   └ 가상 Caisson 해석
```

개단/폐단 판정:
- 폐색 정도 - 관내도 중분비($r = \Delta L/\Delta D$), 길이비(L/D), 지지력비
- 마찰/지지 개념 - W(하중) $< Q$(지지력) $= Q_b$(선단) $+ Q_f$(주면)
- 판정 - $Q_b > Q_f$ = 지지 말뚝, $Q_b < Q_f$ = 마찰 말뚝
- 단항/군항 판정 - 1개 → 단항, 2개 이상 → $D < S$: 단항, $D > S$: 군항
- 효율 - 군효과 $\eta = Q_{ug}$(군항의 지지력)$/\Sigma Q_{us}$(단항 지지력합)

B, g
2B
0.1g

▶ 군항의 Scale Effect

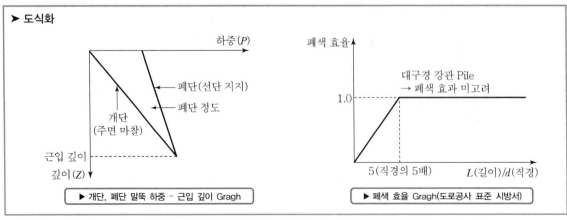

하중(P)
폐단(선단 지지)
폐단 정도
개단
(주면 마찰)
근입 깊이
깊이(Z)

▶ 개단, 폐단 말뚝 하중 - 근입 깊이 Gragh

폐색 효율
대구경 강관 Pile
→ 폐색 효과 미고려
1.0
5(직경의 5배)
L(길이)/d(직경)

▶ 폐색 효율 Gragh(도로공사 표준 시방서)

➤ 정의

(1) 현장 타설 콘크리트 말뚝(제자리 말뚝) : 현장에서 지반을 굴착 → 공내에 Concrete, 철근Concrete 타설

(2) Benoto(All Casing) 공법 : Casing을 Osillator로 유압 jack으로 경질 지반까지 관입, 정착 → 내부 굴착
　　　　　　　　　　　Hammer Grab → 공내 철근망 삽입, Concrete 타설 → Casing Tube 인발

(3) Earth Drill 공법 : 지하 수위 없고 붕괴 우려 없는 점토지반 → Guide Casing + 안정액 으로 공벽 유지
　　　　　　　　　→ 회전 Bucket으로 굴착 ⇨ 안정액의 Mud Cake 및 일수 현상 문제점

(4) RCD(역순환) 공법 : 대구경 현타 말뚝, 정수압으로 공벽 유지 → 굴착토와 물을 지상으로 배출
　　　　　　　　　→ 철근망 삽입, Concrete 타설

➤ 분류(흐름)

(1) 현장 타설 콘크리트 말뚝 분류

　　┌ 굴착(대구경) ┬ 인력 – 심초 공법(심초 기초 기계 현타로 발전) → 용수 발생, 지반 변형, 산소 결핍
　　│　　　　　　　└ 기계 – Benoto(All Casiong), Earth Drill, RCD
　　├ 치환(소구경) – CIP, PIP, MIP
　　└ 관입 – Pedestal, Simplex, Franky

> ➤ All Casing
> (1) 요동식(Benoto 공법)
> (2) 전선회식(돗바늘 공법)

(2) 공법 특성(대구경 현장 타설 말뚝)

　　┌ 분류
　　│　　┌ All Casing – 굴착(Hammer Grab), 공벽 유지(All Casing), 문제(Casing 수직도, 철근 공상)
　　│　　├ Earth Drill – 굴착(회전 Bucket), 공벽 유지(Casing+안정액), 문제(일수 현상, Slime)
　　│　　└ RCD – 굴착(회전 Bit), 공벽 유지(Casing+정수압), 문제(수위 저하, 피압)
　　├ 시공 순서 – **장비 설치** → **굴착** → **공벽 유지** → **철근망 삽입** → **Con'c 타설** → **마무리**
　　└ 시공 관리 ┬ **선** – 선단 지반 연약화　　[BER]
　　　　　　　　├ **지** – 지지력 저하　　　　　[BER]
　　　　　　　　├ **철** – 철근 공상　　　　　　[B]
　　　　　　　　├ **공** – 공벽 붕괴　　　　　　[ER]
　　　　　　　　├ **수** – 수중 Concrete 관리 [ER]
　　　　　　　　└ **주** – 주변 지반 연약화　　[ER]

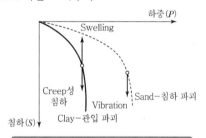

> ▶ 축하중에서 현타 말뚝 설계 개념 Gragh

(3) 치환(소구경) – Prepacked Aggregate Concrete Pile
　　　　　　　　 = Prepacked Mortar Pile

➤ 도식화

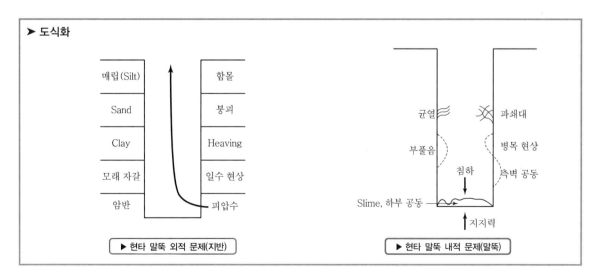

> ▶ 현타 말뚝 외적 문제(지반)　　　▶ 현타 말뚝 내적 문제(말뚝)

➤ **정의**

(1) 말뚝의 이음 : 공법의 변천은 Band 식 → 충전식 → Bolt식 → 용접식으로 발전
　　　　⇨ 콘크리트 말뚝, 강말뚝 모두 용접 이음이 일반적
(2) 부(주면) 마찰력(Negative Skin Friction) : 말뚝의 지지력은 선단 지지력과 주면 마찰력으로 구분되는데, 연약지
　　　반의 경우 침하시 주면 마찰력이 하향으로 작용 → 하중으로 작용(설계시 축방향 하중)
(3) 중립점 : 압밀층 내에서 지반 침하량과 말뚝의 침하량이 같은 지점 → 상대적 변위가 없는 점

➤ **분류(흐름)**

(1) 말뚝 이음

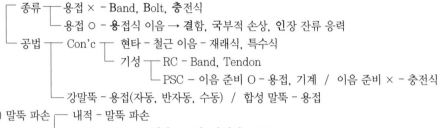

(2) 말뚝 파손

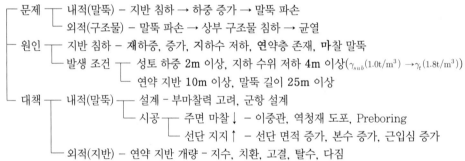

(3) 부(주면) 마찰력 → 연약 지반 수직 침하(cf. 측방 유동 → 연약 지반 수평 이동)

```
     ┌ 문제 ┬ 내적(말뚝) - 지반 침하 → 하중 증가 → 말뚝 파손
     │      └ 외적(구조물) - 말뚝 파손 → 상부 구조물 침하 → 균열
     ├ 원인 ┬ 지반 침하 - 재하중, 증가, 지하수 저하, 연약층 존재, 마찰 말뚝
     │      └ 발생 조건 ┬ 성토 하중 2m 이상, 지하 수위 저하 4m 이상(γ_sub(1.0t/m³) → γ_t(1.8t/m³))
     │                   └ 연약 지반 10m 이상, 말뚝 길이 25m 이상
     └ 대책 ┬ 내적(말뚝) ┬ 설계 - 부마찰력 고려, 군항 설계
            │            └ 시공 ┬ 주면 마찰↓ - 이중관, 역청재 도포, Preboring
            │                   └ 선단 지지↑ - 선단 면적 증가, 본수 증가, 근입심 증가
            └ 외적(지반) - 연약 지반 개량 - 지수, 치환, 고결, 탈수, 다짐
```

발생 조건: 성토 하중 2m 이상, 지하 수위 저하 4m 이상($\gamma_{sub}(1.0t/m^3) \rightarrow \gamma_t(1.8t/m^3)$)

➤ **도식화**

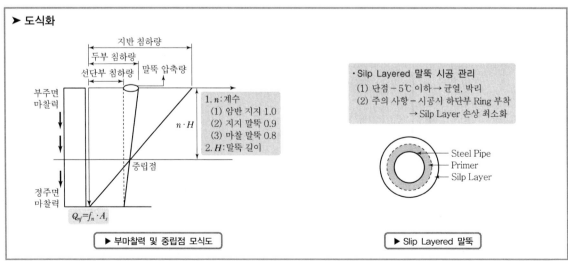

　1. n : 계수
　　(1) 암반 지지 1.0
　　(2) 지지 말뚝 0.9
　　(3) 마찰 말뚝 0.8
　2. H : 말뚝 길이

$$Q_{nf} = f_n \cdot A_s$$

▶ 부마찰력 및 중립점 모식도

· Silp Layered 말뚝 시공 관리
　(1) 단점 – 5℃ 이하 → 균열, 박리
　(2) 주의 사항 – 시공시 하단부 Ring 부착
　　　→ Silp Layer 손상 최소화

Steel Pipe
Primer
Silp Layer

▶ Slip Layered 말뚝

기초(5) – 말뚝의 지지력, 말뚝 재하 시험 [출제횟차 : 72, 75, 79, 81, 82, 83, 88, 90, 94, 103]

➤ **정의**

(1) 말뚝의 지지력 : 말뚝의 허용 지지력 = 선단 지지력과 주면 마찰력의 합을 안전율로 나눈 값
→ 정역학적 공식, 동역학적 공식 ⇨ 허용 지지력, 극한 지지력, 항복 지지력

(2) 말뚝의 시간 효과(Time Effect) : 항타에 따른 주변 지반의 교란 → 시간 의존적 말뚝의 지지력 변화
⇨ Set up 효과, Relaxation 효과

(3) 말뚝의 건전도 시험 : 지지력에 영향을 줄 수 있는 균열, 결함 등의 구조적 문제 예측 → 비파괴 시험

(4) 정재하 시험 : 타입된 말뚝에 실재 하중을 재하하는 시험 → 압축 재하, 인발 재하, 수평 재하 시험

(5) 동재하 시험 : 항타시 말뚝 본체에 발생하는 응력과 속도 분석 → 지지력 결정 → PDA

(6) Osterburg Cell 시험 : 대구경 현장 타설 말뚝 → 선단 지지력, 주면 마찰력 분리 측정 → 경사 말뚝 적용

➤ **분류(흐름)**

(1) 말뚝 지지력 종류

┌ 방향 - 수평, 연직(압축/인발), 휨모멘트
└ 크기 - 허용 지지력 = 극한 지지력 ± α ┬ 내적 - 말뚝 재질, 길이, 이음, 군효과
                                        └ 외적 - 지질, 지하수 영향

(2) 말뚝 지지력 산정 방법

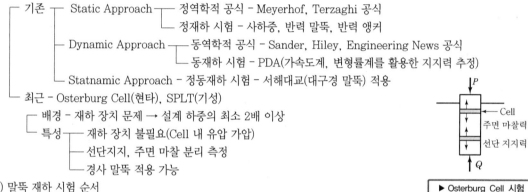

┌ 기존 ┬ Static Approach ┬ 정역학적 공식 - Meyerhof, Terzaghi 공식
│   │   └ 정재하 시험 - 사하중, 반력 말뚝, 반력 앵커
│   ├ Dynamic Approach ┬ 동역학적 공식 - Sander, Hiley, Engineering News 공식
│   │   └ 동재하 시험 - PDA(가속도계, 변형률계를 활용한 지지력 추정)
│   └ Statnamic Approach - 정동재하 시험 - 서해대교(대구경 말뚝) 적용
└ 최근 - Osterburg Cell(현타), SPLT(기성)

┌ 배경 - 재하 장치 문제 → 설계 하중의 최소 2배 이상
└ 특성 ┬ 재하 장치 불필요(Cell 내 유압 가압)
       ├ 선단지지, 주면 마찰 분리 측정
       └ 경사 말뚝 적용 가능

                                                    ↓P
                                          ┌────────┐
                                          ├────────┤ ← Cell
                                          │   │   주면 마찰력
                                          ├────────┤   선단 지지력
                                          └────────┘
                                                    ↑Q

▶ Osterburg Cell 시험

(3) 말뚝 재하 시험 순서

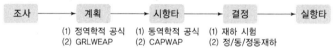

조사 ──→ 계획 ──→ 시항타 ──→ 결정 ──→ 실항타

         (1) 정역학적 공식   (1) 동역학적 공식   (1) 재하 시험
         (2) GRLWEAP   (2) CAPWAP   (2) 정/동/정동재하

(4) 말뚝 지지력 산정시 문제

┌ 동적 설계 - 설계는 동적 → 실제 재하는 정적 하중 ⇨ 신뢰성 문제
└ 정적 설계 - 설계는 선단 지지력 → 실제는 하중 전이 효과로 마찰 지지 ⇨ 과다 설계

➤ **도식화**

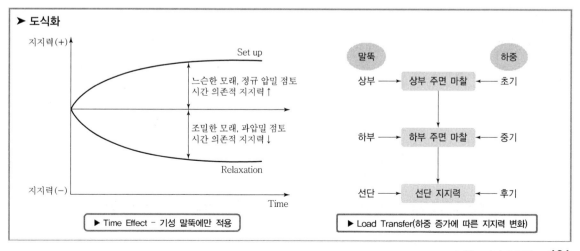

▶ Time Effect - 기성 말뚝에만 적용

▶ Load Transfer(하중 증가에 따른 지지력 변화)

➤ **정의**

(1) Open Caisson 공법 : 상·하단이 개방된 우물통 → 지표면에 거치 → Caisson 내부의 지반토 굴착
→ 소정의 지지층까지 침설 ⇨ 시공 설비 간단, 깊은 심도 가능, 경제적

(2) Pneumatic Caisson 공법 : 밀폐된 최하부 작업실 내부 → 고압 공기로 지하수 차단 → 굴착
→ Caisson 침하 ⇨ 용수량이 많은 지반에 적합, 품질 확보 용이, 지반 교란 없음

(3) Caisson 침하 촉진 공법 : 건조된 Caisson을 내부 굴착과 자중에 의한 침하 외에 소정의 지지층까지 침하
⇨ $[W_c + W_L > F + P + U]$

(4) Caisson 공법의 Shoe : 침하시 선단부 보호 목적 ⇨ 우물통 침설 용이, Con'c 구체 파괴 방지, 굴착 용이

➤ **분류(흐름)**

(1) 종류
```
┌ Open Caisson 공법 → 우물통, Well, 정통 공법
├ Pneumatic Caisson 공법 → 압기, 공기 케이슨 공법
└ Box Caisson 공법 → 설치 케이슨 공법
```

(2) 시공 순서 – **준비** → Shoe 설치 → **구체 제작** → **굴착** → **침하** →
지지력 확인 → **저반** Concrete → **속채움** → **상치** Concrete

(3) 시공 관리
```
┌ 침하 관리
│  ┌ 침하 조건 →
```

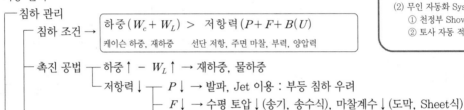

$$하중(W_c + W_L) > 저항력(P + F + B(U))$$
케이슨 하중, 재하중   선단 저항, 주면 마찰, 부력, 양압력

```
│  ┌ 촉진 공법 ┌ 하중↑ – W_L↑ → 재하중, 물하중
│  │          └ 저항력↓ ┌ P↓ → 발파, Jet 이용 : 부등 침하 우려
│  │                    ├ F↓ → 수평 토압↓(송기, 송수식), 마찰계수↓(도막, Sheet식)
│  │                    └ B↓ → 지하 수위 저하(압밀 침하로 하중↑ – 부마찰력 원리)
│  └ 문제점 – 경질 지반(침하 난이), 연약 지반(부등 침하)
└ 편기 관리 – 경사, 위치 → 초기 Real Time 관리
```

(4) Shoe
```
┌ 설치 목적 – 침하 촉진, 구체보호
└ 형상 – 사질토(단립, 봉소), 점성토(이산, 면모)
```

(5) 기계 설비
```
┌ 시공 설비, 굴착 설비, 동력 설비
└ 통신 설비, 기갑 설비, 압기 설비
```

➤ **영종대교 사례**
(1) Pneumatic Caisson 계측
① 경사계
② 반력 계측
③ 함내 기압
④ 유해가스 농도 계측
⑤ CCTV
(2) 무인 자동화 System
① 천정부 Shovel 굴착
② 토사 자동 적재 장치

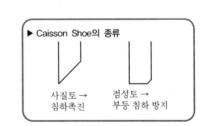

➤ **Caisson Shoe의 종류**

사질토 →
침하촉진

점성토 →
부등 침하 방지

➤ **도식화**

PS 감소(kg/cm²)

40

10

0
　10　　20　　30 절단부 거리(m)

▶ **절단 거리에 따른 PS 감소 Gragh**

$$Q_{ult}(지지력) = \alpha C N_C + \beta B \gamma_1 N_r + \gamma_2 D_f N_q$$

하중 강도

허용 지지력
(사질토)

허용 지지력
(점성토)

허용 침하량

허용 지내력

기초 폭

▶ **기초 폭에 따른 지지력 – 침하 Gragh**

➤ 정의

(1) 노상 및 기층 안정 처리 공법 : 노상, 기층의 지지력 부족 → 물리적, 첨가제 가하여 포설 ⇨ 지지력 증대

(2) 완성 노면의 검사 : 시공 완료된 포장 → 설계서, 시방서를 만족하는지 여부 판단 → 폭, 규격, 균열, 밀도,
    평탄성 관리, 노면 상태 등 검사 ⇨ 목적 : 평탄성 관리, 열화 방지, 균열 검사

(3) Proof Rolling : 노상, 보조 기층, 기층의 다짐이 부족한 곳, 불량 부분을 검사 → Dump Truck, Tire Roller
    전 구간 3회 이상 주행 ⇨ 변형량, 변형 형태 Check : 추가 다짐, 검사 다짐

(4) Benkelman Beam Test : 1953년 미국인 A.C Benkelman 개발 → 측정봉을 재하용 차량 후륜에 넣어
    → 보조 기층, 기층, 노상의 변형량을 정량적으로 측정

➤ 분류(흐름)

(1) 포장 형식 선정시 고려사항
┌ 우선적 - 장래 교통량, 토질, 기후, 생애 주기 비용 → 교토기생
└ 부가적 - 포장 공용성, 인접 현장 조건(기존 공용 포장), 재료, 시공자의 능력

(2) 포장 형식 분류
┌ 일반적 ┬ 가요성 포장(ACP) → Full Depth, Layered Structure
│   ├ 강성 포장(CCP) ┬ JCP(무근 Concrete 포장) → 2차 응력 줄눈 제어
│   │   └ CRCP(연속 철근 Concrete 포장) → 2차 응력 철근 제어
│   └ 합성 단면 포장 - 교면 포장, 반사 균열
└ 기능적 - 투수성 포장(부분 침투, 부분 증발) / 배수성 포장(전부 배수)

(3) ACP & CCP의 차이점
┌ 구조적 ┬ 교통 하중지지 방식 → (지반 분산, 직접지지), 내구성 → (불량, 양호)
│   └ 지반 적응성 → (양호, 불량)
└ 일반적 ┬ 시공성 → 품질관리 용이/난이, 장비/자재 → 전압/타설
         └ 소음/진동 → 적음/크다, 유지 관리 → 비용 크다/적다

(4) 안정 처리 – 물리적(입도 및 함수비 조정, 치환), 첨가제(시멘트, 석회, 역청), 기타(Macadam)

(5) 검사 항목 – 평탄성, 균열, 이음 → 강성, 혼합물 → 가요성, 규격, 표층
┌ 평탄성 검사 ┬ 기준 ┬ 가로 – 요철 5mm 이하
│   │   └ 세로 – ACP(100mm/km 이하), CCP(160mm/km 이하), 교량(240mm/km)
│   ├ 관리 – 가로(3mm 직선자), 세로(Profilemeter), APL
│   └ 지수 ┬ PrI → 국내 신설 포장(mm/km), QI → 국내 국도 포장(Count/km)
│   └ IRI → 국제 평탄성 지수(m/km)
└ Proof Rolling(변형량 측정 → 평탄성 관리, 다짐도) – Inspection P/R(신규), Addition P/R(추가)
    └ Flow : [시공 전](신규 변형 조사) → [Inspection P/R](추가 다짐) → [Addition P/R]

➤ 도식화

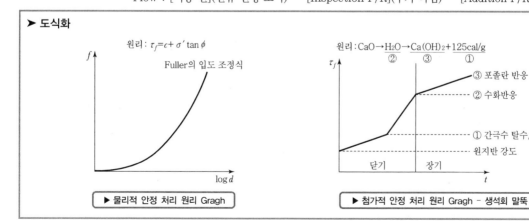

원리 : $\tau_f = c + \sigma' \tan\phi$

Fuller의 입도 조정식

▶ 물리적 안정 처리 원리 Gragh

원리 : $CaO \xrightarrow{②} H_2O \xrightarrow{③} Ca(OH)_2 + 125cal/g$ ①

③ 포졸란 반응
② 수화반응
① 간극수 탈수, 흡수
원지반 강도

단기   장기

▶ 첨가적 안정 처리 원리 Gragh – 생석회 말뚝

➤ 정의

(1) Cutback Asphalt : 아스팔트에 가솔린, 등유 등의 용제를 혼합하는 과정 → 유동성 향상시킨 액체 AP

(2) Prime Coat : ACP 포설시 포설전 입상 재료 위에 얇게 피복하는 역청 재료 ➪ 입상 재료와 AP 부착력↑

(3) Tack Coat : 중간층에 살포하는 액체 아스팔트 ➪ 기 포설된 중간층과 표층의 부착력 향상 목적

(4) Seal Coat : 역청재료와 골재를 살포하여 전압하는 표면처리 → 아스팔트 포장의 미끄럼 저항성 향상

(5) SBS(고분자 개질 아스팔트) : 기존 Ap-5에 고무계열 고분자 개질재 첨가 → 물리, 화학적 성질 개량

(6) SMA(Stone Mastic Asphalt) : Viaton(셀룰로오스 섬유)+조골재(90%)+세골재(10%) 혼합 → 내구성 향상

(7) Chemcrete : 역청의 분자 및 화학 구조를 변하게 하는 촉매제로 유기 망간을 주성분, 암갈색 액체 생성물
　　　　　　→ 아스팔트 중량의 2% 첨가 ➪ 내유동성↑, 소성 변형↓, 점착성↑

➤ 분류(흐름)

(1) 결합재(Asphalt) ┬ 석유 ─ Straight ┬ AC(Asphalt + 골재)
　　　　　　　　　 └ 천연　　　　　　 ├ 액체 아스팔트 ┬ Cut Back - 석유 → 화기 조심
　　　　　　　　　 　　　　　　　　　 │　　　　　　　 └ 유화 - 물(유화제+안정제) → 습기 조심
　　　　　　　　　 　　　　　　　　　 └ 특수
　　　　　　　　　 └ Blown - 공기 → 탄성 → 줄눈 채움재

(2) 성능 개선재(개질재) ┬ 목적 - 한랭지 → 내균열성, 내마모성↑ / 온난지 → 내유동성↑
　　　　　　　　　　　 └ 종류 ┬ 물리적 - 금속 - Chemcrete
　　　　　　　　　　　 　　　 ├ 화학적 - 고분자 - 합성수지(SBS - Superphalt), 고무(SBR)
　　　　　　　　　　　 　　　 └ 기타 - SMA

(3) 골재 - 깬 것, 깨지 않은 것

(4) 채움재

┬ 광물성 채움재 - 석분, Filler
├ 목적 - 재료(AP량↓), 시공(시공성↑), 유지 관리(비용↓)
├ 기능 ┬ 주 기능 - Stiffner Filler - 보강 기능 → AC 일체화 → 내구성↑
│　　　└ 보조 기능 - Void Filler - 공극 채움 → AC량 감소 → 내유동성↑
├ 관리 - 수분 관리(뭉침 → 수분 함량 1%↓), 비중 관리(비산 → 비중 2.6↑)
└ Carbon Black - 자외선 강함

(5) 개질 Asphalt

┬ 목적 - Straight AP + 개질재 → 아스팔트 혼합물의 내구성 및 내유동성 ↑
└ 종류 ┬ 폴리머 계열 - 고무 ┬ SBR Latex(합성수지 고무 고형분), SBS(고분자 합성 수지)
　　　　│　　　　　　　　　 └ CRM(폐타이어 분말)
　　　　├ 산화 촉매 계열 - Chemcrete(유기 금속 촉매제, 망간)
　　　　└ 천연 아스팔트 계열 - Gilsonite(천연 Asphalt+질소기 화합물), Guss Asphalt(TLA)

➤ 도식화

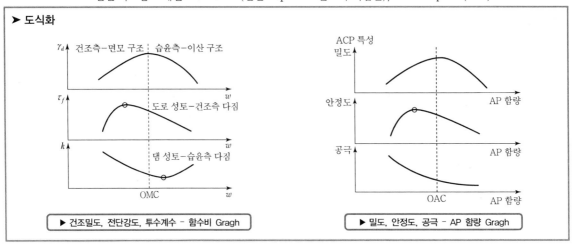

▶ 건조밀도, 전단강도, 투수계수 - 함수비 Gragh

▶ 밀도, 안정도, 공극 - AP 함량 Gragh

➤ **정의**

(1) 시험 포장 : 미리 결정된 배합 조건을 실제 사용할 장비 조합, 인력 편성 등으로 시험 시공

　　　　→ 시공의 적합성, 관리상의 문제점 사전 점검 등을 목적으로 본 포장 시행 전 시범적으로 시행

(2) 배수성 포장 : 우수 등이 포장체 내부를 통하여 배수구로 배출되도록 하는 포장

　　　　→ 물튀김 방지, 차륜과의 마찰음 감소, 미끄럼 저항성 증대

(3) 투수성 포장 : 포장체를 통하여 우수를 노상에 침투시켜 흙속으로 환원시키는 기능을 갖는 포장

(4) 저소음 포장 : 소음 저감을 목적으로 개발 → 배수성 포장, SBS계열의 개질재를 사용한 저소음 포장

　　　　⇨ 방사형 SBS(Radial type SBS : RSBS) → 복층저소음 배수성 포장 사용 사례

(5) 마모층(Wearing Course) : 아스팔트 포장에서 표층 위에 2 ~ 3cm 정도의 두께의 층

　　　　→ 비교적 얇은 내마모 혼합물이나 미끄럼 방지용 혼합물 층

(6) Asphalt 혼합물의 침입도 : 상온에서 반고체, 고체 상태의 아스팔트 재료의 굳기 정도 측정

(7) Marshall 안정도 시험 : 최대 입경 25mm 이하의 아스팔트 혼합물로 다짐한 원추형 공시체를 측면에 눕혀

　　　　→ 하중에 대한 소성 변형 저항력 측정 ⇨ 아스팔트 혼합물 배합 설계에 적용

➤ **분류(흐름)**

(1) 시공(다짐)

　┌─ 1차 다짐 ┬ **평탄성 확보**, 110 ~ 140℃, Macadam Roller

　│　　　　　└ 1차 다짐 효과↑ → 가급적 높은 온도 다짐(AP 변형 및 Crack 최소화 범위)

　├─ 2차 다짐 ┬ 밀도 증가, 80 ~ 110℃, Tire Roller

　│　　　　　└ ACP 온도가 떨어지지 않는 동안 최대 밀도 확보

　└─ 3차 다짐 ┬ **평탄성 확보**, 60 ~ 80℃, Tandem Roller

　　　　　　　└ 2차 다짐시의 로울러 자국 제거, 평탄성 확보

┌──────────────────────┐
│ ▶ **중온 아스팔트 포장** │
│ (1) 생산 온도 30 ~ 50℃ 낮음 │
│ (2) 온실 가스 20 ~ 40% 저감 │
│ (3) 공기 25% 단축 │
│ (4) 공비 210원/ton 절감 │
└──────────────────────┘

　　　　⇨ 온도가 너무 높으면 – 혼합물 분리, Hair Crack 발생

　　　　⇨ 평탄성 위해 초기 전압이 매우 중요

　　　　⇨ ACP 온도 관리 – 혼합 시(140 ~ 160℃), 포설 시(110℃ 이상), 교통 개방시(50℃)

(2) 기능성 포장

　┌─ 배수성 포장 ┬ 기능 – 포장체가 물을 흡수, 높은 공극률 확보, 고점도 ACP, 기층은 방수층 형성

　│　　　　　　　└ 특징 – 물튀김 방지, 차륜과의 마찰음 감소(저소음), 미끄럼 저항 증대, 눈부심 경감

　├─ 투수성 포장 ┬ 기능 – 수자원의 토양 환원, 물의 지하 저장 → 인도, 보도, 공원의 산책로

　│　　　　　　　└ 특징 – 높은 투수계수(10^{-2}cm/sec 이하), 공극률↑(잔골재×), 개립도 혼합물

　└─ 저소음 포장 ┬ 배수성 포장, SBS 계열 공법 적용 → 저소음(민원 감소)

　　　　　　　　　└ OO시 OOO 2단계 소음저감공사 사례 – **방사형 SBS(Radial type SBS : RSBS)**

　　　　　　　→ 복층저소음 배수성 포장 시공 → 일반 Asphalt에 비해 9dB(A) 소음 저감 효과

➤ **도식화**

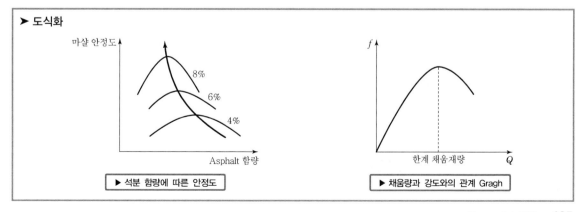

▶ 석분 함량에 따른 안정도　　　　　　▶ 채움량과 강도와의 관계 Gragh

➤ 정의

(1) Rutting(차바퀴 패임) : 아스팔트 포장의 파괴 현상 → 일정 부분 차량의 집중적 통과 → 마모, 유동, 파손

(2) Corrugation(파상 요철) : 도로 연장 방향에 규칙적으로 생기는 비교적 짧은 물결 무늬 요철
→ Prime Coat, Tack Coat 시공불량이 원인

(3) Stripping(박리 현상) : 아스팔트 혼합물의 골재와 아스팔트 접착성이 소멸 → 포장 표면의 골재가 분리

(4) PSI(공용성 지수) : 도로 주행시 운전자가 느끼는 쾌적성을 정량화 → AASHTO Road Test의 통계적 기법을 이용하여 나타낸 지수

(5) MCI(유지 관리 지수) : 도로 공용시 도로의 유지·보수의 적정성 여부 및 필요공법 판단을 위한 지수

(6) Surface Recycling(표층 재생 공법) : 아스팔트 포장 보수공법 → 기존 아스팔트 포장의 혼합물을 재생

➤ 분류(흐름)

(1) 파손
- 종류
  - 시기
    - 초기 - 소성 변형 → 공용 후 3년 이전, 포장 파손의 70%
    - 후기 - 균열(피로, 저온)
      - 선상(종방향 - Rutting, 횡방향 - 온도, 반사 균열)
      - 면상(망상 균열)
  - 형태 - 노면 성상에 관한 파손, 구조적 파손
- 소성 변형 이론(압축 이론)
  - 체적 유지 - 전단 변형론
  - 체적 감소 - 공극 감소론

전단 변형론 : 공극률 3% ↓
공극 변형론 : 공극률 3~7%
골재 이동

- 대책
  - 저감 대책 - 재료($\tau_f = c + \delta\tan\phi$) - $c\uparrow$: 점도 개선(SBS), $\phi\uparrow$: 골재 맞물림(SMA)
  - 처리 대책 - SMA(골재 맞물림 + 아스팔트 점성 + 섬유 보강재 결합력)
    ⇨ 소성 변형 최소화, 포장 균열 최소화, 미끄럼 저항성 증대
- Flushing 현상 - 개질 아스팔트 재료 분리(비균질, 응력 집중) → 균질 교반, 온도 준수(생산, 다짐)

(2) 유지 관리
- 조사 - 방법, 범위(발생위치 시기 + 교통량, 발생 규모, 진행/관통 여부), 계획
- MS
  - ACP
    - 유지(부분 재포장, Patching, 표면 처리, 절삭)
    - 보수(Overlay, 절삭 후 Overlay, 전면 재포장)
  - CCP
    - 유지(Sealing - ReSealing, Under Sealing)
    - 보수(단면 보수 - 전단면, 부분 단면)
- LCC - I(초기 - 기획, 설계, 시공) + M(유지) + R(교체 - 폐기)

(3) 재생(Pavement Recycling)
- 표층(Plant Recycling, Surface Recycling)
- 기층(Plant, 노상)

조사
D/B 구축   MS   원인 분석
유지 보수

▶ Maintenance System - 조원수 D/B

➤ 도식화

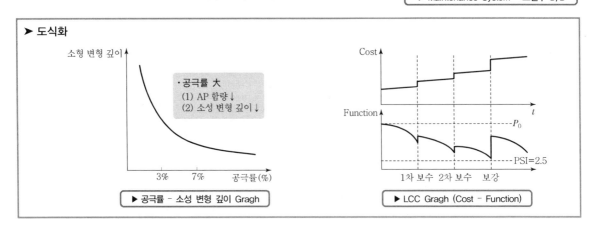

소형 변형 깊이
·공극률 大
(1) AP 함량↓
(2) 소성 변형 깊이↓
3% 7% 공극률(%)

▶ 공극률 - 소성 변형 깊이 Gragh

Cost
Function
P_0
PSI=2.5
1차 보수 2차 보수 보강

▶ LCC Gragh (Cost - Function)

▶ 정의

(1) 분리막 : Concrete Slab와 보조 기층 사이에 설치하는 얇은 막 → 2차 응력에 의한 균열을 끝단에 집중

(2) Cement Concrete 포장 줄눈 : Concrete Slab에 발생하기 쉬운 불규칙한 균열을 방지할 목적으로 설치

(3) RCCP(전압 콘크리트 포장) : 슬럼프가 없는 콘크리트를 아스팔트 페이브로 포설, 진동 롤러 다짐
        → 평탄성을 크게 요구하지 않는 곳에 적용

(4) Blow-up : 콘크리트 포장에서 발생 → 여름철 기온 상승시 콘크리트 슬래브 팽창 → Slab 위로 솟아오름

(5) Grooving : 콘크리트 포장의 미끄럼 방지 목적 → Slab 포설 즉시 표면을 긁어 미끄럼 저항성 증대

▶ 분류(흐름)

(1) 재료

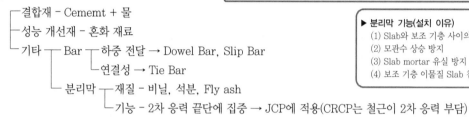

```
┌ 결합재 - Cememt + 물
├ 성능 개선재 - 혼화 재료
└ 기타 ┬ Bar ┬ 하중 전달 → Dowel Bar, Slip Bar
       │      └ 연결성 → Tie Bar
       └ 분리막 ┬ 재질 - 비닐, 석분, Fly ash
                └ 기능 - 2차 응력 끝단에 집중 → JCP에 적용(CRCP는 철근이 2차 응력 부담)
```

> ▶ 결성골채 - ACP 채움재, Concrete 섬유 보강재, CCP Bar 및 분리막

> ▶ 분리막 기능(설치 이유)
> (1) Slab와 보조 기층 사이의 마찰 감소
> (2) 모관수 상승 방지
> (3) Slab mortar 유실 방지
> (4) 보조 기층 이물질 Slab 침입 방지

(2) 양생 - 시간 ┬ 초기 양생 - 피막 양생, 삼각 지붕 양생
                         └ 후기 양생 ┬ 여름 - 습윤 양생
                                    └ 겨울 - 온도 제어(증가) 양생

(3) 파손

```
┌ 시기 ┬ 초기 ┬ 2차 응력 균열(온도 응력, 건조 수축) → 체적 수축 → 보조 기층 마찰 → 균열
│      │      ├ 열화
│      │      └ 설계 및 시공
│      └ 후기 ┬ JCP ┬ 줄눈부 파손, 포장체 표면 파손, 균열(종방향, 횡방향, 우각부 균열)
│             │      └ 기타 - Blow Up, Pumping
│             └ CRCP - Punch-out, 균열(종, 횡방향), 기타(Spalling)
├ 분류 ┬ 단차(Faulting) → 줄눈이나 균열 부위에서 표면에 층이 지는 현상
│      ├ Blow-up → 좌굴(Bulking) 현상으로 슬래브가 심하게 파손되어 위로 솟아오름
│      ├ Spalling → 균열, 줄눈의 모서리 부분이 떨어져 나감
│      └ Punch-out → CRCP에 주로 발생, 균열 → 횡방향, 종방향, 모서리, D형
└ 보수 방법 - Grouting, Grinding, 줄눈 및 균열의 Sealing, 전단면 보수, Sealant 주입 등
```

▶ 도식화

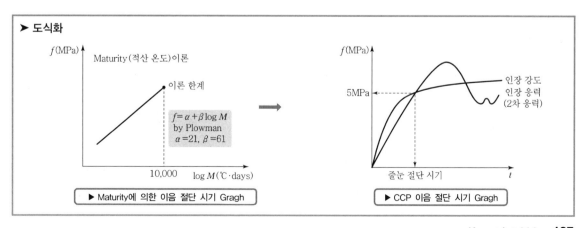

Maturity(적산 온도)이론

이론 한계

$$f = \alpha + \beta \log M$$
by Plowman
$\alpha = 21$, $\beta = 61$

10,000 $\log M(℃ \cdot days)$

▶ Maturity에 의한 이음 절단 시기 Gragh

5MPa

인장 강도
인장 응력
(2차 응력)

줄눈 절단 시기 t

▶ CCP 이음 절단 시기 Gragh

➤ 정의

(1) 줄눈(이음) : 콘크리트 슬래브에 발생하기 쉬운 불규칙한 균열을 방지할 목적으로 설치하는 것으로 구조적 단점이 되기 쉬우므로 정밀 시공이 필요 → 시공, 팽창, 수축(가로, 세로)

(2) Dowel Bar 와 Tie Bar : 콘크리트 포장의 구조상 발생하는 균열의 발생 위치를 미리 조절하기 위한 줄눈부에 설치 → 횡방향(Dowel Bar), 종방향(Tie Bar) ⇨ 하중 전달, 단차 및 벌어짐 방지

➤ 분류(흐름)

(1) 줄눈
```
 ┌ 기능성 ┬ 팽창 줄눈 - 가로 줄눈
 │        └ 수축 줄눈 - 가로, 세로 줄눈
 └ 비기능성 - 시공 이음
```

> **➤ 강성 포장(CCP) 줄눈(이음) 절단 시기 고려**
> (1) 시기 ① 가로 - 24시간
>   ② 세로 - 72시간
> (2) 문제
>   ① 빠름 - Ravelling → 평탄성 불량
>   ② 느림 - Random Crack

(2) 역할 및 간격
```
 ┌ 가로 팽창 줄눈 ┬ 역할 - 온도 변화에 따른 Blow up 방지, 줄눈 주위 파손 방지
 │               ├ 간격 - 6~9월(120~480m), 10~5월(60~240m)
 │               └ Bar - Slip Bar
 ├ 가로 수축 줄눈 ┬ 역할 - 2차 응력 완화(건조 수축 제어), 2차 응력에 의한 균열 방지
 │               ├ 간격 - t = 25cm 이상(10m), t = 25cm 미만(8m)
 │               └ Bar - Dowel Bar
 └ 세로 수축 줄눈 ┬ 역할 - 뒤틀림 방지, 종방향 균열 방지, 인접차선과 단차 방지
                 ├ 간격 - 4.5m 이하
                 └ Bar - Tie Bar
```

(3) 줄눈(이음)의 양면성

순기능 - 2차 응력 저감, 신구 포장 분리, **역기능** - 응력 집중, 소음 증가, 주행성 저하

(4) Post-Tensioned Concrete Pavement System(PTCP)
```
 ┌ 장점 - Slab 두께 감소, 줄눈 개소 수 감소(JCP의 1/20), 단점 - 경험 부족, 시공 관리 난이
 └ 적용 - 동해 고속도로 주문진~속초 구간 1공구 일부 구간 적용
```

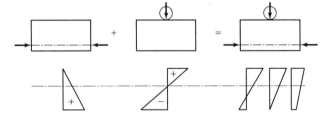

➤ 도식화

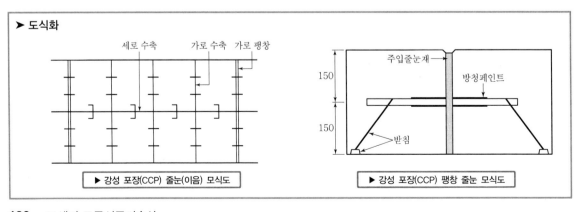

| ▶ 강성 포장(CCP) 줄눈(이음) 모식도 | ▶ 강성 포장(CCP) 팽창 줄눈 모식도 |

▶ 정의

(1) 교면 포장 : 교통 하중에 의한 충격, 빗물, 기타 조건 등으로부터 Slab 보호, 통행 차량의 주행성 확보
　　　　→ 교량 슬래브 위에 시공하는 포장 ⇨ 가열 혼합식 아스팔트, Guss Asphalt, LMC

(2) Guss Asphalt : Straight Asphalt에 열가소성 수지 등의 개질재를 혼합한 아스팔트 → 유동성, 안정성
　　　　→ 고온(200~260℃)으로 교반 혼합

(3) LMC(Latex-modified Concrete) : 콘크리트 구성 성분 + 일정 비율의 Latex 혼합 → 보통 Con'c 성질 개선

(4) 교면 방수 공법 : 교량구조물이 내구성 확보 목적 → 강교의 부식 방지 및 콘크리트교의 Blow up 방지
　　　　⇨ 도포식, 흡수 방지식(침투식), 포장식

(5) 반사 균열(Reflection Crack) : 무근 콘크리트 포장에서 아스팔트 덧씌우기(Overlay)한 경우 → 하부
　　　　콘크리트 포장의 줄눈이나 균열 발생 위치에서 상부 아스팔트에 나타나는 균열

▶ 분류(흐름)

(1) 교면 포장

　　┌ ACP ┬ 노출 - 가열 Asphalt
　　│　　　└ 특수 - Guss Asphalt, SMA, SBS
　　├ CCP - 노출 → LMC
　　└ 기타 - Epoxy 수지(이순신 대교), 아크릴 폴리머

(2) 교면 방수

　　┌ 도포식 - 액상(도막식), 고상(Sheet식)
　　├ 포장식 - 강교(Guss AP), Con'c교(LMC)
　　└ 흡수 방지식(침투식)

(3) 교면 배수

　　┌ 물 침투 억제 - 줄눈공 → 주입, 성형 줄눈
　　└ 침투식 배제 - 배수공 ┬ 배수구
　　　　　　　　　　　　　└ 배구관(유공형, 매설형)

(4) 반사 균열(Reflection Crack)

　　┌ 방지대책 ┬ ACP - 줄눈 설치, 두께 증가
　　│　　　　　├ 경계 - 상하부 분리(토목 섬유)
　　│　　　　　└ CCP - 줄눈 설치
　　└ 처리대책 ┬ ACP - 표면 처리, Sealing, Patching, 덧씌우기
　　　　　　　　└ CCP - 소규모(이음, 균열 보강), 대규모(파쇄)

(5) White Topping(ACP 위에 CCP)

　　└ White Topping(200mm), Thin White Topping(100~200mm), Ultra White Topping(50~100mm)

▶ Guss Asphalt : 강상판 포장, 적설 한랭 지역의 마모층 포장
(1) 특징 - 유입식, 방수성 좋음, 충격에 강함
(2) 문제점 ┬ 열 → 온도변화 → 체적변화
　　　　　│　└ 강상판에 미치는 영향(STRAND6 해석)
　　　　　└ 소성 변형 → 개질Asphalt

▶ LMC(Latex-modified Concrete)
(1) LMC = Latex + CMC
　　　　└ Water + S/B Polmer = 1 : 1
(2) 강도 ① 휨강도 - 6~10MPa
　　　　　② 부착 강도 - 1.6~2.3MPa
(3) 흐름 - Latex 고형분 → 수화 반응 → 입자 간 거리 단축
　　　　→ 건조 → 막형성 → 수밀성 증대
(4) 특징 ① 유동성, 점착력 증대
　　　　　② 미세 균열 증대 → 균열 확산 억제
　　　　　③ 침투성 저하 → 방수성 증대
　　　　　④ 휨, 인장 강도↑ → 내구성↑

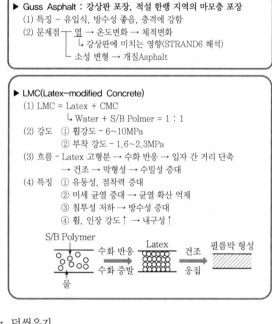

▶ 도식화

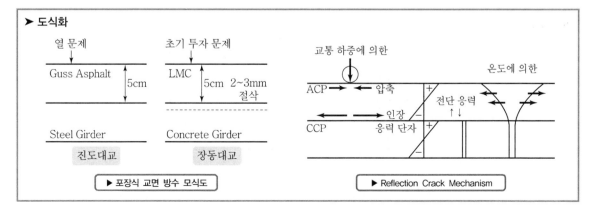

▶ 포장식 교면 방수 모식도　　　　　▶ Reflection Crack Mechanism

➤ 정의

(1) Hybrid 중로 아치교 : 구조 효율 극대화 및 경제성 유리 → 중앙부는 강재, 측경간부는 콘크리트

(2) 합성형교 : 강형의 플랜지, 철근콘크리트 바닥판, 전단연결재로 합성시킨 거더 → 강성↑, 중량↓, 경제성↑

(3) 전단 연결재 : 합성형교에서 강 Girder와 Con'c Slab를 연결하는 부재로 전단력에 대한 내하력을 가짐

(4) LB(Lattice Bar) – deck : 거더교의 바닥판 슬래브 시공시 → 고강도 콘크리트 패널, Lattice Girder 합성
　　　　　　　　 → 두께 60mm의 프리캐스트 패널(LB deck)

(5) 단순교 : 2개의 지점으로 설계되며, 한쪽은 가동 지점, 반대쪽은 고정 지점이 되게 설계한 정정 구조물

(6) 연속교 : 교량의 상부 구조가 2경간 이상에 걸쳐 연속되어 있는 구조로서 부정정 구조물

(7) 겔버(Gerber)교 : 교량 양측 중앙부에 내민보를 이용하여 힌지 형식으로 단순보를 지지하는 정정 구조물

➤ 분류(흐름)

(1) 교량 설계법

- 탄성 설계법(Elastic Design) – 허용 응력 설계법(Allowable Stress Design)
  - 원리 – 단면의 중립축에서 거리에 따라 응력이 직선 비례로 가정
  - 특징 – 주로 PSC 교량에 적용, 구조물이 파괴에 대한 안전율 적용 난이
- 강도 설계법(Strength Design)
  - 원리 – 극한 하중하에 구조물의 파괴 형태를 예측
  - 요소 – 하중 계수, 강도 감소 계수, 사용성 검토
- 하중 저항 계수 설계법(Load & Resistance Factor Design : LRFD) – 한계 상태 설계법
  - 원리 – 극한 또는 한계 하중이 극한 또는 한계 내력을 초과하지 않도록 하는 설계법
  - 장점 – 신뢰도, 안전율의 조정성, 재하중 반영, 거동에 대한 깊은 이해
  - 단점 – 지나친 이론에 치중, 실무설계의 구체적인 적용방법 불충분

(2) 합성 형교=Steel Girder+Concrete Slab → 응력 단차 발생 → 전단 연결재 설치

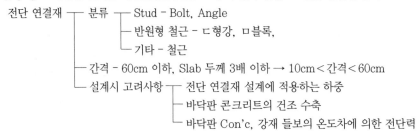

전단 연결재
- 분류
  - Stud – Bolt, Angle
  - 반원형 철근 – ㄷ형강, ㅁ블록,
  - 기타 – 철근
- 간격 – 60cm 이하, Slab 두께 3배 이하 → 10cm < 간격 < 60cm
- 설계시 고려사항
  - 전단 연결재 설계에 적용하는 하중
  - 바닥판 콘크리트의 건조 수축
  - 바닥판 Con'c, 강재 들보의 온도차에 의한 전단력

(3) 교량 형식
- 단순교 – 정정 → 정정 – 힘의 3요소(ΣV, H, $M = 0$)로 풀 수 있는 구조
- 연속교 – 부정정 → 부정정 – 지점 조건↑, 처짐/변위↓, 내부 응력↑
- 겔버교 – 정정 → 겔버교에서 힌지는 좌우 대칭

➤ 도식화

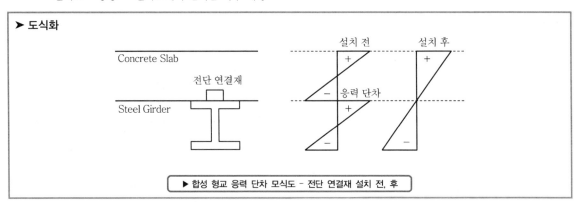

▶ 합성 형교 응력 단차 모식도 – 전단 연결재 설치 전, 후

교량(2) – 상부 구조(2) : 가설 공법 [출제횟차 : 76, 81, 82, 83, 84, 88, 89, 91, 92, 96, 97, 98, 100, 104]

➤ 정의

(1) 교량 Concrete 타설 순서 : 중앙부 동바리 처짐이 가장 많은 곳 먼저 타설
　　　　　　　　　　　→ (+)Moment 부분 먼저 타설, (−)Moment 부분 나중 타설
　　　　　　　　　　　→ 균열 방지를 위해 지점부 최종 타설
(2) PSM(Precast Segment Method) : 일정한 길이로 분할된 교량 상부구조(Segment)를 제작장에서 제작
　　　　　　→ 가설 장비를 사용하여 포스트텐셔닝에 의한 프리스트레스로서 순차적으로 세그먼트 조립
　　　　　　⇨ 세그먼트 연결방법 : Wide Joint 방식, Match-cast Joint 방식
　　　　　　⇨ 가설 방식 : PFCM, SSM, PPM
(3) FSLM(Full Span Launching Method) : 교량 상부 1경간(고가교의 경우 50m)을 한번에 육상에서 사전
　　　　　　제작 → 바지선으로 해상 이동 후 → 해상크레인 이용하여 일괄 가설 → 1경간씩 이동, 가설

➤ 분류(흐름)

(1) Concrete 교
```
 ┌ PSC – 원리 – 응력 개념, 하중 평형 개념, 강도 개념,  관리 - 집중 Cable 방식, 분산 Cable 방식
 ├ 가설 공법 ┬ 동바리 설치 ○ – FSM → 전체 지지식, 지주 지지식, 거더 지지식
 │          └ 동바리 설치 × ┬ 분절 진행(현타 → ILM, Precast → PPM) ⇨ 2중 곡선 불가능
 │                         ├ 경간 진행(MSS, SSM) ⇨ 장비 대형, 단면 변화 불가
 │                         └ Cantilever(FCM, PFCM) ⇨ 불균형 M, Camber 관리, Key Seg.
 └ 타설 순서 ┬ 방향 – 종방향 – (+)Moment 부분 먼저 타설, 횡방향 → 좌우 대칭
            ├ 경사 – 낮은 곳 → 높은 곳 타설
            └ 형식 – 단순교(중앙부터 타설), 트러스교(Slab Con'c에 인장력이 걸리지 않도록)
```
(2) 강교 가설 공법 ┬ 방법 ┬ 가설 ┬ Crane ┬ 육상 – 평지 → 자주식 Crane, 산악 → Cable Crane
```
                 │      │      │       └ 해상 – Floating, Derric Crane
                 │      │      └ Winch – 압출 장비
                 │      └ 지지 – 지지 ○ → 상부, 하부지지, 지지 × → 자체 지지
                 └ 연결 ┬ 방법 – 야금적(용접), 기계적(고장력 볼트, 리벳 이음)
                        └ 방식 – 모멘트 연결법(공비에 유리), 힌지 연결법(공기에 유리)
```

> ▶ **강교 가조립**
> (1) 원칙 - 1경간 이상, 제품은 무응력 상태
> (2) 목적 - 치수 검사, Camber 조정, 거치시 문제점 사전 파악
> (3) 순서 - Ground Marking → 가조립 Support Setting → Box Girder 배열 및 Setting
> 　　　　→ Cross Beam 과 Stringer 조립 → Splice Bolt 체결 및 Stud Bolt 시공 → Sole Plate 시공 및 검사
> (4) 유의사항
> 　① 부재 무응력 상태 유지(지지대 설치), Block 고정과 정도 유지(Ground Marking)
> 　② 길이 측정시 Steel Tape(측정 거리에 따른 장력 측정), 검사 시기(일출/일몰 30분 전)
> 　③ 현장 이음부/연결부는 볼트 구멍 수의 30% 이상 볼트 및 드리프트 핀 사용하여 조임

➤ 도식화

3	2	4	1	4	2	3
3	2	4	1	4	2	3
3	2	4	1	4	2	3

(+)　(−)　(+)　(−)

▶ 교량 타설 순서 모식도 – 종방향

③　②　③
①　　①　　①

・RC T형교
(1) 보 부분을 먼저 타설한 후
(2) 중앙에서 대칭이 되도록 타설

▶ 교량 타설 순서 모식도 – 횡방향

➤ **정의**

(1) MSS(이동식 동바리 공법) : 거푸집이 부착된 특수 이동식 지보(비계보, 추진보) 이용 → 교각 위 이동, 가설

(2) ILM(Incremental Launching Method) : 교대 후면 제작장에서 콘크리트 Box Girder 1Seg 제작
→ 추진코(Nose) 부착 → Sliding Pad 이용 → 전방으로 순차적으로 압출

(3) FCM(Free Cantilever Method) : 이미 시공된 교각 및 Deck Slab → Form Traveller, 이동식 Truss
→ 좌우 대칭을 유지하면서 전진 가설하는 공법

(4) 불균형 Moment : FCM 교량 축조시 교각을 중심으로 큰 Moment 발생, 교각 양측에 작용하는 Moment가 균형을
이루지 못하고 불균형한 상태로 발생하는 Moment

(5) Key Segment : FCM(Free Cantilever Method) 공법의 장대 교량에서 양측 Cantilever 시공이 완료되면 중앙부
에서 연속으로 연결할 경우 1 ~ 2m 정도의 짧은 Segment

➤ **분류(흐름)**

(1) ILM(Incremental Launching Method)
- 종류 ┬ 지점 - 집중 가설 방식, 분산 가설 방식
    └ 압출 방식 - Pushing, Pulling, Lift & Pushing
- 특징 ┬ 하부 조건 - 전혀 영향이 없음
    ├ 급속성 - 시공 속도 빠름(1Cycle 7 ~ 14일)
    ├ 경제성 - 교각이 높을 경우 경제적
    └ 안전성 - 안전성 우수(하부 조건 영향 ×)
- 문제 – 직선, 단일 곡선에만 가능, 제작장 부지 확보, 변화된 단면 시공 곤란
- Flow – 제작장 설치 → Nose 설치 → Segment 제작 → 압출 → 강재 긴장 → 교좌 장치 설치

> ➤ **FCM 문제점 및 해결 방안**
> (1) 불균형 모멘트 - Stay Cable, Anchor
>   가벤트
> (2) Camber 관리 - Block out → 현타
> (3) Key Segment - H-Beam, PS Cable

(2) MSS(Movable Scaffolding System)
- 종류 ┬ 상부 이동식 - Rechenstab 방식, Mannesmann 방식, Kettiger Hang 공법
    └ 하부 이동식 - Hanger Type
- 특징 ┬ 하부 조건 - 영향 없음
    ├ 급속성 - 시공 속도 빠름(한 경간당 10여일 소요)
    ├ 경제성 - 다경간 교량에 유리
    └ 안전성 - 비교적 안전
- 문제 – 이동식 거푸집 대형, 초기 투자비 큼, 단면 변화시 적용 곤란

> ➤ **FCM 처짐 관리**
> (1) 원인
>   ① 하중에 의한 처짐
>   ② 재료에 의한 처짐
> (2) 처짐 Check 및 관리
>   ① Segment 중앙에 Check
>   point 설치
>   ② Pre Setting Level 관리

(3) FCM(Free Cantilever Method)
- 종류 – 힌지식, 연속보식, 라멘식
- 특징 – Form Traveller 이용, 한 개의 Segment 2 ~ 3개 분할 시공
- 문제 – 불균형 Moment 관리, 처짐 관리, Key Segment 관리

➤ **도식화**

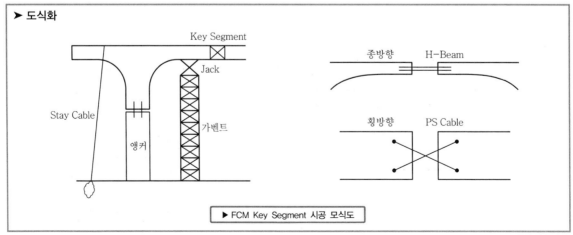

▶ FCM Key Segment 시공 모식도

➤ 정의

(1) 사장교 : 교각 위에 세운 주탑 → 경사 방향 Cable로 주형, 트러스 매단 구조물 ⇨ 자정식, 부정식, 완정식

(2) 현수교 : 양단의 앵커와 주탑 사이 Cable → Hanger에 의해 보강 트러스를 달아 상판을 설치

(3) Extra-dosed교 : 부모멘트 구간에 PS 강재로 인해 단면에 도입되는 축력과 모멘트를 증가시킬 목적
     → PS 강재의 편심량이 인위적으로 낮은 주탑의 정부에 External tendon 형태로 증가

(4) Preflex Beam : 강재보에 미리 Camber를 두고 제작 → Preflex 하중 재하 → 하부 플랜지 고강도
     Con'c 타설 → Preflex 하중 제거 → 하부 플랜지에 Prestress 도입

(5) Precom 공법 : I형 강거더 거치 → 거푸집을 I형 강거더에 설치 → 콘크리트 자중을 강재에 부담
     → 콘크리트는 무응력 상태 유지 → 강선 긴장(압축 응력 – Prestress 도입)

(6) IPC(Incrementally Prestress Concrete) Girder : 시공단계의 하중 증가 및 슬래브와의 합성 유무를 고려
     → 단계적으로 긴장력(Prestress)을 수차례 도입할 수 있도록 제작된 I형 Girder

➤ 분류(흐름)

(1) 사장교/현수교

┌ 구성 ┬ 사장교 – 주탑, 케이블, Deck
│   └ 현수교 ┬ 주탑, 케이블
│   ├ Suspended Structure – Hanger, Deck
│   └ Anchorage System ┬ 자정식(앵커 × – Deck가 연속보 → 영종대교)
│   └ 타정식(앵커 ○ – Deck가 단순보 → 광안대교)

┌──┐
│ ➤ 현수교 Cable 가설 공법 분류   │
│ (1) Air Spinning → AS 공법   │
│ (2) Prefabricated Pararell Wire Strand → PWS 공법 │
└──┘

├ 특성 ┬ 지간 – 지간 및 처짐 → 현수교 > 사장교
│   ├ 내진 – 지진력 < 부재력 ┬ 지진력↓ ┬ 능동적 → 제진(지진에 저항 ○)
│   │   │   └ 수동적 → 면진(지진에 저항 ×)
│   │   └ 부재력↑ – 내진(수평 LRB, 수직 Spring System)
│   └ 내풍 – Cable(Damper, Dimple), Deck(내풍판)

└ 계측 ┬ 시공 중(안전 관리) ┬ 풍향 풍속계 ┬ 시공 중 건설 안전 한계치(10m/sec)
       │   │   ├ 공용 중 교통 안전 한계치(25m/sec)
       │   │   └ 공용 중 구조 안전 한계치(65m/sec)
       │   └ 기타 – 유속계, 경사계, 변형률계, 온도계, 처짐계, 진동 가속도계
       └ 공용 중(유지 관리) ┬ 진동 가속도계 – 주탑/상판 진동, 케이블 장력 추정, 지진 가속도
                           ├ 응력/변형 – 변형률계, 처짐계, 신축 이음계, 경사계
                           └ 풍향 풍속계

(2) Extra-dosed 교 – PSC Girder교(External tendon)[거동] + 사장교 형식[외형]

(3) Preflex Beam :

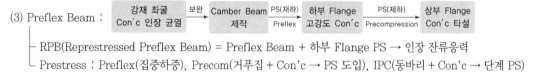

강재 좌굴 Con'c 인장 균열 →(보완)→ Camber Beam 제작 →PS(재하)/Preflex→ 하부 Flange 고강도 Con'c →PS(제하)/Precompression→ 상부 Flange Con'c 타설

├ RPB(Represtressed Preflex Beam) = Preflex Beam + 하부 Flange PS → 인장 잔류응력
└ Prestress : Preflex(집중하중), Precom(거푸집 + Con'c → PS 도입), IPC(동바리 + Con'c → 단계 PS)

➤ 도식화

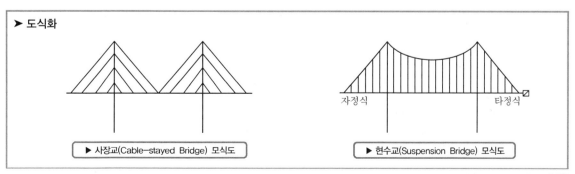

▶ 사장교(Cable-stayed Bridge) 모식도

자정식   타정식

▶ 현수교(Suspension Bridge) 모식도

➤ **정의**

(1) 교좌 장치 : 교량 상부 하중을 하부 구조로 전달하고 처짐, 온도 변화에 의한 회전과 변위를 흡수하는 장치
→ 가동 받침, 고정 받침 ⇨ 회전 기능, 지압 기능, 이동 기능

(2) 고무 교좌 장치(탄성 받침) : 하중 전달이 효율적이며 전단 변형에 의한 이동과 탄성 변형에 대한 회전이 자유로운
받침, 부식이 없고 유지 관리가 용이하고 시공이 간편, 경제적

(3) Pot Bearing : 받침을 원형 용기로 하여 고무판을 넣고 중간판으로 밀폐시켜 고무의 팽출 현상을 억제
→ 굴림 기능 → 중간판 이면에 불소수지판 삽입 → 스테인리스판과 접촉 → 미끄럼 기능

(4) LRB(Lead Rubber Bearing, 납 면진 받침 교좌) : 면진 받침의 일종 → 적층고무에 납 Plug 주입
→ 상부 구조물의 고유 주기 증대 → 지진력의 크기를 감소 ⇨ 지진시 수평력의 에너지 흡수

(5) 신축 이음 장치 : 교량의 온도 변화, Creep, 건조 수축 하중에 의한 변형에 대하여 주행성에 지장이 없도록 설치한
장치 → 고무 형식(T.F, 모노셀), 강재 형식(레일식)

➤ **분류(흐름)**

(1) 하부 구조

┌ 교량 기초 – 깊은 기초 → 수중 Concrete
└ 교각 타설 공법 – 연속 거푸집, Mass Concrete

(2) 부속 장치

┌ 교좌 장치 ┬ 목적 – 상부 하중 전달, 변위 흡수
│ ├ 기능 – 이동, 회전, 지압
│ ├ 분류 ┬ 재질 – 고무, 강재, 납(LRB)
│ │ └ 방향 – 가동형(이동 + 지압 + 회전), 고정형(지압 + 회전)
│ ├ 탄성 고무 받침 – 고무(수평 하중 변위 구속) + 강판(수직 하중 변위 구속)
│ └ LRB – 탄성 고무 받침 + 납봉(반복 하중 변위 구속)
└ 신축 이음 장치 ┬ 분류 ┬ 맞댐식 – 고무(NB형 – 도로공사)
├ 기능 └ 지지식 – 강재(Finger형 – 서울시)
│ ┬ 신축 – 2차 응력(온도 변화, 건조 수축, Creep)
│ └ 이음 – 주행성, 평탄성
└ 설계 유간 ┬ 설계 신축량 + 제품 여유량
├ 설계 신축량 = 기존 신축량(Δl) + 여유량(설치, 신축)
└ 기본 신축량(Δl) ┬ 온도(Δl_t), 건조 수축(Δl_s), Creep(Δl_c)
└ Rotation(Δl_r)

▶ 신축 이음 장치의 파손 원인
(1) 하중 – 이상 하중(화재, 지진), 과하중(충격)
(2) 시공 – 교좌장치 시공 불량, 교대 측방유동, 침하
(3) 설계 – 설계 유간 부족
(4) 유지 관리

▶ Presetting ┬ 온도 변화에 따른 설치 초기값을 정의하여 현재 온도에 대한 값으로 설계 유간 조정
└ 고려 사항 – 강교(온도), Concrete 교(온도 변화, 건조 수축, Creep, 회전)

➤ **도식화**

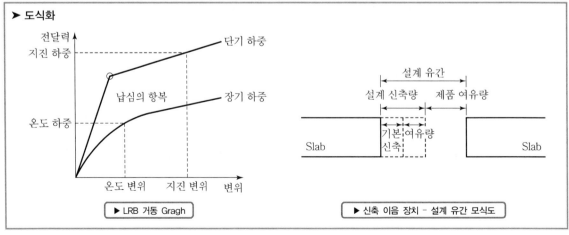

▶ LRB 거동 Gragh

▶ 신축 이음 장치 – 설계 유간 모식도

▶ 정의

(1) 암반의 불연속면 : 암반이 지각 변동, 기상 작용, 지열 등에 의해 형성된 연속 되지 않은 구조적 취약부
→ 내적(구조적 : 불연속면 - 절리, 단층), 외적(조직적 : 풍화)

(2) 단층대(Fault Zone) : 지각 변동에 따라 내부 응력에 의하여 암반 중에 파괴면이 형성되어 생기는 상대적 변위, 균열을 단층이라 하며 다수의 단층을 단층대라 함

(3) 암반 파쇄대(Flacture Zone) : 단층이나 절리 등이 발달한 곳에 주로 발생하며, 일정한 규모를 가지고, 물리적, 화학적 풍화 작용으로 주변 암반에 비하여 강도가 현저히 떨어지는 구간

(4) RQD(Rock Quality Designation) : 시추 Core 채취상태(균열 상태)를 나타내는 지표 → Core 채취여부

(5) RMR(Rock Mass Rating) : Bieniawski에 의해 제안된 암반 분류방법 → 암반의 변수별 등급으로 평가

(6) Q-System : 정량적 암반 분류방법 → 6개의 분류 인자 이용 → 각 인자별 점수를 평가하여 암반 분류

▶ 분류(흐름)

(1) 암반 결함

- 내적(구조적) - 불연속면 → 절리, 단층
- 외적(조직적) - 풍화 정도 → 방향성, 면 거칠기, 충진물, 암괴 크기

(2) 암반 분류

- 기존
  - 토공
    - 풍화 정도, 풍화 정도 + 절개 개수
    - 절리 개수 - RQD
      - Core 채취 가능(RQD = Σ10cm 이상 Core 길이/굴진장)
      - Core 채취 불가능(RQD = $115 - 3.3J_v$)
  - 터널
    - 정성적 - Terzaghi, Laufer법
    - 정량적
      - RMR
        - 항목 - 강도, RQD, 불연속면 상태, 불연속면 간격, 지하수
        - 보정 - 주향 + 경사, 판정 - I~V등급
      - Q-System
        - 노르웨이 NGI 기준
        - $Q = \dfrac{RQD}{J_n} \times \dfrac{J_r}{J_a} \times \dfrac{J_w}{SRF}$ ⇨ 암괴 크기, 전단력, 활성 응력
- 최근 - TSP

(3) 특성

- 등급 판정(V~I)
  - RQD(0, 25, 50, 75, 90, 100), RMR(0, 20, 40, 60, 80, 100)
  - Q-System(0.001, 1, 4, 10, 40, 1,000), q_u(0, 10, 50, 100, 150)
- SMR = RMR + ($f_1 \times f_2 \times f_3$) + f_4
  - 방향성 계수(불연속면, 사면) : f_1, f_2, f_3
  - 방법 계수(굴착) : f_4
  - 판정(V~I) : SMR(0, 20, 40, 60, 80, 100)
    - → 사면 안정(매우 불안, 불안, 보통, 안정, 매우 안정)
    - → 보강 방법(재굴착, 재검토, 체계 실시, 부분 실시, 없음)
- RMR & Q-System의 차이점 → 절리 방향, 지보 체계, 현장 응력, 등급 구분

$RMR = 9 \cdot \ln Q + 44$

▶ 도식화

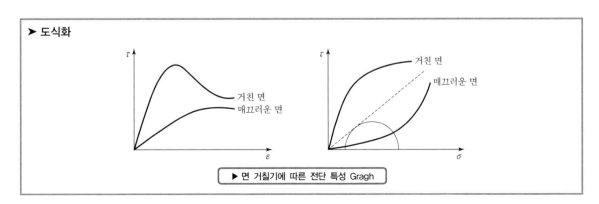

▶ 면 거칠기에 따른 전단 특성 Gragh

➤ **정의**

(1) 누두 지수(n) : 발파 단면에서 최소 저항선에 대한 누두 반지름의 비

(2) 심빼기 발파(심발공) : 굴착면에 자유면을 확보하기 위하여 암반 굴착면에 경사형, 평행의 천공후 발파

(3) Bench Cut : 굴착할 암반을 여러 단의 Bench 형상으로 조성하여 넓은 자유면을 확보하는 공법

(4) 무진동 파쇄 : 특수 규산염을 주성분으로 한 파쇄제와 물과의 반응에 의해 발생하는 팽창압으로 파쇄

(5) ABS(Aqua Blasting System) : 암반 천공시 폭약을 장약하고 남은 공간에 비압축성 물을 채워 폭발시 발생하는 충격
   파가 천공 벽면에 균등하게 전달되어 암반을 파쇄하는 공법

(6) 제어 발파(Controlled Blasting) : 여굴 최소화를 위하여 발파, 천공, 장약 방법을 수정 보완

➤ **분류(흐름)**

(1) 터널 굴착 공법, 방법

```
┌ 공법(패턴) – 전단면 굴착, 분할 단면 굴착(수평 분할, 수직 분할)
├ 방법(수단) ┬ 발파 – Double Shell(NATM), Single Shell(NMT)
│            └ 미발파 – 기계(TBM, Shield), 진동(미진동 – 플라즈마, CCR, 무진동 – 팽창재, 유압잭)
├ 분할 단면(선진 도갱 확대 굴착)
│   ┌ 선진 도갱 TBM(금정 터널) – 선진 도갱 TBM+NATM=2개 자유면 → 발파 진동 최소화, 도심지
│   ├ 2-Arch 터널 – Piot 터널 굴착(대단면 터널 시공) → 발파시 중앙 기둥 손상 및 이음부 누수
│   └ 무도갱 2-Arch 터널 – 선행 터널(보강 Con'c)+후행 터널(기계 굴착) → 대단면 터널 시공
└ 수직 굴착 공법 ┬ 상향 ┬ RBM – 기계 – Piot hole(하향) → Reaming(상향) → Enlarging(상향)
                 └ 하향 └ RC – 발파 – 기계식 작업대 + 천공 + 발파
```

(2) 자유면 확보 → 발파 효율 증대, 여굴 최소화, 모암 영향 최소화

```
┌ 종방향(Bench Cut) – 다단(불량 지반), 미니(L=10m 이하), 숏(10~50m), 롱 벤치(50m 이상)
├ 횡방향(심빼기 발파) – 평행, 경사, 조합 심발
└ 누두 지수(n=r/W) → n=1(표준 장약), n>1(과장약), n<1(약장약)
```

(3) 제어 발파 – 지발 효과를 바탕으로 Tamping, Decoupling 효과를 활용한 발파 공법 → 여굴 최소화

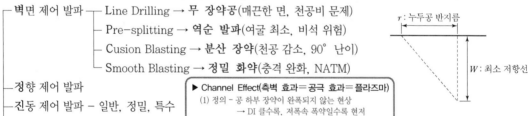

```
┌ 벽면 제어 발파 ┬ Line Drilling → 무 장약공(매끈한 면, 천공비 문제)
│               ├ Pre-splitting → 역순 발파(여굴 최소, 비석 위험)
│               ├ Cusion Blasting → 분산 장약(천공 감소, 90° 난이)
│               └ Smooth Blasting → 정밀 화약(충격 완화, NATM)
├ 정향 제어 발파
├ 진동 제어 발파 – 일반, 정밀, 특수
└ 구조물 해체 제어 발파
```

r : 누두공 반지름
W : 최소 저항선

▶ **Channel Effect(측벽 효과=공극 효과=플라즈마)**
(1) 정의 – 공 하부 장약이 완폭되지 않는 현상
  → DI 클수록, 저폭속 폭약일수록 현저
(2) 이유 – 공 상부(기폭부) 충격파 전파 속도가
  "폭약중<공극중"이 되어 공하부 폭약 둔감

➤ **도식화**

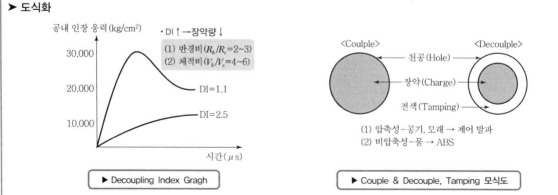

공내 인장 응력(kg/cm²)

30,000
20,000
10,000

시간(μs)

• DI↑ →장약량↓
(1) 반경비(R_h/R_e=2~3)
(2) 체적비(V_h/V_e=4~6)

DI=1.1
DI=2.5

▶ Decoupling Index Gragh

\<Couple\> \<Decouple\>

천공(Hole)
장약(Charge)
전색(Tamping)

(1) 압축성–공기, 모래 → 제어 발파
(2) 비압축성–물 → ABS

▶ Couple & Decouple, Tamping 모식도

➤ **정의**

(1) 지불선 : 터널 굴착시 Lining의 설계 두께를 확보하기 위하여 시공상 부득이하게 계획선 이상의 공간 필요
→ 공사 도급 계약의 필요에 따라 굴착 및 라이닝 수량 확정을 위하여 정해지는 수량 한계선

(2) 여굴 : 터널 단면 굴착시 여러 원인에 의하여 필요 이상으로 단면이 굴착되는 것
→ 지질 불량, 암반의 균열, 절리, 천공 각도 부적정, 폭약 사용량 과다, 부적절한 발파 등

(3) 진행성 여굴 : 초기 제어를 위한 예측 분석 실시(지질, 지하수) → 작업 순서 조절
→ 방지대책(토사 제거, 배수 수발공), 처리대책(S/C 및 배수공 막장 대기)

➤ **분류(흐름)**

(1) 시험 발파
- 목적
  - 발파 영향 추정(발파 진동식 추정)
  - 굴착 방법 결정(발파 가능 - Single Shell, Double Shell, 발파 불가능 - 기계, 진동)
  - 발파 패턴 결정 - 제어 발파
- 순서 - 조사 → 계획 → 시험 발파 → 발파 방법 및 패턴 결정 → 본발파 → 계측 → 공사 완료
- 방법 - 발파 진동식 $V = f(W, D)$ → V : 발파 진동 속도, W : 지발당 장약량, D : 발파원 거리

(2) 발파 진동이 Concrete에 미치는 영향(양제기)
- **양** - 양생
  - 초기 - 긍정적 영향 → 진동 다짐, 수화 촉진
  - 후기 - 5~10시간 후 - 부정적 영향 → 초기 균열
- **제** - 제어
  - 발생원 - 미발파(기계, 진동), 발파(장약, 굴진장↓)
  - 전파 경로 - 진동(Trench → 1/2 감소), 소음(방음벽, 토사벽 → 10~15dB)
  - 수진자 - 이동
- **기** - 기준 → 소음(주간 발파 소음 60dB 감소), 진동(가축/문화재/가옥/RC → 0.1/0.2~0.3/0.3/0.4)

(3) 진동 - 유진동(심발 발파, 제어 발파), 미진동(플라즈마, CCR), 무진동(팽창재, GNR, Super Wedge)

(4) 여굴, 지불선(Pay Line)
- 분류
  - 일반 여굴 - Look out, Over break
  - 진행성 여굴
    - 순서 - 예측 분석(지질, 지하수) → 작업 순서 조절 → 초기 제어
    - 대책
      - 방지 → 토사 제거 + 배수 수발공 + (S/C + W/M)
      - 처리 → S/C 및 배수공 막장 대기 → 신속 처리
- 문제점 - 경제성↓ → S/C 증가, 수화열 → 온도 상승 → 온도 응력↑ → 온도 균열↑
- 원인/대책
  - 내적 - 발파(천공 미숙, 과장약 → 숙련공, 제어 발파), 기계(장비 규격 → 정밀 장비)
  - 외적 - 지질 → 연약부 Sliding → Grouting
- 규정 - 측벽부(10~15cm), 아치부(15~20cm)

➤ **도식화**

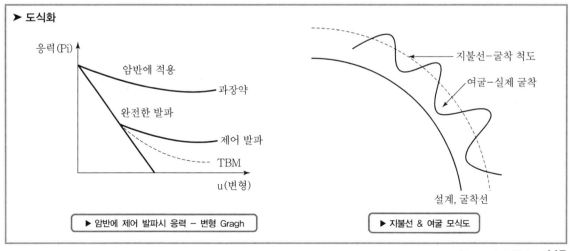

▶ 암반에 제어 발파시 응력 - 변형 Gragh

▶ 지불선 & 여굴 모식도

➤ **정의**

(1) Rock Bolt : 암반을 착암기로 천공 후 볼트를 삽입하여 조여서 정착시킴으로써 느슨해진 암반을 고정

(2) 터널의 하중 전이 : 굴착에 따라 변위를 허용하면 터널의 경우 원래 받고 있던 압력이 적고, 터널 주변은 보다 큰 압력이 작용하게 됨 → 응력 전이, Load Transfer

(3) 삼각 지보재(Lattice Girder) : 터널 굴착시 굴착 단면의 변위를 방지 → 숏크리트 경화시까지 임시 보강재

(4) Lining Concrete : 터널 굴착면의 붕괴 방지, 굴착면 지지 목적 → 무근콘크리트, 강섬유 보강 두 가지 사용

(5) Invert Concrete : 복공 콘크리트와 일체로 링을 형성하는 구조체 → 지압에 대항, 내공 변위 억제, 조기 폐합이 목적 → 암질이 불량하거나 토압이 큰 지반 갱구부 등에 설치

(6) Spring Line : 내공면에서 가장 폭이 넓은 부분 또는 상반 아치가 시작되는 선 → 상하반 분할 굴착선

➤ **분류(흐름)**

(1) NATM 원리

    ┌ 구조물 상호 작용 개념 ┬ 상부 이완하중 지반이 부담 → Arching 현상(적절한 시기에 적절한 지보)
    │   └ 지보 → 지보 능력 극대화 위한 보조 수단
    └ 하중 개념 – 상부 이완 하중을 100% 지보가 부담(토압론 근거)

(2) 설계 개념 ┬ 외측셸 – S/C, R/B, S/R → 원지반 자체의 지보 능력 극대화(Arching Effect)
               ├ 분리층 – 부직포, 방수막 → 외측셸로부터의 힘 차단, 차수
               └ 내측셸 – Concrete Lining → 외측셸 보호

(3) 차이점 ┬ 더블셸(NATM) – 외측셸(S/C, R/B, S/R) + 내측셸(C/L) → 내측셸에 응력 미전달, RMR
             └ 싱글셸(NMT) – 고품질 S/C+R/B=영구 지보재 → 셸에 응력(지반 전단력) 전달, Q-System

(4) 지보재 ┬ 주지보 – Shotcrete, Rock Bolt, Steel Rib, Wire Mesh, Lining Concrete
          └ 보조 지보 – Fore Poling, 강관 다단 Grouting, FRP Grouting, 막장면 Rock Bolt

(5) Shotcrete

    ┌ 분류 – 건식(용수 많을 때), 습식(용수 적을 때)
    ├ 관리 ┬ 인적 → 분진 농도 – 작업 개시 5분 후, 5m 지점, 5mg/m^3↓(환기 정기), 3mg/m^3(환기 실시)
    │   └ 물적 → 리바운드 – 규정(일반적 20~30%), 관리(급결제, 강섬유, W/B↑, 거리, 각도 조절)
    ├ 산악 터널 요구 성능 ┬ 장기 강도 – 일반 21MPa↑, 영구 35MPa↑
    │   └ 뿜어붙이기 성능 ┬ 시공 사례 ○ → 조기 강도 + 분진 농도
    │   └ 시공 사례 × → 조기 강도 + 분진 농도 + Rebound율 상한치
    └ 발전 흐름

S/C	→(Rebound)	S/C+W/M	→(시간)	S/C+S/F	→(부식)	S/C+P/F

➤ **도식화**

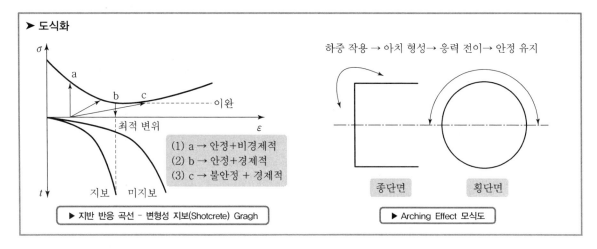

하중 작용 → 아치 형성 → 응력 전이 → 안정 유지

(1) a → 안정 + 비경제적
(2) b → 안정 + 경제적
(3) c → 불안정 + 경제적

▶ 지반 반응 곡선 - 변형성 지보(Shotcrete) Gragh

▶ Arching Effect 모식도

종단면   횡단면

➤ 정의

(1) NATM 계측 : 일상 계측 – 시공 대상 전구간 시행, 터널 시공 안정성 확인
　　　　　　　대표 계측 – 대표적 지반 조건, 초기 굴착구간 소성 영역 분포 확인, 지보재의 응력 거동,
　　　　　　　　　　　　지보 부재의 안정성, 설계 타당성, 미굴착 구간 설계 및 시공 반영
(2) Shotcrete 응력 : 목적 – 1차 S/C 안정성 판정, 2차 S/C 두께 및 시기 결정
　　　　　　　　　　터널 반경 방향 응력 – 원지반과 S/C 경계면 센서 설치 → S/C 배면 토압 계측
　　　　　　　　　　터널 접선 방향 응력 – S/C 두께 방향으로 센서 매설 → S/C 응력 측정
(3) Rock Bolt 축력 : 기계식 정착 R/B – 다이얼 게이지 설치, 진동현식 R/B – 진동현식 스트레인 게이지
(4) Face Mapping : 터널 막장면, 절취 사면에서의 굴착 방법, 보조 공법, 안정성 평가의 참고자료 활용을 목적으로
　　　　　　　　육안 관찰하여 기록하는 기법

➤ 분류(흐름)

(1) NATM 계측
　┌ 시공중 계측
　│　┌ A계측(일상 계측) – 갱내 관찰조사, 천단 침하, 내공 변위, Rock Bolt 축력, 지표 침하
　│　├ B계측(정밀 계측) – 지중 침하(층별 침하), 지중 수평 변위, Shotcrete 응력, Rock Bolt 축력
　│　└ 특별 관리 계측 ┬ 소음 및 진동 – 주변 영향 최소, TSP – 막장 전방 지반 예측
　│　　　　　　　　　└ 연결부 변형 – Joint Gauge
　└ 유지 관리 계측(공용 중 계측)
　　　Concrete 응력계, 철근 응력계, 간극 수압계, 경사계, 균열계

(2) Face Mapping
　┌ 작성 목적 – 굴착 방법, 보조 공법, 안정성 평가, 계측 해석 보조자료 활용의 참고자료로 활용
　├ 조사 항목 – RMR 항목(일축 강도, RQD, 불연속면 상태, 불연속면 간격, 지하수 상태)
　└ 유의 사항 – 전문가 수행, 도면화, 사진 및 동영상 첨부 → 자료의 객관성 확보

(3) 터널 시공 안정성 평가 → 계측 시공 관리 + 수치 해석
　┌ 안정성 평가 ┬ 설계 단계 – **수치 해석** → 정성적 평가, 시공 관리 기준치, 시공 계획 정보 제공
　│　　　　　　　└ 시공 단계 – **계측 관리** → 해석 모델 재평가(역해석), 공법 지속 및 변경
　│　　　　　　　　　　　　　　　　시공 관리 기준 재설정
　├ 평가 항목 – 측정 기기 ○ → 응력, 변형, 측정 기기 × → Face Mapping
　└ 계측 관리 Flow – 초기 관리 기준 설정 → 관리 기준 재조정 → 계측 결과 시공 관리

(4) Shotcrete 응력 측정
　┌ 목적 – S/C 응력 측정, 배면 토압 크기, 밀도 → 1차 S/C 안정성 판정, 2차 S/C 두께 및 시기 결정
　└ 분류 – 터널 접선 방향(Shotcrete 응력 측정), 터널 배면 방향(Shotcrete 배면 토압 측정)

➤ 도식화

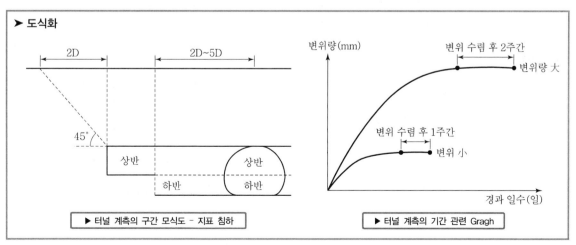

▶ 터널 계측의 구간 모식도 – 지표 침하　　　　▶ 터널 계측의 기간 관련 Gragh

▶ 정의

(1) TBM(Tunnel Boring Machine) 공법 : 자동화된 터널 굴착 장비 → 터널 전단면을 동시 굴착
　　　　　　　　→ 굴착 단면이 원형, 암반 자체를 지보재 활용 → 보조 지보재 감소, 여굴 거의 없음

(2) Shield 공법 : Shield(강재 원통 굴착기)를 지중에 밀어넣고 연약지반의 붕괴, 유동을 방지하면서 굴착 및
　　　　　　　　복공 작업을 하여 터널을 형성하는 공법

(3) Messer 공법 : 터널 및 지하 구조물 시공시 적용 공법 → 굴착면의 자립이 어려울 경우 터널 형태에 따라
　　　　　　　　강지보재 위에 Messer라는 강널판을 유압 잭으로 압입하여 굴착면을 보강하는 공법

(4) 침매 터널 : 지상 또는 수면상에서 제작된 함체(Element)를 물에 띄워 원하는 위치까지 이동하여 침설
　　　　　　　→ 침설되는 함체들을 연결 → 되메우기 → 일종의 부력 터널 원리

▶ 분류(흐름)

(1) 한국 터널공학회 분류

Shield 유무	지보 시스템	반력	명칭 및 종류
Shield X	없음	자중	로드 헤더, 디거
		그리퍼	개방형 TBM
Shield O	주면 지보	그리퍼 or 추진잭	싱글 쉴드 TBM
		그리퍼 & 추진잭	더블 쉴드 TBM
	주면 + 막장 지보	추진잭	토압/기계/이수/혼합식 쉴드 TBM

　　⇨ TBM(Disk Cutter)+쉴드(강재 원통 굴착기+Precast Segment) 혼용 → 본래 의미 상실

(2) Shield TBM(= Head[굴착] + Body[추진] + Tail[쉴드])

　┌ 동시 주입 – Body 주입, 쉴드기 측면에서 추진 시 주입 → 추진 저항 문제
　├ 반동시 주입 – Tail 주입, Segment 주입공에서 추진시 주입 → 쉴드 내 유출
　├ 즉시 주입 – Tail 주입, 1개 세그먼트링 설치 완료 후 주입 → 주변 이완 문제
　├ 후방 주입 – Tail 주입, 여러 개 세그먼트링 설치 완료 후 주입 → Tail Void 확보 난이
　└ ⇨ 주입량(Q = V(이론 공극량) × α (계수)), 주입압(세그먼트 작용 외압보다 0.1~0.2MPa 크게)

(3) Shield Segment 문제점

　┌ Tail Void ┬ 문제 – 공극 발생 → 응력 해방 → 지중 변위 → 지표 함몰
　│　　　　　├ 원인 – 여굴(굴착 외주면과 세그먼트 외주면 사이)
　│　　　　　└ 대책 – 뒷채움 주입
　└ 이음 문제 ┬ 문제 – 누수 → 내적(유지 관리 문제), 외적(압밀 침하 문제)
　　　　　　　├ 원인 – 이음 수밀성 부족
　　　　　　　└ 대책 ┬ 이음 – 재질(RC, Steel), 형식(Plate, Box), 이음(Bolt, Hinge)
　　　　　　　　　　 └ 방수 – 주 공법(Seal 방수), 보조 공법(코깅 방수, 볼트 방수)

┌─────────────────┐
│ ▶ Shield │
│ (1) 개방형 │
│ (2) 부분개방형 │
│ (3) 밀폐형 – 이수식, 토압식 │
│ 　　　　　(Slurry) (EPB) │
└─────────────────┘

▶ 도식화

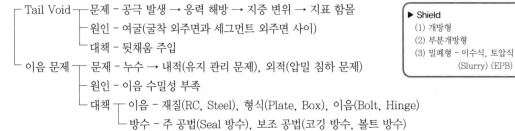

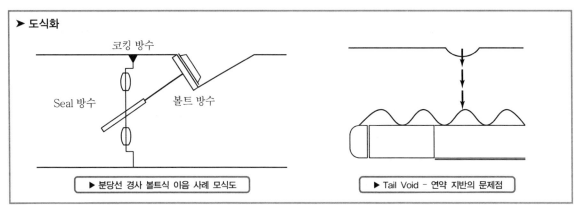

▶ 분당선 경사 볼트식 이음 사례 모식도　　　　　▶ Tail Void – 연약 지반의 문제점

➤ **정의**

(1) 강관 다단 Grouting : 굴착 전에 강관을 굴착 방향 전방에 Umbrella 형태로 배열, 설치 → 그라우트재를 지반 내 압력 주입 → 보강재와 주변 지반을 일체화 → Beam Arch 형성(보강, 차수)

(2) 수평 제트 Grouting(Trevi Jet) : 제트그라우트파일에 의한 지반 보강과 강관에 의한 지반 보강이 일체로 된 공법 → 천공과 동시에 강관을 타설 → 아치쉘 구조를 구축 → 우산형 보강 형성

(3) Pipe Roof 공법 : 철도선로, 도로면하 지중에 수평으로 천공 → Pipe Roof 설치 후 Grouting 상부지반 보강 → 굴착단면 내부에 Wale 설치 후 구조물을 현장 타설 → Boring식, Auger식

➤ **분류(흐름)**

(1) 보조 공법

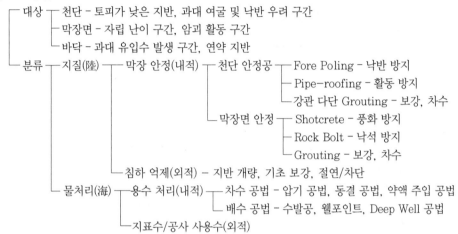

(2) 천단 안정 공법 특성

구분	Fore Poling	강관 다단 Grouting	FRP 다단 Grouting
원리	철근 삽입 → 보강 효과	강관 주입 → Beam Arch 형성	FRP 관 주입 → Beam Arch 형성
구성	철근	강관	FRP 관
장점	공기, 공비 절감	강성	부식, 중량, 반원형 주입
단점	보강, 차수 효과 미약	부식, 중량, 반원형 주입	강성
적용	여굴, 붕락 방지	차수, 보강 + 여굴, 붕락 방지	차수, 보강 + 여굴, 붕락 방지

(3) 천단 안정 공법 발전 Flow

Fore Poling ──변위──→ Pipe-roofing ──지수──→ 강관 다단 Grouting ──부식──→ FRP 다단 Grouting

➤ **도식화**

Plate Girder

23.75m

Grouting

15.0m

▶ OO공구 O호선 보조 공법
(1) 터널 형식 - 단선 병렬 터널
(2) 이격 거리
  ① 지하철 O호선 고가 구조물
  ② 6.0~6.5m
(3) 굴착 공법 - 상하반 분할 굴착
  ① 가인버트 설치
  ② 필요시 링컷 굴착
(4) 천단 보강 - Fore Poling
(5) 차수 및 Grouting
  - 고가 기초 지상 Grouting

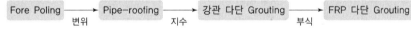

▶ OO공구 지하철 O호선 고가 구조물 하부 지반 통과를 위한 보조 공법 적용

➤ **정의**

(1) 터널의 환기 방식 : 시간성에 따라 시공 중 환기, 공용 중 환기로 구분 → 소요 환기량은 PIARC 방식 적용
→ 종단 선형을 환기를 고려 가능한 일방향 설계 → 시공 중 환기는 송기식

➤ **분류(흐름)**

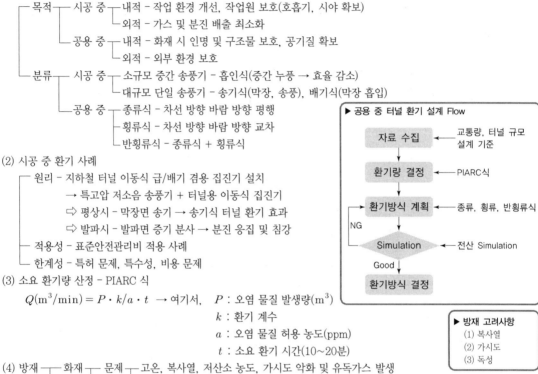

(1) 터널 환기 방식

```
       ┌ 목적 ┬ 시공 중 ┬ 내적 - 작업 환경 개선, 작업원 보호(호흡기, 시야 확보)
       │      │         └ 외적 - 가스 및 분진 배출 최소화
       │      └ 공용 중 ┬ 내적 - 화재 시 인명 및 구조물 보호, 공기질 확보
       │                └ 외적 - 외부 환경 보호
       └ 분류 ┬ 시공 중 ┬ 소규모 중간 송풍기 - 흡인식(중간 누풍 → 효율 감소)
              │          └ 대규모 단일 송풍기 - 송기식(막장, 송풍), 배기식(막장 흡입)
              └ 공용 중 ┬ 종류식 - 차선 방향 바람 방향 평행
                        ├ 횡류식 - 차선 방향 바람 방향 교차
                        └ 반횡류식 - 종류식 + 횡류식
```

▶ **공용 중 터널 환기 설계 Flow**

자료 수집 ← 교통량, 터널 규모 설계 기준

환기량 결정 ← PIARC식

환기방식 계획 ← 종류, 횡류, 반횡류식

NG

Simulation ← 전산 Simulation

Good

환기방식 결정

(2) 시공 중 환기 사례

```
 ┌ 원리 - 지하철 터널 이동식 급/배기 겸용 집진기 설치
 │        → 특고압 저소음 송풍기 + 터널용 이동식 집진기
 │        ⇨ 평상시 - 막장면 송기 → 송기식 터널 환기 효과
 │        ⇨ 발파시 - 발파면 증기 분사 → 분진 응집 및 침강
 ├ 적용성 - 표준안전관리비 적용 사례
 └ 한계성 - 특허 문제, 특수성, 비용 문제
```

(3) 소요 환기량 산정 - PIARC 식

$Q(\text{m}^3/\text{min}) = P \cdot k/a \cdot t$ → 여기서, P : 오염 물질 발생량(m^3)

k : 환기 계수

a : 오염 물질 허용 농도(ppm)

t : 소요 환기 시간(10~20분)

▶ **방재 고려사항**
(1) 복사열
(2) 가시도
(3) 독성

(4) 방재

```
 ┌ 화재 ┬ 문제 ┬ 고온, 복사열, 저산소 농도, 가시도 악화 및 유독가스 발생
 │      │      └ 인적 - 인명 손실,  물적 ┬ 내적 - 터널 내 설비 및 구조물 손상 - 폭열
 │      │                                └ 외적 - 교통 장애, 차량 파손
 │      └ 대책 ┬ 사고 완화 - 시공 중(급수/급기 시설), 공용 중(소화 활동 설비)
 │             ├ 자기 보존 - 피난 설비, 피난 통로
 │             ├ 예방 대책 - 시나리오, 경보 설치
 │             └ 인명 구조 - 모의 훈련, 접근 통로
 └ 침수 - 시공 중(측구, 펌프), 공용 중(차단벽, 집수정)
```

➤ **도식화**

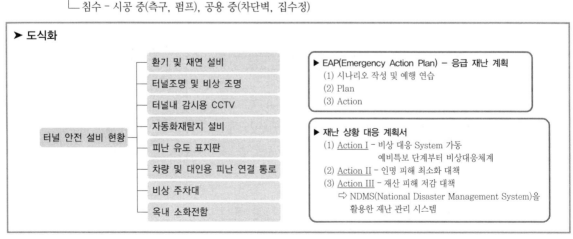

```
                    ┌ 환기 및 재연 설비
                    ├ 터널조명 및 비상 조명
                    ├ 터널내 감시용 CCTV
                    ├ 자동화재탐지 설비
 터널 안전 설비 현황 ┤ 피난 유도 표지판
                    ├ 차량 및 대인용 피난 연결 통로
                    ├ 비상 주차대
                    └ 옥내 소화전함
```

▶ **EAP(Emergency Action Plan) – 응급 재난 계획**
(1) 시나리오 작성 및 예행 연습
(2) Plan
(3) Action

▶ **재난 상황 대응 계획서**
(1) Action I – 비상 대응 System 가동
예비특보 단계부터 비상대응체계
(2) Action II – 인명 피해 최소화 대책
(3) Action III – 재산 피해 저감 대책
⇨ NDMS(National Disaster Management System)을
활용한 재난 관리 시스템

➤ **정의**

(1) 터널의 방·배수 : 지하수 유입 방지, 유도 배수 → 구조물의 안정, 유지 관리 용이, 인접 구조물 보호
　　　　　⇨ 배수형(유도 배수로, 수압 없음), 완전 방수형(완전 차단, 수압 발생)

(2) 도막 방수 : 액체로 된 방수 도료를 여러 번 도포하여 일정 두께의 방수막 형성 → 방수의 신뢰성 저하

(3) Sheet 방수 : 두께 0.8~2.0mm 정도의 합성 고분자 루핑을 접착재로 붙여서 방수층 형성 → 내구성 우수

(4) 개량형 Asphalt Sheet 방수 : Sheet 뒷면에 Asphalt를 도포 → 현장에서 토치로 용융 뒤 Primer에 밀착
　　　　　→ 일종의 membrane 방수 ⇨ 시공성 우수, 접착성 우수, 공기 단축, 유지관리 양호

(5) Sylvester 방수 : 모르타르, 콘크리트에 명반과 비눗물의 뜨거운 용액을 일정한 간격 바름 ⇨ 침투성 방수

(6) 지수판(Water Stop) : 콘크리트의 이음부에 수밀을 위하여 콘크리트 속에 묻어서 누수 방지, 지수효과를 얻는 판 모양의
　　　　　재료 ⇨ 요구 성능 : 내구성, 변형 저항성, 콘크리트와의 부착력

(7) 수팽창 지수재 : 물과 접촉할 경우 급속히 부풀어 오르는 특수 고무, 벤토나이트 제품을 사용하여 방수

➤ **분류(흐름)**

(1) 균열 ┬ 원인 – 자연적 → 내적, 외적, 인위적 → 재료, 설계, 배합, 시공
　　　　 └ 형태 ┬ 횡단면 → 인장 균열, 전단 균열, 박리, 박락, 지하수 유출, 백태
　　　　　　　 └ 종단면 → 전단 균열, 종방향 균열, 횡방향 균열, 복합 균열

(2) 누수 ┬ 문제점 – 내적(유지 관리), 외적(인적 – 우물 고갈, 물적 – 압밀 침하)
　　　　 └ 대　책 – 선상(少 – 지수, 多 – 도수(파이프, 반할관)), 면상(少 – 숏크리트, 多 – Sheet)

(3) 방수 ┬ 배수형 ┬ 방수시트는 터널 아치부와 측벽부만 설치, 유입수는 유도 배수, 수압 없음
　　　　 │　　　　├ 유지 관리(비용 과다, 누수시 보수 용이), 주변 환경(점성토 지반 침하 우려)
　　　　 │　　　　├ 시공성(대단면, 변단면 시공 용이, 무근 콘크리트 가능)
　　　　 │　　　　└ 설계 하중 – 내부 콘크리트 자중
　　　　 └ 완전 배수형 ┬ 터널 전주면 Sheet로 완전 차단, 수압 발생, 원형 터널에 수압이 축력으로 작용
　　　　　　　　　　　 ├ 유지 관리(용이, 누수시 보수 난이), 주변 환경(침하 영향 거의 없음)
　　　　　　　　　　　 ├ 시공성(대단면, 변단면 시공 난이, 현실적으로 완전 방수 불가능)
　　　　　　　　　　　 └ 설계 하중 – 내부 콘크리트 자중 + 수압

(4) 배수 – 방식 – 중앙 집중 방식, 측벽 하부 배수 방식, 분류 – 노면 배수, 배면 배수, 하부 배수

(5) 배수/비배수/하저형 터널
　　 ┬ 배수형 터널(수압 ×) ┬ 지하수 저하, 라이닝 수압 미발생, 침투압 발생
　　 │　　　　　　　　　　　└ 라이닝 두께 小, 유지 비용↑, 안정성(주변 영향 ○), 산악 지역 적용
　　 ├ 비배수형 터널(수압 ○) ┬ 지하수 저하 없음, 라이닝 수압 발생, 침투압 발생 없음
　　 │　　　　　　　　　　　　└ 라이닝 두께 大, 시공 비용↑, 안정성(주변 영향 ×), 도심 지역 적용
　　 └ 하저형 터널(침투 ○) ┬ 지하수 저하 없음, 수압 미발생, 침투압 발생
　　　　　　　　　　　　　　└ 라이닝+그라우팅, 시공, 유지비↑, 안정성(누수 문제), 하저, 해저 적용

➤ **도식화**

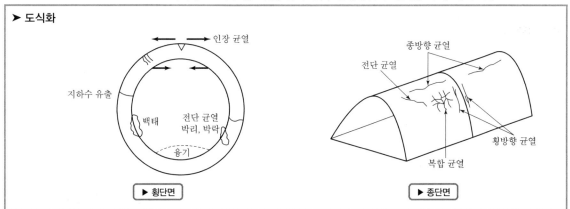

▶ 횡단면　　　　　　　　　　▶ 종단면

➤ 정의

(1) 터널 갱구부 : 터널 구간 중 토피가 얕은 부분으로 암석이 풍화되거나 절리가 발달된 경우가 많고 지표수에 의한 영향을 받기 쉽고 편토압이 작용 → 종류(벨마우스, 면벽형), 위치(경사면에 직교)

(2) 터널 붕괴의 원인 : 지반 조건(암반 불연속면, 지반 강도), 굴착 방법(굴진장, 굴착 속도, 상하반 거리), 터널 크기(수압, 토피압, 절리 간격), 지보 방법(지보 적정성, 시공 수준), 유입수(전단 저항 능력 저하, 암반 팽창, 시공성 저하)

➤ 분류(흐름)

(1) 갱구부 붕괴

- 문제 ┬ 토피 - 작음 → Arching Effect에 의한 원지반 지지 곤란 → 붕괴 위험
  └ 토질 - 토사, 풍화암, 지하수 문제 → 붕괴 위험

> ➤ 서울 지하철 7호선 연장 ○○공구
> (1) 양생 - Lining 양생용 살수 장치(자동 살수)
> (2) 굴착 - 인접 국간 유압 쐐기식 무진동 암파쇄
> (3) 지보 ① 알칼리프리계 S/C 급결재
> ② R/B 몰탈 흘림 방지장치
> (4) 방수 - 젤 상태 고분자 방수재
> (5) 연결 - Diamond Wire Saw 공법

- 위치 ┬ 경사면에 직교 → 가장 이상적
  ├ 골짜기 진입 → 지하수, 사면 불안정
  ├ 경사면 평행 → 편토압, 토피고 문제
  └ 밑뿌리 진입 → 토피고 문제
- 대책 ┬ 사면 불안정 - 내적 → 돌출식 갱문, 외적 → 사면 보호공(F_s 유지), 사면 안정공(F_s 증가)
  └ 편토압 문제 ┬ 내적 → 지보 강성↑(주 + 보조 지보), 보강공
    └ 외적 → 압성 토공

(2) 막장 붕괴(원인, 대책) ┬ 자연적 → 내적, 외적 - 연약층, 파쇄대, 용수
  └ 인위적 → 재료, 설계, 배합, 시공 - 공법/방법 선정 오류, 과굴착/지보 지연

(3) 수직구 ┬ 표층부 → 흙막이 보조 공법(차수, 보강), 중간부 → 지보 강성↑
  └ 접속부 → 갱문 보강공(철콘 구조물) ┬ 수직 - 토류벽 H-Pile 하중 지지
    └ 수평 - 접속부 붕괴 방지, 방수 - 이질재 접합

(4) 접속부 - 개착 + 터널 → 정거장, 환기구, 수직구, 터널 + 터널 → 횡갱, 신구 터널

(5) 터널 붕락 ┬ 유형 - Sliding Failure, Shear Failure, Progressive Failure, Creep Failure
  ├ 천단부 붕락, 상부 지표 함몰시 조치사항 ┬ 갱내 ┬ 되메우기 - 버력, 경량기포 콘크리트
    │ └ 보조 공법 - 강관다단 그라우팅, FRP 그라우팅
    └ 지표 - Grouting(LW 등)
  └ 붕락구간 통과 방안 ┬ 선행 작업 → 지보 패턴의 변경 및 Shotcrete 두께 변경
    ├ 굴착 방법 변경 - 발파 → 기계식 굴착(breaker + backhoe)
    └ 보강공법 변경 - FRP grouting → 대구경 보강공법

➤ 도식화

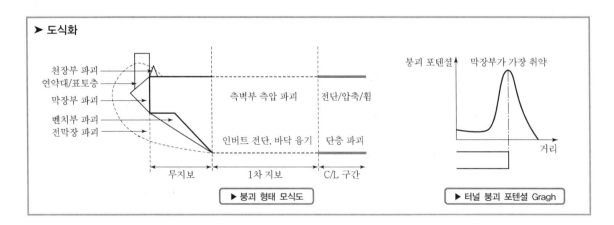

천장부 파괴 / 연약대/표토층 / 막장부 파괴 / 벤치부 파괴 / 전막장 파괴

측벽부 측압 파괴 | 전단/압축/휨

인버트 전단, 바닥 융기 | 단층 파괴

무지보 | 1차 지보 | C/L 구간

▶ 붕괴 형태 모식도

붕괴 포텐셜 ↑ 막장부가 가장 취약

거리

▶ 터널 붕괴 포텐셜 Gragh

➤ **정의**

(1) 가능 최대 강수량(PMP) : 어떤 지역의 가장 극심한 기상조건하에서 발생 가능한 호우로 인한 최대강수량

(2) 가능 최대 홍수량(PMF) : 가능 최대 강수량으로 인한 홍수량 → 수리 구조물 설계시 적용되는 값

(3) Curtain Grouting : 댐 기초 암반의 수밀성을 증대하여 물의 침투로 인한 댐의 파괴를 방지하고자 댐 기초 축방향 상류측에 실시하는 그라우팅 공법

(4) Consolidation Grouting : 기초 지반의 내하력을 증대시키기 위하여 실시 → 격자 모양으로 구멍 배치

(5) Lugeon Test : 균열 암반의 특정 구간에 대한 투수성을 파악, 암반의 역학적 성질 조사
   → 보링공 5m 아래 Packer 설치 후 물 주입하여 주입압과 송수량으로 투수성 파악

➤ **분류(흐름)**

(1) 요구 조건(구조적)
   ┌ 안정 - 내하력 증대 → 변위 억제, 지지력 증대 ⇨ 활동 파괴 방지 ⇨ Consolidation Grouting
   └ 차수 - 수밀성 증대 → 누수량 억제, 양압력 경감 ⇨ Piping 방지 ⇨ Curtain Grouting

(2) 고려사항 ┬ 일반 → 지반 조건(지형, 지질), 시공 조건(공기, 공비), 구조물 조건(규모, 형식), 환경 조건
           └ 특수 → 수리 수문 조건(강우량/빈도), 3총사(오탁 방지망, Back Water, 수리권 검토)

(3) 유수 전환(전류공)

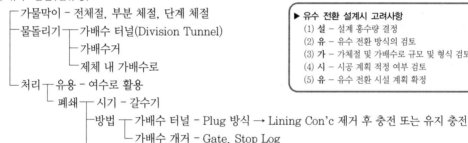

   ┌ 가물막이 - 전체절, 부분 체절, 단계 체절
   ├ 물돌리기 ┬ 가배수 터널(Division Tunnel)
   │   ├ 가배수거
   │   └ 제체 내 가배수로
   └ 처리 ┬ 유용 - 여수로 활용
         └ 폐쇄 ┬ 시기 - 갈수기
               ├ 방법 ┬ 가배수 터널 - Plug 방식 → Lining Con'c 제거 후 충전 또는 유지 충전
               │   └ 가배수 개거 - Gate, Stop Log
               └ 길이 - 전단 응력, 활동 조건, 폐쇄 주변 고정

┌─────────────────────────────────────┐
│ ➤ **유수 전환 설계시 고려사항**   │
│ (1) 설 – 설계 홍수량 결정   │
│ (2) 유 – 유수 전환 방식의 검토   │
│ (3) 가 – 가체절 및 가배수로 규모 및 형식 검토 │
│ (4) 시 – 시공 계획 적정 여부 검토   │
│ (5) 유 – 유수 전환 시설 계획 확정   │
└─────────────────────────────────────┘

(4) 댐 기초 처리
   ┌ 기초 지반 - 암반(풍화토 제거 후 그라우팅), 사력(침투수 억제 및 배제), 토사(지반 개량)
   ├ 기초 처리 ┬ 목적 - 안정 → 내하력 증대, 차수 → 수밀성 증대
   │   └ 분류 ┬ Con'c Dam - 안정(Consolidation Grouting), 차수(Curtain Grouting)
   │   └ Fill Dam - 안정(Consolidation G), 차수(Curtain G), 누수(Blanket G)
   ├ 환경 문제 - Cr^{6+} : 원인(Cement Grouting 시 발생) → 대책(고로 Slag Cement, Soil Crete, Fe)
   └ Lugeon Test ┬ 1Lu=1×10^{-5}cm/sec → 목적(암반 성질 및 투수성, 그라우팅 설계 및 효과 판정)
                 ├ Lu(cm/sec) = $10Q/PL$ [Q : 주입량(l/min), P : 주입압(kg/cm^2), L : 길이(m)]
                 └ 한계성 → 25Lu 이상 시 신뢰성 저하

➤ **도식화**

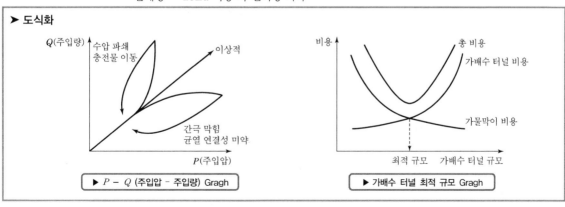

▶ $P - Q$ (주입압 - 주입량) Gragh

▶ 가배수 터널 최적 규모 Gragh

➤ 정의

(1) RCCD(Roller Compacted Con'c Dam) : 댐 본체 내부 콘크리트로 Slump=0인 빈배합 콘크리트를 사용
　　　　　　　　　　　　　　　　　　　→ 진동 Roller로 다지는 콘크리트 ⇨ RC, RCD, RCC

(2) Concrete Dam 분류 : 형식에 의한 분류 – 중력식, 중공 중력식, 부벽식, 아치식
　　　　　　　　　　　　시공법에 의한 분류 – 재래식, RCCD(Roller Compacted Concrete Dam)

➤ 분류(흐름)

(1) Concrete Dam 분류
　　┌ 형식에 의한 분류 – 중력식, 중공 중력식, 부벽식, Arch식
　　└ 시공법에 의한 분류 – 재래식, RCCD(Roller Compacted Concrete Dam)

(2) 시공

```
┌─ 재래식 – Mass Concrete
├─ RCCD – Roller Compacted Concrete Dam
│     ┌─ 분류 – RC(Rollcrete), RCD(Roller Comp. Dam Con'c), RCC(Roller Comp. Con'c)
│     ├─ 원리 ┬ 콘크리트댐 장점(불투수) + 필댐 장점(시공성) → Slump=0
│     │       └ 빈배합(C : 120 kg/m³) Concrete 다짐 → 본체 형성
│     ├─ 구성 요소 – 운반(Cable Cr. + D/T), 포설(Bulldozer), 다짐(진동 롤러), 양생(불필요)
│     ├─ 장점 – 공기 단축, W/B 감소
│     └─ 단점 – 열화 균열, 경험 부족
├─ 이음 ┬ 기능성 – 수축 이음 ┬ 가로 이음(누수) – 금속(동, 스테인리스), 고분자
│       │                   └ 세로 이음(안정) – Shear Key
│       └ 비기능성 – 시공 이음 – 경사 이음, 수평 이음
└─ 양생 – Cooling Method
        ┌─ Pre-cooling(선행 냉각) ┬ 혼합 전 재료 냉각
        │                        ├ 혼합 중 Concrete 냉각
        │                        └ 타설 전 Concrete 냉각
        └─ Post-cooling ┬ 양생 방법 변화
                        └ Pipe-cooling(관로 냉각) – Pipe(직경, 간격), Cool(통수 온도, 기간, 양)
```

┌─────────────────────────────────────┐
│ ▶ 부배합 – $C = 300\text{kg/m}^3$ ↑, 수화열 ↑ │
│ ▶ 빈배합 – $C = 250\text{kg/m}^3$, 강도 ↓   │
└─────────────────────────────────────┘

┌─────────────────────────────────────┐
│ ▶ RCCD 진동 롤러 다짐 기준   │
│ (1) 두께 – Scale Effect, 0.3~0.7m   │
│ (2) 횟수 – 과다짐, 1회 무진, 3회 진동   │
│ (3) 속도 – 다짐 효율, 1km/hr 이하   │
└─────────────────────────────────────┘

┌─────────────────────────────────────┐
│ ▶ 혼합 전 재료 냉각 – Con'c 1℃ ↓   │
│ 골재 → 2℃ ↓, 물 → 4℃ ↓, 시멘트 → 8℃ ↓ │
└─────────────────────────────────────┘

➤ 도식화

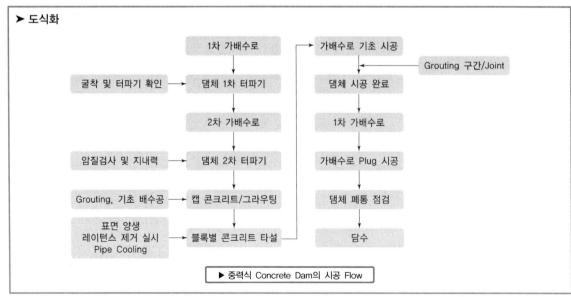

▶ 중력식 Concrete Dam의 시공 Flow

➤ 정의

(1) 표면 차수벽 Dam : Core의 Filter층 없어 제체를 느슨한 암으로 축조 → 상류층에 불투수층 차수벽 설치

(2) 수압 파쇄(Hydraulic fracturing) : 강성이 서로 다른 재료의 시공 → 응력 전이, 부등 침하

　　　　　　→ Arching Effect → 감소된 최소 주응력이 정수압보다 작아지는 곳에 균열 발생

(3) 여수로(Spillway) : 댐이 수용할 수 있는 용량을 초과하는 홍수량 또는 전환댐에서 전환 용량을 초과하는 홍수량을
　　　　　　방류할 수 있는 수로 → 비상 여수로 형식(터널식, 개수로식)

(4) 부영양화(Eutrophication) : 미생물에 의한 유기물 분해로 영양이 많아지는 현상 → 녹조(호수), 적조(해수)

(5) 사방댐 : 황폐한 계곡부에 설치 → 산사태 및 집중 호우로 인한 토석류를 단계적으로 차단 → 계곡부에 횡단하여 설치

➤ 분류(흐름)

(1) Fill Dam

```
┌ 분류
│   ┌ 재료적 – Earth Fill Dam – 흙이 50% 이상, Rock Fill Dam – 암이 50% 이상
│   └ 구조적 ┬ 균열형 – 80% 이상 불투수성 흙
│           ├ 심벽형 – Core형(H > B) – 경사, 차수 심벽,  Zone 형(H < B)
│           └ 차수벽형 – 표면 차수벽 댐(FRD : Faced Rockfill Dam)
│                   ┌ 분류 – 재료적 → Con'c, Asphalt, Steel + FRD
│                   ├ 구조 – 단면도 및 3단 지수
│                   └ 순서 – 기초 처리 → Plinth → 암석공 → 선택층 → 차수벽 지지층
│                           → 차수벽 → Parapet → Joint
└ 시공 – 성토(다짐), 법면(안정)
    ┌ 성토 – 다짐 – 다짐 원리, 특성, 효과, 규정, 제한, 공법, 장비
    └ 법면 – 보호 공법(F_s 유지), 안정 공법(F_s 증가, F_s = τ_f/τ), 다짐 공법
```

(2) 여수로(Spillway) – 댐 수위 조절을 위한 수로

　　　　　　접근 수로, 조절부, 도류부, 감세부, 방수로

(3) 댐 계측

```
┌ 내적 – 제체 ┬ Fill Dam – 활동, 침투 → 침하계, 지중 수평 변위계, 토압계, 간극 수압계
│            └ Concrete Dam – 균열, 누수 → 응력계, 온도계, 변위계, 누수량계
├ 외적 – 지반 – 차수, 양압력 → 간극 수압계, 양압력계
└ 기타 – 지진 → 지진 가속도계
```

➤ 도식화

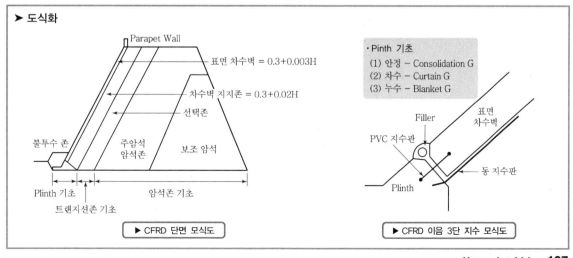

```
·Pinth 기초
(1) 안정 – Consolidation G
(2) 차수 – Curtain G
(3) 누수 – Blanket G
```

▶ CFRD 단면 모식도

▶ CFRD 이음 3단 지수 모식도

➤ **정의**

(1) 캐비테이션(Cavitation) : 수리구조물에서 물이 고속으로 흘러갈 때 요철이나 급한 급속면을 갖는 경우 수류가 튀어 올라 내부가 부압이 되어 수증기 발생으로 공동현상이 발생

(2) 침윤선 : 제체, 지반내 흐르는 침투류 등 흙속에 침투하는 중력수 침투류 자유 수면을 나타내는 선(수압=0)

(3) 유선망 : 수두가 같은 선을 연결한 것을 등수두선. 물이 침투하는 경로를 유선 → 두선으로 형성된 곡선군

(4) 호안 : 제방 또는 하안을 유수에 의한 파괴와 침식으로부터 직접 보호하기 위해 제방 앞비탈에 설치

(5) 환경 호안 : 제방 보호뿐만 아니라 환경적 요건도 고려한 호안 ⇨ 친수, 생태계 보전, 경관 보전 호안

(6) 수제공 : 하천수의 흐름을 조절하여 유로의 폭과 수심을 유지하고 침식방지 및 유수방향전환을 목적으로, 하천수 제어 위해 → 물의 흐름에 직각 또는 평행으로 설치하는 하천구조물

➤ **분류(흐름)**

(1) 기본 수리

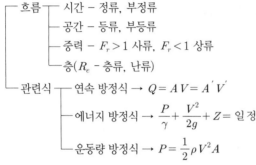

```
흐름 ┬ 시간 – 정류, 부정류
     ├ 공간 – 등류, 부등류
     ├ 중력 – F_r > 1 사류, F_r < 1 상류
     └ 층(R_e – 층류, 난류)

관련식 ┬ 연속 방정식 → Q = AV = A'V'
       ├ 에너지 방정식 → P/γ + V²/2g + Z = 일정
       └ 운동량 방정식 → P = ½ρV²A
```

▶ $F_r = V/\sqrt{(gD)}$, $F_r > 1$ 사류, $F_r < 1$ 상류
▶ 층류 - 개수로($R_e < 500$), 관수로($R_e < 2,000$)
▶ 난류 - 개수로($R_e > 1,000$), 관수로($R_e > 4,000$)

▶ Manning 공식

$$V = \frac{1}{n} \cdot I^{\frac{1}{2}} \cdot R^{\frac{2}{3}}$$

여기서, R : 경심
I : 동수구배
n : 조도 계수
V : 평균 유속
→ 개수로의 흐름에 관한 분석 및 설계

(2) 하천 시설물 - 호안, 수제

```
호안 ┬ 기능 - 유수에 의한 제방 및 하안의 침식 억제
     ├ 치수 호안 ┬ 저수 호안 - 저수로 난류 방지, 고수 부지 세굴 방지
     │           ├ 고수 호안 - 홍수 시 비탈면 보호
     │           └ 제방 호안 - 제방 직접 보호
     ├ 환경(자연형) 호안 ┬ 친수/하천 이용 - 완경사, 계단 호안
     │                    ├ 생태계 보전 - 어류, 곤충 보전 호안
     │                    └ 경관 보전 - 녹화, 조경 호안
     └ 호안 구조 - 비탈면 덮기공, 비탈면 멈춤공, 밑다짐공, 밑다짐 수제공
수제(횡방향 제방) ┬ 기능 - 유속 감소(침식 방지) + 유수 방향 전환
                  └ 분류 ┬ 구조 - 투과수제, 불투과수제(월류, 비월류), 혼용수제
                         └ 방향 - 횡수제(상향, 직각, 하향수제), 평행수제
```

➤ **도식화**

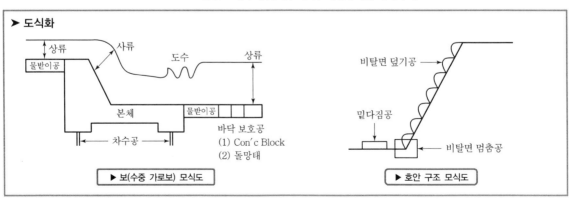

▶ 보(수중 가로보) 모식도

▶ 호안 구조 모식도

➤ 정의

(1) 제방의 누수(Piping) : 사질 지반에서 제체 배면의 미립토사가 빠져나오면서 지반 내에 Pipe 모양이 주로 형성, 지반이 파괴되는 현상 → 제체 배면, 제체 저면

(2) 제방의 Piping 검토 : 간극 수압에 의한 방법, Creep 비에 의한 방법, 한계 동수경사에 의한 방법, 한계 유속에 의한 방법

(3) 하상 유지 시설 : 하상 경사를 완화시키고 하천의 종단과 횡단 형상을 안정적으로 유지하기 위해 하천을 횡단하여 설치하는 구조물 → 낙차공(낙차 > 50m), 대공(낙차 < 50m)

(4) 낙차공(Drop Work) : 상하류의 하상에 적당한 낙차를 갖게 하여 하천을 횡단하여 만들어지는 구조물 → 하상의 안정, 하천의 난류, 흐름의 집중을 방지 → 하상 저하 및 세굴 방지

➤ 분류(흐름)

(1) 하천 시설물 - 제방

제방(물막이 둑) ┬ 기능 - 유수 제어 + 유수 소통 원활
　　　　　　　 ├ 분류 - 본제, 부제 / 월류제, 역류제, 분류제 / 윤중제
　　　　　　　 └ 법선 ┬ 정의(앞비탈 끝선 가로 방향 연결선), 방향(유수 방향과 일치)
　　　　　　　　　　 └ 단면(급확대, 급축소 금지), 평면(심한 만곡 ×)

(2) 제방의 누수

┬ 물이 비탈면에 미치는 영향
│　┬ 강우 ┬ 표면 유출
│　│　　 └ 제체 침투　　침윤선 상승 → 투수성 증가 → 간극 수압↑
│　└ 수위 ┬ 제체 침투 → 강도↓ → 비탈면 붕괴 및 포화도 상승
│　　 상승 └ 지반, 세굴, 사면 활동, 누수, 침하
├ 제방 누수침투
└ 제방 파괴 - 월류

┬ 원인 ┬ 자연 - 지반 ┬ 내적 - 파쇄대, 수용성 물질 존재, 동물 이동 경로
│　　 │　　　　　　 └ 외적 - 수위 상승
│　　 └ 인위 - 제체 ┬ 설계 - 사면 경사 大, 폭 小, 재료 - 투수성 재료
│　　　　　　　　　 └ 시공 - 다짐 불량, 유지 관리 - 배수 불량
└ 대책 ┬ 누수 차단 - Sheet Pile, Grouting, Concrete 피복, 지수판
　　　 └ 누수 처리 ┬ 침윤선 낮게 - 제방폭 크게
　　　　　　　　　 └ 침투수 배제(배수정, 배수공), 침투수 저감(수위 저하)

> ▶ Piping
> (1) 원인 - 초기 세굴 → $L\downarrow \to i\uparrow \to v(=ki)\uparrow$ → 세굴 가속화 → 제체 붕괴
> (2) 대책 - $F_s = i_c/i$ 에서, $i\downarrow \to h\downarrow$(수두차↓), $L\uparrow$(제체 길이↑, 차수벽 설치)

> ▶ Piping 검토
> (1) 물막이 - 한계동수 경사법, 간극 수압법
> (2) 제방댐 - Lane Creep Ratio, 간극 수압법

➤ 도식화

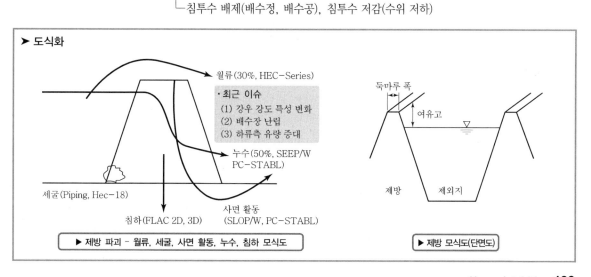

월류(30%, HEC-Series)

· 최근 이슈
(1) 강우 강도 특성 변화
(2) 배수장 난립
(3) 하류측 유량 증대

누수(50%, SEEP/W PC-STABL)

세굴(Piping, Hec-18)

침하(FLAC 2D, 3D)

사면 활동 (SLOP/W, PC-STABL)

둑마루 폭
여유고
제방　제외지

▶ 제방 파괴 - 월류, 세굴, 사면 활동, 누수, 침하 모식도

▶ 제방 모식도(단면도)

➤ **정의**

(1) 세굴 : 등수 단면적의 수축 및 교량 지점의 유속 증가 → 흐름의 장애물인 교각 교대 제방 주위에서 하상 물질을 이동시키는 현상 ⇨ 단기 세굴(수축, 국부), 장기 세굴(횡방향 유로 이동)

(2) 어도(Fishways) : 강의 상하류에 서식하는 어종이 각종 구조물의 설치로 인하여 이동하지 못하게 되는데 이들의 이동을 원활하게 하도록 만든 구조물

(3) 수문 : 내수 배제, 용수의 취수, 염해 방지를 위하여 하천, 해안, 호안 제방의 일부에 설치된 구조물
→ 통수 단면이 크고 제방을 분단하여 상부가 개방된 것을 말함

➤ **분류(흐름)**

(1) 한국 하천의 수문학적 특수성 → 4대강 관련

- 호우 집중 - 연강 강수량의 2/3 우기철 집중,　　　　강우 강도 - 강우 강도 100 → 150mm/hr
- 하상 계수 - $Q_{\max} / Q_{\min} = 100$단위(외국 10단위),　지역 특색 - 남부(집중 호우), 중부(누적 강우)

(2) 세굴($Q = A V$)

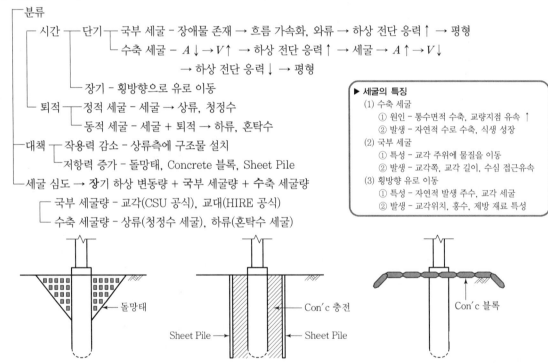

```
┌─분류
│   ┌─시간─┬─단기─┬─국부 세굴 - 장애물 존재 → 흐름 가속화, 와류 → 하상 전단 응력↑ → 평형
│   │      │      └─수축 세굴 - A↓→V↑ → 하상 전단 응력↑ → 세굴 → A↑→V↓
│   │      │         → 하상 전단 응력↓ → 평형
│   │      └─장기 - 횡방향으로 유로 이동
│   └─퇴적─┬─정적 세굴 - 세굴 → 상류, 청정수
│          └─동적 세굴 - 세굴 + 퇴적 → 하류, 혼탁수
├─대책─┬─작용력 감소 - 상류측에 구조물 설치
│      └─저항력 증가 - 돌망태, Concrete 블록, Sheet Pile
└─세굴 심도 → 장기 하상 변동량 + 국부 세굴량 + 수축 세굴량
     ┌─국부 세굴량 - 교각(CSU 공식), 교대(HIRE 공식)
     └─수축 세굴량 - 상류(청정수 세굴), 하류(혼탁수 세굴)
```

```
┌─────────────────────────────────────────┐
│ ▶ 세굴의 특징                            │
│ (1) 수축 세굴                            │
│   ① 원인 - 통수면적 수축, 교량지점 유속 ↑ │
│   ② 발생 - 자연적 수로 수축, 식생 성장    │
│ (2) 국부 세굴                            │
│   ① 특성 - 교각 주위에 물질을 이동        │
│   ② 발생 - 교각쪽, 교각 길이, 수심 접근유속│
│ (3) 횡방향 유로 이동                     │
│   ① 특성 - 자연적 발생 주수, 교각 세굴    │
│   ② 발생 - 교각위치, 홍수, 제방 재료 특성 │
└─────────────────────────────────────────┘
```

돌망태 / Sheet Pile ← Con'c 충전 → Sheet Pile / Con'c 블록

➤ **도식화**

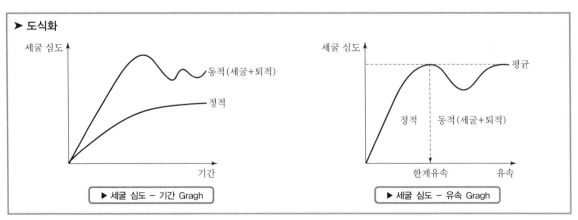

▶ 세굴 심도 – 기간 Gragh

▶ 세굴 심도 – 유속 Gragh

➤ 정의

(1) 하천 제방의 홍수 방어능력 평가 : 기존 하천 시설물의 치수 안전도를 검토하는 것은 우기시 홍수 대비에 반드시 필요한 사항으로, 하천 제방의 규모 및 제체의 안정성 측면에서 판단

(2) 수자원 종합정보 시스템(WAMIS) : 물 관련 정보를 체계적으로 조사 및 관측하고, 통합 DB 및 다양한 정보체계를 구축하여 정책 결정, 업무 처리를 지원하고 정보서비스를 실시하기 위한 시스템

(3) 유수지 : 대규모 개발시 개발 대상 지역의 홍수량 증가분을 원천적으로 저감하고 저수 용량을 확보하기 위하여 도입한 시설물

➤ 분류(흐름)

(1) 홍수($Q = CIA/3.6$) 계획

┌ 제방 여유고 ┬ 정의 - 제방의 계획 홍수량 안전 소통을 위한 여분의 높이

　　　　　　　├ 산정 ┬ 간이법

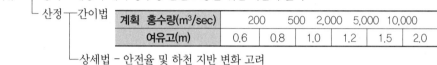

계획 홍수량(m³/sec)	200	500	2,000	5,000	10,000	
여유고(m)	0.6	0.8	1.0	1.2	1.5	2.0

　　　　　　　　　　 └ 상세법 - 안전율 및 하천 지반 변화 고려

└ 교량 - 경간장 ┬ 원칙적 - 하천 폭 이상

　　　　　　　　├ 산정식 - 경간장 $L(\mathrm{m}) = 20 + 0.005Q$(계획 홍수량, $\mathrm{m^3/sec}$) ≤ 70m

　　　　　　　　└ 차선책 - 하천 감소율 = (Σ교각 폭/수면 폭) ≤ 5%

(2) 방어 능력

┌ 내적 - 제체 자체 안정성

└ 외적 - 제방 규모 적정성 → 제방고, 제방폭, 사면 경사

> ➤ 설계 강우 강도(I)
> (1) 정의 - 어떤 지점의 단위시간당 강우량을 나타낸 것, 강우 지속시간을 1시간으로 환산
> (2) 산정식　$I = R \cdot \dfrac{60}{t}(\mathrm{mm/hr})$
> 　　여기서, R : t분간 강우량
> 　　　　　　t : 지속 시간

(3) 제어 대책

┌ 기술적(구조적)

│　┌ 유출량 최소화($Q = CIA/3.6$)

│　│　┌ $C\downarrow$ - 투수성 포장, 식생공, 녹화

│　│　└ 도달 시간 지연 - 사방댐, 지하댐, 유수지(홍수 조절용 댐)

│　└ 통수능 극대화($Q = AV$) ┬ $A\uparrow$ - 제방고↑, 준설(하상)↓

│　　　　　　　　　　　　　　 └ Super 제방 - 제외측 경사 1 : 4, 제방 폭 : 제방고 = 30 : 1

└ 제도적(비구조) - System(예/경보, 운영), **법**(관련법), **예산**(확보), **보험**(홍수)

> ➤ 가뭄 종합 대책
> (1) 단기 대책 - 관정 개발, 민방위 관정 활용, 댐 퇴사 준설, 저수지 준설
> (2) 중장기 대책 - 노후 수도관 개선, 급수체계 정비, 저수지/지하댐 개발
> (3) 법적 대책 - 수도법, 물 재이용 촉진법

➤ 도식화

비용↑　　　　　　총 비용
　　　　　　　　　Pump 비용

　　　　　　　　　유수지 비용
　　　　적정 규모　Pump 규모 →

▶ 유수지의 적정 Pump 규모 Gragh

비용↑　　　　　　총 비용
　　　　　　　　　가배수 터널 비용

　　　　　　　　　가물막이 비용
　　　　적정 규모　가배수 터널 규모 →

▶ 가배수 터널 최적 규모 Gragh

➤ 정의

(1) 4대강 추진 방안 : 3대축 - 수자원(물문제) 해결, 경제 활성화, 신성장 동력

　　　　　　　　5대 실천 전략 - 홍수 조절 능력, 신규 수자원 확보, 수질 개선, 여가문화 공간 활용, 지역 발전

(2) 상하수도관 : 종류(덕타일 주철관, 강관, 경질 염화비닐 관), 관 기초(관체의 보강, 관거의 침하 방지)

(3) 하수 관거 정비의 목적 : 하수 처리장 운영 효율 증대, 하수 관거 유지 · 관리체계 구축

　　　　　　　　　　　　방류 수역 수질 개선, 쾌적한 생활환경 도모

(4) 하천 복개 : 하상에 콘크리트 말뚝을 박고 그 위에 슬래브를 시공하여 도로나 주차 시설로 활용하는 것

➤ 분류(흐름)

(1) 4대강
  - 추진 배경
    - 물 부족 - 1인당 강수 총량 과소 → 2,590ton, 세계 평균 1/8, 강우 일수 감소
    - 물 피해 - 강우 집중(여름철) 및 피해 복구비 증가
  - 추진 방안
    - 3대축 - **신**성장 동력, **경**제 활성화, **수**자원(물문제) 해결
    - 5대 실천 전략 ─ 신규 수자원 확보, 수질 개선, 지역 발전
    　　　　　　　　└ 여가 문화 공간 활용, 홍수 조절 능력 향상

> ➤ 수밀 시험
> (1) 관거 전체
> 　① 액체
> 　　지하수위 관거 하부 → 누수
> 　　　　　　 관거 상부 → 침입수
> 　② 기체
> 　　저압공기($0.2 \sim 0.4 kgf/cm^2$)
> 　　　→ 공기압/송연
> (2) 연결부 - 패커 시험
> (3) 위치 - 맨홀과 맨홀사이 BTL 100%

(2) 돌발 홍수
  - 정의 - 국지성 집중 호우로 유발된 토석류를 포함한 급작스런 홍수
  - 문제 - 1차적 → 구조물 충돌 피해, 2차적 → 침수 피해
  - 원인 - 기상학적 → 집중 호우, 지형학적 → 산악 지역 + 방사형 유역
  - Mesh - 국지성 집중 호우 + 경사 급한 계곡 → 유량↑ → 하천 수위↑ → 토석류 포함 큰 파고 → 하천 범람
  - 대책 - 구조적 → 댐, 제방 건설, 비구조적 → System, **법**규, **예**산 확보, **보**험 적용

(3) 상하수도관
  - 기초 ─ 강성 - 침하(부등 침하) → 지하 매설관 형태 및 Arching Effect 관련(돌출관, 매설관)
  　　　└ 연성 - 침하 + 관체 보호
  - 파괴 ─ 내적 - 강성 부족, 이음부 응력 집중
  　　　└ 외적 ┬ 지반 - 상재압, 토피압, 기초 파괴
  　　　　　　└ 내적 - 지반 연약화, 강관 부식
  　　　　⇨ 지하수위 상승 - $u\uparrow \rightarrow \sigma'\downarrow \rightarrow \tau_f\downarrow$

➤ 도식화

> • 치수 안전성 확보를 위한 수리 · 수문 분석
> (1) 하도 정비에 의한 예상홍수위 산정
> (2) 고수부지 침수빈도를 고려한 저빈도 홍수량 산정

> • 친환경 다기능보 계획
> (1) 적정수문 배치계획에 따른 가동보 설치 계획
> (2) 친환경 어도 및 소수력발전소 계획

> 수자원 확보 계획의 적정성 확보

> • 환경영향 최소화 준설계획
> (1) 장비조합에 의한 탄소배출 및 환경영향 저감공법 선정
> (2) 관계기관 협의를 통한 준설토 처리계획 수립

> • 하도기능을 고려한 자연형하천정비
> (1) 하도정비를 통한 통수단면적 증대로 치수안전성 확보
> (2) 장래 물부족 예측을 통한 이수능력 증대, 자연형 하천 정비

▶ 수자원 계획의 적정성 관련 모식도

➤ 정의

(1) 잔류 수압 : 안벽 구조물과 뒷채움재의 특수성 차이 → 전면 해수위의 변화에 비해 뒷채움재의 수위변화가 늦어짐에 따른 수위차 → 잔류 수위 ⇨ 잔류 수압

(2) 쓰나미(Tsunami) : 해저 지진이나 화산 분화, 해안 지대 대규모 산사태 등 기상 이외의 요인에 의해 해저가 융기, 침강하여 해수면이 변화하면서 발생한 파 ⇨ 제도적, 기술적 대처 방안

(3) 안벽 : 계선안의 일종으로 배가 접안하는 측은 벽면을 이루고, 배면은 사석 및 토사 등이 매립된 옹벽형태

(4) Dolphin : 해중에 설치된 말뚝, 주상 구조물로 선박을 접안시키는 계선안 ⇨ 말뚝식, 케이슨식, 강제 셀식

(5) 부잔교(Floating pier) : 육안에서 이격된 곳에 Pontoon선을 띄워 육지와 도교를 가설, 배를 붙이는 시설

➤ 분류(흐름)

(1) 특수성

    ┌기준면 – DL(Datum Level)

    └해상 조건

       ┌파 ┬지진 – 쓰나미

       │   └바람 – 풍파 → 파(고(H), 장(L), 주기(T)) → 파압 → 소파공(외곽 시설)

       └조류 – 조석 → 조류 → 조차 → (투수 계수) → 잔류 수위 → (구조물) → 잔류 수압(접안 시설)

(2) 계류 시설 – 분류

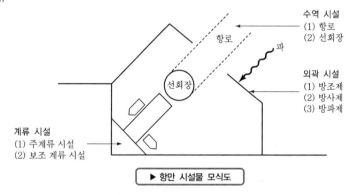

항로 / 파

수역 시설
(1) 항로
(2) 선회장

외곽 시설
(1) 방조제
(2) 방사제
(3) 방파제

선회장

계류 시설
(1) 주계류 시설
(2) 보조 계류 시설

▶ 항만 시설물 모식도

┌주계류 시설(접안 시설)

│ ┌거리 – 물양장 < 안벽 < 잔교식 < Dolphin < SPM(Single Point Mooring) or DPM

│ └형식 ┬안벽식 ┬Concrete 중력식 ┬Concrete 블록식 ┬Solid – 내부 Con'c 채움

│   └잔교식 │널말뚝식 │Caisson식 │Cellular – 내부에 모래, 잡석 채움

└보조 계류 시설 – Fender, Bollard(곡주, 직주)

➤ 도식화

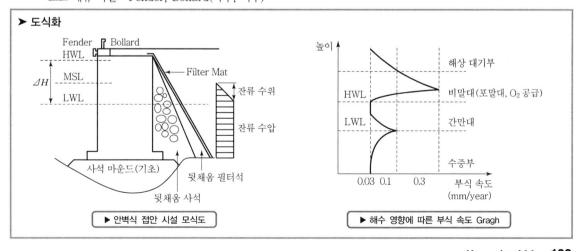

Fender / Bollard
HWL
ΔH / MSL
LWL
Filter Mat
잔류 수위
잔류 수압
사석 마운드(기초)
뒷채움 필터석
뒷채움 사석

▶ 안벽식 접안 시설 모식도

높이
해상 대기부
HWL / 비말대(포말대, O_2 공급)
LWL / 간만대
수중부
0.03 0.1 0.3 / 부식 속도 (mm/year)

▶ 해수 영향에 따른 부식 속도 Gragh

➤ **정의**

(1) 하이브리드 안벽(Hybrid Quay-Wall) : 항만 내 이동 가능한 부유식 구조 → 컨테이너의 양현 하역과 피더
  서비스 기능을 갖는 첨단의 지능형 다목적 안벽(부두)
    ⇨ 기존 항만의 확장(양현 하역) 또는 신규 항만 건설시 환경 문제를 최소화하고 항만 기능을 고도화
    함으로써 녹색 항만(Green Port)을 구현
(2) 항만 공사 기초공 : 일반적으로 직립주 하부를 통칭 → 기초 굴착, 기초 사석 투하, 기초 사석 고르기
(3) DCL(Draft Controlled Launcher) : 소형 플로팅 독선의 한쪽의 물탱크에 물을 공급하여 경사 이용 진수
(4) Cellular Block(중공 블록) : 케이슨과 비슷한 철근 콘크리트 구조물 → 중앙부가 비어 있는 중공 블록으로 저판이
    있는 케이슨형과 I형 등이 있음

➤ **분류(흐름)**

(1) 계류 시설 - 조건, 특성

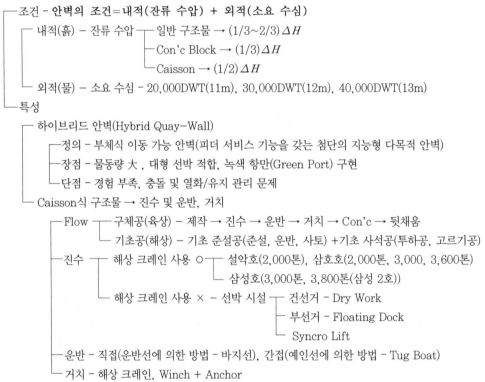

```
┌─ 조건 - 안벽의 조건=내적(잔류 수압) + 외적(소요 수심)
│   ┌─ 내적(흙) - 잔류 수압 ┬─ 일반 구조물 → (1/3~2/3)ΔH
│   │                      ├─ Con'c Block → (1/3)ΔH
│   │                      └─ Caisson → (1/2)ΔH
│   └─ 외적(물) - 소요 수심 - 20,000DWT(11m), 30,000DWT(12m), 40,000DWT(13m)
└─ 특성
    ┌─ 하이브리드 안벽(Hybrid Quay-Wall)
    │   ┌─ 정의 - 부체식 이동 가능 안벽(피더 서비스 기능을 갖는 첨단의 지능형 다목적 안벽)
    │   ├─ 장점 - 물동량 大, 대형 선박 적합, 녹색 항만(Green Port) 구현
    │   └─ 단점 - 경험 부족, 충돌 및 열화/유지 관리 문제
    └─ Caisson식 구조물 → 진수 및 운반, 거치
        ┌─ Flow ┬─ 구체공(육상) - 제작 → 진수 → 운반 → 거치 → Con'c → 뒷채움
        │        └─ 기초공(해상) - 기초 준설공(준설, 운반, 사토) +기초 사석공(투하공, 고르기공)
        ├─ 진수 ┬─ 해상 크레인 사용 ○ ┬─ 설악호(2,000톤), 삼호호(2,000톤, 3,000, 3,600톤)
        │        │                     └─ 삼성호(3,000톤, 3,800톤(삼성 2호))
        │        └─ 해상 크레인 사용 × - 선박 시설 ┬─ 건선거 - Dry Work
        │                                          ├─ 부선거 - Floating Dock
        │                                          └─ Syncro Lift
        ├─ 운반 - 직접(운반선에 의한 방법 - 바지선), 간접(예인선에 의한 방법 - Tug Boat)
        └─ 거치 - 해상 크레인, Winch + Anchor
```

➤ **도식화**

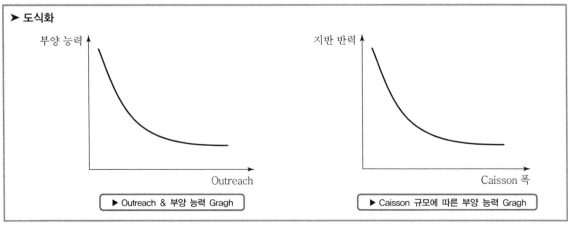

▶ Outreach & 부양 능력 Gragh

▶ Caisson 규모에 따른 부양 능력 Gragh

➤ 정의

(1) 방파제(Breakwater, 외곽 시설) : 항내의 정온도를 유지하여 항내에서 선박이 안전하게 정박하고 하역하며 항내의
수역 및 육지에 있는 항만시설물을 파랑과 표사로부터 보호하기 위하여 만든 외곽시설
→ 파랑의 방지, 표사 이동 방지, 토사 유출 방지, 토사 유입 방지

(2) 방파제의 기초공 : 일반적으로 직립부 하부를 통칭 → 기초 굴착, 기초 사석 투하, 기초 사석 고르기

(3) 소파공 : 불규칙한 형상의 구조물로 부딪치는 파도의 에너지를 감쇄하고 와류 형성으로 상호 충돌시켜 파에너지를
감쇄할 목적으로 외곽 시설 외측에 설치하는 구조물 → 소파 블록을 설치

(4) 혼성 방파제 : 직립부에서 강력한 파력에 저항, 쇄석부에서는 직립부를 안전하게 지지하는 기초 작용

➤ 분류(흐름)

(1) 외곽 시설

```
     ┌ 분류 ┬ 지반 양호 – 직립제
     │      └ 지반 불량 – 경사제 → 정온도 불량 → 혼성제
```

┌ ➤ 제주 외항 서방파제
│ (1) 정온도 – 곡면 Slit, 음향 효과
│ (2) 해상 오염 – 해수 순환 방파제
│   ⇨ 직립식 → 해수 순환 안 됨 → 항내 오염
│   → 해수 순환 방파제
└

구분	경사제	직립제	혼성제
모식도			
정온도	낮음	높음	높음
해상 오염	유리	불리	불리
지반 적응	양호	불량	양호
재료	구득 난이	용이	용이
장비	소형	대형	대형
접안시설 활용	나쁨	좋다	나쁨

```
     ┌ 조건 ┬ 내적(물) – 정온도 → 파고 0.5m 이내
     │      └ 외적(물) – 소파공 ┬ 피복석 ┬ 자연 – 사석 → 1m³ 이하
     │                          │        └ 인공 – Tetrapod, Hexapod
     │                          └ Block – 소파 Block, 유공 Caisson식
     │
     ➤ 사석 안정 중량 ┬ 정밀법 – 모형 실험 → 수치적, 수리적
                      └ 간이법 ┬ ① 세굴 – 물막이, 제방 → Isbash 공식
                               └ ② 파 ┬ 방파제 – Hudson 공식
                                      └ 댐 – Stevenson 공식
```

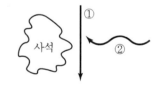

➤ 도식화

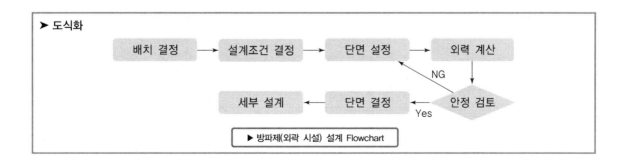

▶ 방파제(외곽 시설) 설계 Flowchart

➤ 정의

(1) 준설(Dredging) : 준설장비를 이용하여 수역 시설의 항로, 박지, 선회장, 선류장 및 하천이나 호소의 소요 수심을 유지하거나 개발하기 위하여 해저 토사 등을 굴착하여 구역 외로 운반 및 투기

(2) 유보율 : 준설 매립 지역에서 침사지 둑마루 내에 준설토를 투기하여 매립시 물이 빠져나가면서 준설토도 빠져나가게 되는데, 이때 잔류하고 남아 있는 비율

(3) 준설선 선정시 고려사항 : 토질 조건, 준설 심도, 사토, 준설 능력

(4) 오탁 방지막 : 항만 공사에 의해 확산하는 부유물이나 Silt, 공장 폐수 등으로부터의 해양오염 방지시설

➤ 분류(흐름)

(1) 준설 분류

```
┌ 개발 준설 - 신항만 → 매립, 호안
└ 유지 준설 - 기존 항만 → 고형화 → 외해 투기
```

> ▶ 해사 준설을 통한 단지 매립 시험 준설 사례
> (1) 현장 개요 - 시화호 내 280만 평 생태단지 조성
> (2) 시험 준설 (▶ 설계 지진 규모 - 리히터 6.5 적용)
>   ① 장비 - 효율적 장비 조합 및 Trafficability 검토
>   ② 매립 - 매립재 품질 평가(유보율)
>   - 액상화 검토(간편법(지진 응답 해석), 상세법)

(2) 준설 선단(=준설선 + 끌배/토운선 + 양묘/연락선)

```
┌ 분류 ┬ Mechanical Type - Dipper, Bucket, Grab → Q = C · E · N
│      └ Non-Mechanical Type(=Hydrauric Type) - Pump, Hopper
│         → Q = b_0 · E · q/1,000   여기서, q : 시간당 준설량, b_0 : 전동 환산 마력
├ 요구 조건 - 내구성, 안정성, 정비성, 범용성 + 경제성
├ 선정시 고려 사항 - 토질 조건, 준설 능력, 준설 심도, 사토 방법
└ 작업 능력 ┬ Q = C · E · N   여기서,   Q : 작업 능력(m³/hr), C : 작업량(1회당)
           │                        E : 작업 효율 = E_1(작업 능률 계수) × E_2(작업 시간율)
           │                        N : 작업 횟수(시간당)
           ├ 시공 효율 - 작업 효율(E_1 × E_2), 가동률, 시간 효율
           └ 시공 효율 향상 방안 ┬ 내적 ┬ 인적 - 숙련공, 의욕 고취
                               │      └ 물적 - 신형 기계, 유지 관리
                               └ 외적 - 천후 관리, 장비 조합, Trafficability 등
```

$$Q = C \cdot E \cdot N$$

$$Q = b_0 \cdot E \cdot q/1{,}000$$

(3) 여굴 및 여쇄

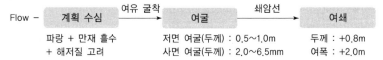

```
Flow - 계획 수심 ─여유 굴착→ 여굴 ─쇄암선→ 여쇄
       파랑 + 만재 흘수      저면 여굴(두께) : 0.5~1.0m    두께 : +0.8m
       + 해저질 고려         사면 여굴(두께) : 2.0~6.5mm    여폭 : +2.0m
```

(4) 유보율

```
┌ 유보율(%) = 매립 중량/준설 중량,  유실률(%) = (100 - 유보율)
├ ⇨ 토질별 유보율 - 점토(0~70%), 모래(70~95%), 자갈(95~100%)
└ ⇨ 향상 방안 - 매립 면적 적게, 침전 시간 및 방치 시간 길게, 조금 시기 이용
```

➤ 도식화

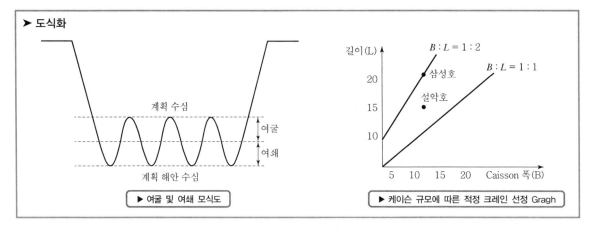

▶ 여굴 및 여쇄 모식도

▶ 케이슨 규모에 따른 적정 크레인 선정 Gragh

➤ **정의**

(1) 최고(최적) 가치 낙찰제 : 입찰 가격 외에 품질, 기술력, 공시기간 등을 종합적으로 평가해 발주자에게 최고가치를 제공할 수 있는 능력을 가진 입찰자를 선정하는 제도

(2) 최저가 낙찰제 : 예정 가격 내에서 가장 낮은 가격으로 입찰한 업체를 선정하는 제도

(3) 성능 발주 방식 : 설계 단계에서 요구 성능만을 시공자에게 제시하여 시공자가 자유로이 재료나 시공방법을 선택하여 요구 성능을 실현하는 방식

(4) CM 방식 : 사업 초기에서 종료시까지 계획, 설계, 시공에 대하여 효과적인 관리기술을 적용하는 서비스

(5) BOT(Build Operate Transfer) : 프로젝트 설계 시공 후 일정 기간 운영 투자 금액 회수하여 운영권 정부 이전

(6) BTO(Build Transfer Operate) : 프로젝트 설계 시공 후 시설물 소유권 이전 → 약정 기간 동안 운영

(7) Project Financing : 기업 자체 현금흐름, 수익과 별개로 프로젝트의 현금흐름과 수익을 근거로 자금 조달

(8) ADR(Alternative Dispute Resolution) : 법정 시기까지 가기 전에 자발적인 분쟁 해결방법을 제안

➤ **분류(흐름)**

(1) 건설 공사 특수성 - **대형화**, 실적 위주, 수명 길다, Order-made, 자연 환경 제약 大, 기업간 격차 大

(2) 건설 공사의 흐름 - LC(Life Cycle) = 기획 + 설계 + 시공 + 유지 관리 + 폐기 처분

(3) 입찰 - 경쟁(일반 경쟁, 지명 경쟁, 제한 경쟁), 수의(특명 입찰)

(4) 계약 ┬ 종전 - 직영, 도급(공사비 지불 - Unit Price, Lump Sum, Cost + Fee, 공사 실시)
　　　　 └ 최근 - CM, SOC, T/K, PM, Partnering

(4-1) CM

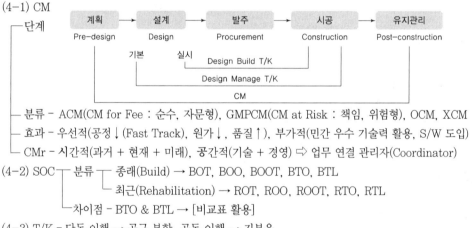

┬ 분류 - ACM(CM for Fee : 순수, 자문형), GMPCM(CM at Risk : 책임, 위험형), OCM, XCM
├ 효과 - 우선적(공정↓(Fast Track), 원가↓, 품질↑), 부가적(민간 우수 기술력 활용, S/W 도입)
└ CMr - 시간적(과거 + 현재 + 미래), 공간적(기술 + 경영) ⇨ 업무 연결 관리자(Coordinator)

(4-2) SOC ┬ 분류 ┬ 종래(Build) → BOT, BOO, BOOT, BTO, BTL
　　　　　 │　　　└ 최근(Rehabilitation) → ROT, ROO, ROOT, RTO, RTL
　　　　　 └ 차이점 - BTO & BTL → [비교표 활용]

(4-3) T/K - 단독 이행 → 공구 분할, 공동 이행 → 지분율

(4-4) Partnering ┬ 대상 - 발주처+설계자+시공자 → 경쟁입찰보다 가치, 위험 관리 강조 → 상호 신뢰
　　　　　　　　 └ 분류 - 단기간 Partnering(시공), 장기간 Partnering(기획 → 시공)

➤ **도식화**

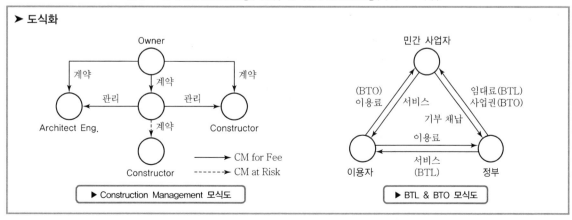

▶ Construction Management 모식도　　　　▶ BTL & BTO 모식도

➤ **정의**

(1) 공사 관리의 4대 요소 : 건설 공사의 대형화, 다양화, 복잡화로 주어진 공기와 비용으로 요구되는 품질의 구조물을 형성하기 위한 공사 관리

        ➪ 목적물 자체 관리 – 공정 관리, 원가 관리, 품질 관리

        ➪ 사회 규약 관련 관리 – 안전 관리, 환경 관리

(2) 품질 관리 : 설계도, 시방서 등에 표시되어 있는 규격에 만족하는 공사의 목적물을 경제적으로 만들기 위해 실시하는 관리 수단 → 통계적 품질 관리 기법(현상황 분석, 문제점 파악)

(3) 6σ : 고객 관점에서 품질에 영향을 미치는 요소를 찾아내 1백만 개 중 3,4개의 결함만 허용, 무결점 운동

➤ **분류(흐름)**

(1) 시공 계획

    ┬ **사전 조사** – **계약** 조건, **현장** 조건

    │   ➪ 조사 ┬ 공법 – 예비 조사, 현장 답사, 본 조사

    │   ├ 문제점 – 발생 위치 및 시기, 발생 규모, 진행성 및 관통 여부

    │   └ 사전 조사 – 계약 조건, 현장 조건

    ├ **기본 계획** – 개략 공사비, 개략 시공법

    ├ **상세 계획** – 상세 공사비, 상세 시공법

    └ **관리 계획** – 하도급, 자재, 인원, 장비

현상황 판단	문제 발생 ⇄ 문제 해결	원인 분석
Historgam $x-R$ 관리도 Check Sheet 층별 관리도 산포도		특성 요인도 Pareto 기법

(2) 시공 관리

    ┬ **목적물 자체 관리** – 공정 관리, 원가 관리, 품질 관리

    └ **사회 규약 관련 관리** – 안전 관리, 환경 관리

(3) 품질 관리

    ┬ 기법 분류 ┬ 6σ – 과정 의존형 기법

    │   └ 7가지 기법 – 통계적 기법

    ├ 업무 분류 – QM(경영) → QP(계획), QA(보증), QI(개선) → QC + 신뢰성 + 지속성

    ├ 발전 흐름 – $QC \rightarrow SQC \rightarrow TQC \rightarrow TQM \rightarrow IMQ \rightarrow 6\sigma$

    └ 현장 개선 – 교육 강화, 관리 조직 활성화, 체계 정착, 표준화에 의한 관리

구분	QC	QA
목적	품질이 중요	하자 사전 예방
효과	품질 확보	재시공 감소
시기	시공 중	시공 전, 중, 후
필요성	원가 절감, 품질 향상	신뢰 향상, 책임 시공

➤ **도식화**

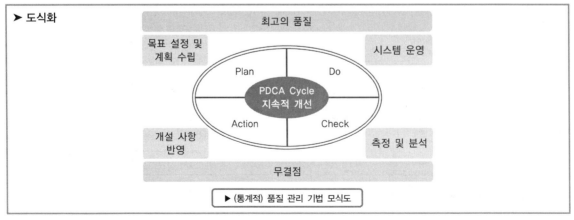

▶ (통계적) 품질 관리 기법 모식도

➤ 정의

(1) 공정 관리 : 계획 공기 내에 최상의 품질로 공사를 완료하기 위하여 공사 시공을 계획, 관리 통제함을 의미

(2) PERT(Program Evaluation & Review Technique) : Project의 일정과 Cost 관리를 위한 기법으로 목표 기일에 작업을 완성하기 위한 시간, 자원, 기능을 조정하는 방법

(3) CPM(Critical Path Method) : 작업 시간에 비용을 결부시켜 MCX 공사의 비용 곡선을 구하여 급속 계획 비용 증가를 최소화 한 것으로 공비 절감을 목적으로 하는 기법

(4) PDM(Precedence Diagraming Method) : Dummy의 생략 Activity 개수가 감소 → 네트워크 작업이 쉬움

(5) Critical Path(주 공정선) : Network의 개시 단계에서 종료 단계에 이르는 경로 중 최장 경로, 공기를 지배

➤ 분류(흐름)

(2-2) 공정 관리

┌ 기법 분류

　┌ 횡선식 - Bar, Gantt chart

　├ 사선식 - Banana Curve, S-curve

　└ Network - PERT, CPM

├ 공기 단축

　┌ 비용 증가 ○ - MCX(최소 비용 계획법, CPM 핵심 이론) → CS(Cost Slope, 비용 구배)

　└ 비용 증가 × - 재검토 → 경로(CP), 기간, 재분배 → 잉여 자재, 인력

> ▶ Cost Slope 의 영향
> (1) 급속 계획에 의한 노무비 증가
> (2) 공기 단축 일수와 비례하여 비용 증가
> (3) CS가 클수록 공사비 증가
> (4) Extra Cost(추가 공사비)
> 　① 공기 단축시 발생하는 비용 증가액 합계
> 　② Extra Cost = 각 작업 단축 일수 × Cost Slope

공정표 작성	→	CP 확인	→	CS 계산	→	공기 단축	→	추가 비용 산출
CPM		TF(전 여유) = 0인 Path		CP상 CS 계산		CS 작은 기업 단축		Σ 각 작업의 단축 일수×CS

⇨ Cost Slope - 1일 공기 단축 시 추가 소요 비용

$$= \frac{(추가\ 비용)}{(단축\ 공기)} \frac{(급속\ 비용 - 정상\ 비용)}{(정상\ 공기 - 급속\ 공기)}$$

├ 발전 Flow - Bar → Gantt → S-curve → PERT/CPM → ADM, PDM

├ 진도 관리 ┬ 지수 ┬ 현상 지수(SI) = 진도 지수(PI)×비용 지수(CI)

　　　　　　　　├ 진도 지수(PI) = 실제 진도/예상 진도

　　　　　　　　└ 비용 지수(CI) = 실제 비용/예상 비용

　　　　　　└ 곡선 - Banana-curve

└ 자원 관리

　┌ 자원 할당(Resource allocation) - 자원 상태 제한, 시간보다 자원 제약에 Point

　└ 자원 평준화(Resource leveling) - 자원 상태 무제한, 자원보다 시간 일정에 Point

➤ 도식화

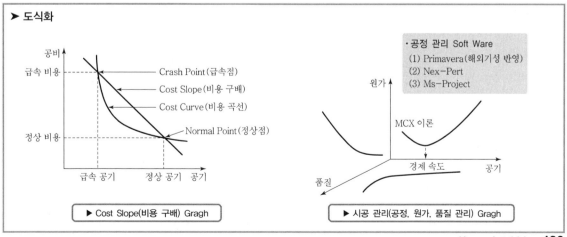

▶ Cost Slope(비용 구배) Gragh

▶ 시공 관리(공정, 원가, 품질 관리) Gragh

> · 공정 관리 Soft Ware
> (1) Primavera(해외기성 반영)
> (2) Nex-Pert
> (3) Ms-Project

➤ **정의**

(1) 원가 관리 : 경제적인 시공 계획 작성과 합리적인 실행 예산을 편성하여 공사 준공까지의 실소요 비용을 절감하기 위한 것 → Plan(실행 예산 편성), Do(원가 통제), Check(원가 대비), Action(조치)

(2) EVMS(Earned Value Management System) : 비용 – 일정 통합 기법 → 계획 대비 실적을 통합한 기준으로 관리하기 위한 성과적 기법 ⇨ Earn Value를 바탕으로 WBS 및 CPM을 근간으로 한다.
→ 현재의 분석 및 향후 공정에 대한 예측을 가능하게 하는 System

(3) VE(Value Engineering, 가치 공학) : 최소의 생애비용(LCC)으로 필요한 기능을 확보하기 위한 조직적인 개선 활동(발주처, 시공사, 설계자) → 설계 VE(VEP), 시공 VE(VECP)

(4) LCC(Life Cycle Cost, 생애 주기 비용) : 구조물의 초기 투자, 유지 관리, 철거 단계로 이어지는 일련의 과정에 필요한 제비용을 합친 것 → 현가 분석법, 연가 분석법 ⇨ LCA(LCC + Assessment)

➤ **분류(흐름)**

(1) 원가 관리 ⇨ 기법 분류 – VE, IE, LCC, MBO
　┬─ 원가 절감 – 비용 · 일정 통합, 전산화, 생산성 향상, 가치 공학

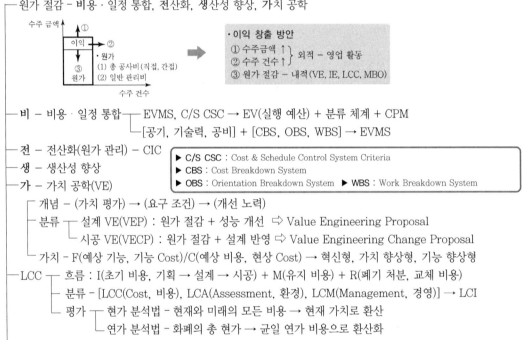

　├─ 비 – 비용 · 일정 통합 ┬─ EVMS, C/S CSC → EV(실행 예산) + 분류 체계 + CPM
　│　　　　　　　　　　　　└─ [공기, 기술력, 공비] + [CBS, OBS, WBS] → EVMS
　├─ 전 – 전산화(원가 관리) – CIC
　├─ 생 – 생산성 향상
　├─ 가 – 가치 공학(VE)

▶ **C/S CSC** : Cost & Schedule Control System Criteria
▶ **CBS** : Cost Breakdown System
▶ **OBS** : Orientation Breakdown System　▶ **WBS** : Work Breakdown System

　│　┬─ 개념 – (가치 평가) → (요구 조건) → (개선 노력)
　│　├─ 분류 ┬─ 설계 VE(VEP) : 원가 절감 + 성능 개선 ⇨ Value Engineering Proposal
　│　│　　　　└─ 시공 VE(VECP) : 원가 절감 + 설계 반영 ⇨ Value Engineering Change Proposal
　│　└─ 가치 – F(예상 기능, 기능 Cost)/C(예상 비용, 현상 Cost) → 혁신형, 가치 향상형, 기능 향상형
　├─ LCC ┬─ 흐름 : I(초기 비용, 기획 → 설계 → 시공) + M(유지 비용) + R(폐기 처분, 교체 비용)
　│　　　　├─ 분류 – [LCC(Cost, 비용), LCA(Assessment, 환경), LCM(Management, 경영)] → LCI
　│　　　　└─ 평가 ┬─ 현가 분석법 – 현재와 미래의 모든 비용 → 현재 가치로 환산
　│　　　　　　　　　└─ 연가 분석법 – 화폐의 총 현가 → 균일 연가 비용으로 환산화
　└─ 발전 흐름 – VA(구매) → VE(설계) → VI(시스템) → VM(경영) → VS(사회)

➤ **도식화**

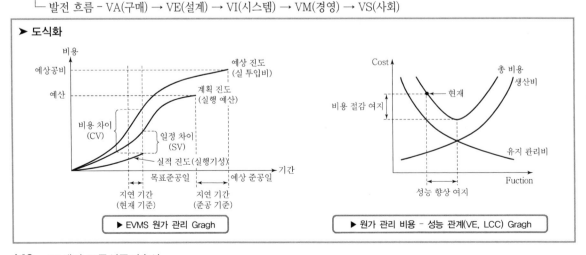

▶ EVMS 원가 관리 Gragh

▶ 원가 관리 비용 – 성능 관계(VE, LCC) Gragh

➤ 정의

(1) 안전 공학(Safety Engineering) : 근로자 생명 보호, 기업 재산 보호, 작업환경 개선 → 안전 관리
→ 재해율 감소 → 안전 공학

(2) 건설 재해 예방 : 계획, 설계, 시공의 전 작업 과정에서 위험 요소를 정확히 파악하여 재해 예상 부분에 대한 사전
예방과 철저한 안전교육 및 점검으로 재해를 예방해야 함
⇨ 재해 유형 - 추락, 낙하, 비래, 전도, 붕괴, 충돌, 감전 등

(3) 안전 점검 : 자체 안전 점검, 정기 안전 점검, 정밀 안전 점검 등

➤ 분류(흐름)

(2-4) 안전 관리
- 목적 - 재해로부터 손실 방지, 관리 합리화
- 중요성 - 대형화, 기계화, 복잡화
- 원인/Mechanism - 안전 관리 미흡
  - 인적 - 불안전한 행동 → 작업
  - 물적 - 불안전한 상태 → 기인물 → 가해물 → 재해
- 대책 - 재해 예방 원리 5단계
  ⇨ 조직 구성 → **사실 발견** → **분석 평가** → 대책 선정 → 대책 적용
- 안전 보건 교육(산업안전보건법 제31조)
  - 정기 ┬ 전 근로자 - 매월 2시간 이상
  - 　　　└ 관리 감독자 - 연간 16시간
  - 수시 ┬ 신규 채용 시 - 투입 전 1시간
  - 　　　├ 작업 내용 변경 시 - 1시간 이상
  - 　　　└ 특별 교육 - 특별 작업 종사자

➤ 3S	➤ 3E
(1) 표준화 - Standardization	(1) 기술 - Engineering
(2) 단순화 - Simplification	(2) 교육 - Education
(3) 전문화 - Specialization	(3) 규제 - Enforcement

➤ 부실 시공
- 기술적
  - 공정, 원가, 품질 관리 ┬ 문제점 - 급속 시공, 공사 지연, 적자 발생, 예산 낭비, 인식 부족
  - 　　　　　　　　　　└ 대책 - PERT, CPM 공정 관리, EVMS, VE, 상벌 강화, QM
  - 안전, 환경 관리 ┬ 문제점 - 재해 및 공해 발생
  - 　　　　　　　└ 대책 - 교육 지도, PQ 반영
- 제도적 ┬ 예가 산정 - 불합리한 원가 계산 → 실적 공사비 방식
  - 　　　├ 입낙찰제 - 사전 담합 → 발주 제도 다양화
  - 　　　├ 심사제도 - 공정성, 전문성 부족 → 심의/기술위원 통합
  - 　　　└ 하도급제 - 불공정 거래, 저가 하도 → 기성 감시, 저가 심사제

➤ 도식

```
                    환경과 경제의          환경과 경제 양축의 시너지(Synergy)극대화
                    선순환              녹색기술 개발 및 녹색산업 육성
                                      산업구조 녹색화 및 청정 에너지 확대
      국제기대에
      부합하는        녹색성장(Green Growth)
      국가위상 정립

국제기후변화 논의에 적극적 대응        삶의 질 개선 및     저탄소형 국토개발, 생태공간 조성확대
녹색 가교국가로서 글로벌 리더쉽 발휘     생활의 녹색혁명     녹색교통체계 대중교통 활성화
                                                녹색소비를 통한 녹색시장 조성
```

▶ 녹색 성장의 개념

➤ **정의**

(1) 환경 친화적 건설 사업 : 건설 공사시 건설 공해로 인한 생태계 파괴 저감을 위한 환경친화대책 수립
           → 친환경 공법 채택 수립 → 기획, 설계단계부터 시공 필요

(2) GLCA 기법 : 사전오염 예방방식에 따른 환경 부하 평가 기법 → 건설 사업 전과정을 통한 환경 영향 평가

(3) 건설 공해 : 건설 활동에 수반하여 발생하는 공해 → 대기오염, 소음, 진동(3개 건설 공해), 폐기물, 수질 및 토양 오염, 지반 변위 등

(4) ISO 14000 : 원료 조달, 제조, 유통, 판매, 폐기 단계에 이르기까지의 전 과정에서 조직의 제품이나 서비스가 환경에 미치는 영향(자원 소모, 대기, 수질오염, 폐기물, 소음 등)을 최소화할 수 있는 환경경영체제(EMS)에 대한 규격 → EMS, EA, EL, EPE, LCA → ISO 14001, ISO 14004

➤ **분류(흐름)**

(2-5) 환경 관리

```
┌─ 공사 영향
│       ┌─ 건설 공해 ┬─ 3대 건설 공해 – 대기 오염, 소음, 진동
│       │            └─ 폐기물, 수질, 토양 오염, 지반 변위
│       └─ 교통 영향, 환경 파괴, 인접 영향 – 구조물, 지반, 지하수
├─ 발파 영향
│       ┌─ 양생 ┬─ 양생 초기 – 긍정적 → 진동 다짐, 수화 촉진
│       │       └─ 양생 후기 – 부정적 → 초기 균열 [초기, 후기 – 5~10 시간 기준]
│       ├─ 제어 ┬─ 발생원 – 저소음, 저진동 공법, 장약량 저감
│       │       ├─ 전파 경로 – 진동(Trench, 50% 감소), 소음(방음벽, 토사벽, 10~15dB 감소)
│       │       └─ 수진자 – 이동
│       └─ 기준 ┬─ 소음 – 주간 발파 소음 60dB 이하
│               └─ 진동 – 가문조아(0.1, 0.2~0.3, 0.3, 0.4)
├─ 건설 공해의 특수성 – 직접 활용, 공공성, 일관성, 이동성
└─ 환경 관련법
        ┌─ 대기환경관련법 – 비산 먼지 발생 억제
        ├─ 소음진동규제법 – 저소음 · 저진동장비, 방지 · 저감시설 설치
        ├─ 폐기물관리법 – 지정 폐기물(폐유, 폐석면 등), 건설 폐기물
        └─ 수질환경보전법 – 토사 유출 저감시설, 오폐수 처리시설 설치
                수직(침하), 수평(경사) 변위 보강 및 계측
```

┌─────────────────────────────────┐
│ ➤ **사후 환경영향 평가 내용**
│ (1) <u>대기질</u>
│   ① PM–10, NO_2 등 측정
│   ② 비산먼지 저감대책 실시 여부
│ (2) <u>수질</u>
│   ① BOD, SS 등 측정
│   ② 침사지 가배수로 설치 여부
│ (3) <u>소음 · 진동</u>
│   ① 소음 · 진동도 측정
│   ② 시험발파, 저감대책 실시 여부
│ (4) 현장 실태 점검
│   ① 오수처리시설 설치
│   ② 폐기물 관리상태 등 점검
└─────────────────────────────────┘

➤ **도식화**

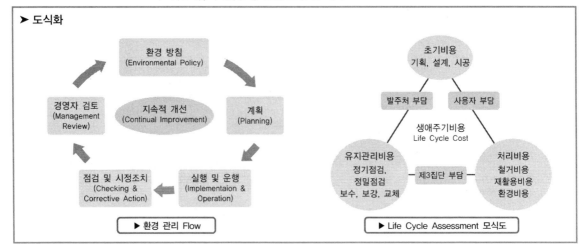

▶ 환경 관리 Flow   ▶ Life Cycle Assessment 모식도

➤ 정의

(1) Claim : 변경된 사항에 대하여 계약자와 발주자 상호 간의 합의할 수 없는 의견의 불일치 상태
　　　　→ 일반적으로 분쟁(Dispute) 이전 단계를 말함
(2) ADR(Alternative Dispute Resolution) : 대체 분규 해결방안으로 법정 시비까지 가기 전에 그 문제에 대한 예방
　　　과 소송 방지를 위해 법적 구속력은 없으나 자발적인 분쟁 해결 방법을 제안
(3) Risk Management : Life Cycle 각 단계에서 예상되는 위험(Risk)을 분석 · 평가하여 이에 최적 대응함으로써 성
　　　공적인 건설사업을 이룩하기 위한 관리 과정

➤ 분류(흐름)

(1) Claim 관리
　　　분류 – 발주자, 시공자, 사용자에 의한 Claim
　　　원인 ─ 계약서 – 계약 변경 요구, 현장 조건 상이, 계약에 사용한 언어가 모호할 때
　　　　　├ 계약 당사자 간의 행위 – 설계 오류, 부적절한 작업 수행에 의한 비용 추가
　　　　　├ 불가항력적 사항 – 혹독한 기상, 홍수, 지진 등 천재지변
　　　　　└ Project의 특성 – 복합적, 대규모, 오지, 밀집 지역
　　　대책 ─ 방지 – Claim 방지 및 관리 위한 → 위원회 설치, 기구 신설, 제도 개선, System 구축
　　　　　└ 해결 ─ 대체 분규 해결 방안(ADR ; Alternative Dispute Resolution)
　　　　　　　├ 소송 방지를 위한 자발적 분규 해결 방법 → 법적 구속력 없음
　　　　　　　└ 장점 – 신속성, 자발적 합의 노력, 상호 신뢰, 비용 절감 등
　　　형태(D-CAS) ─ Delay(공기 연장 여부) → 수용 ○(보상 가능, 보상 불가), 수용 ×
　　　　　├ Change of Site Condition
　　　　　├ Accelation
　　　　　└ Scope of Work
(2) Risk 관리 ─ 단계 : **식별 → 분석 → 대응 → 관리**
　　　　　　　　　　→ 회피(이익 포기), 전가(보험), 제거(적극 대응), 보유(기지/미지)
　　　　　└ 함수 : Risk = f(불확실성, 손해 × 손실 × 상해)
(3) 제도 ─ 도입 전 ─ 문제점 – 비체계성, 비효율성, 비용/시간 증가
　　　　　│　　　└ 도입 배경 – 국제화, 투명화, 기술력 및 생산성 증가
　　　　　├ 도입 중 ─ 단계별 구축 – 1단계(기반 조성, 시범실시), 2단계(시범실시 확대), 3단계(의무시행)
　　　　　│　　　└ 쟁점 사항 – 실효성, 효용성, 연계성, 장래성
　　　　　└ 도입 후 ─ 효과 – 공기↓, 공비↓, 문서 절감 + 정보 관리 D/B, 투명성 확보, 기술력↑
　　　　　　　　　└ 추진 계획(추진 전략) – 효율화, 선도화, 사회 간접 자본화, 투명화, 지식화

➤ 도식화

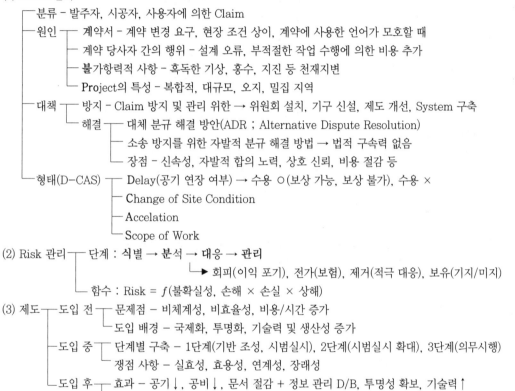

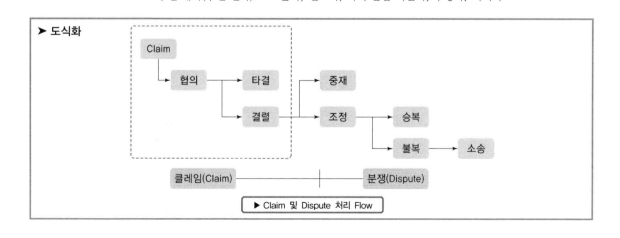

▶ Claim 및 Dispute 처리 Flow

➤ **정의**

(1) 건설 CALS : 건설산업의 설계, 계약, 시공, 유지관리 등 건설 생산활동 전 과정의 정보를 발주자, 설계자 시공업체
　　　　　　가 전산망을 통해 신속히 교환, 공유하여 건설산업을 지원하는 통합정보시스템

(2) Ubiquitous : 컴퓨터나 네트워크를 의식하지 않고 장소에 상관없이 네트워크에 접속할 수 있는 환경

➤ **분류(흐름)**

(1) CALS

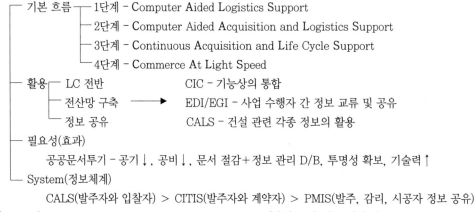

기본 흐름 ┬ 1단계 – Computer Aided Logistics Support
　　　　　├ 2단계 – Computer Aided Acquisition and Logistics Support
　　　　　├ 3단계 – Continuous Acquisition and Life Cycle Support
　　　　　└ 4단계 – Commerce At Light Speed

활용 ┬ LC 전반　　　　　　CIC – 기능상의 통합
　　├ 전산망 구축 ───→　EDI/EGI – 사업 수행자 간 정보 교류 및 공유
　　└ 정보 공유　　　　　CALS – 건설 관련 각종 정보의 활용

필요성(효과)
　　공공문서투기 – 공기↓, 공비↓, 문서 절감＋정보 관리 D/B, 투명성 확보, 기술력↑

System(정보체계)
　　CALS(발주자와 입찰자) ＞ CITIS(발주자와 계약자) ＞ PMIS(발주, 감리, 시공자 정보 공유)

(2) CITIS(Contractor Integrated Information Service, 계약자 통합 정보 서비스)

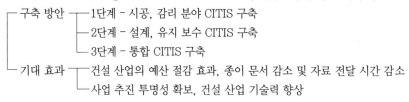

구축 방안 ┬ 1단계 – 시공, 감리 분야 CITIS 구축
　　　　　├ 2단계 – 설계, 유지 보수 CITIS 구축
　　　　　└ 3단계 – 통합 CITIS 구축

기대 효과 ┬ 건설 산업의 예산 절감 효과, 종이 문서 감소 및 자료 전달 시간 감소
　　　　　└ 사업 추진 투명성 확보, 건설 산업 기술력 향상

(3) Ubiquitous

특징 ┬ 네트워크에 연결되어야 함
　　├ 인간화된 인터페이스로 눈에 보이지 않음
　　├ 가상공간이 아닌 현실 세계의 어디서나 컴퓨터 활용 가능
　　└ 사용자 상황(장소, ID, 장치, 시간, 온도, 날씨 등)에 따라 서비스 변경

RFID(Radio Frequency IDentification) – 전파를 이용 먼 거리 정보를 식별하는 기술

USN(Ubiquitous Sensor Network) – 센서를 네트워크로 구성

➤ **도식화**

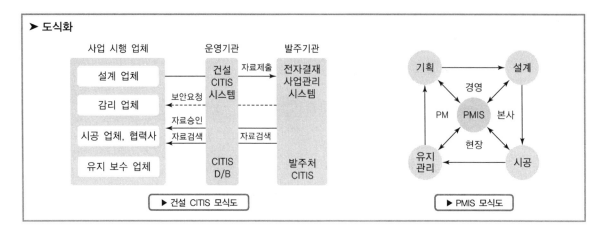

▶ 건설 CITIS 모식도　　　　　　　　　　　　　▶ PMIS 모식도

CHAPTER

03 Word Concept

Word Concept

일반구조

Q 극한한계상태

A 전도, 좌굴, 과도한 변형으로 구조물이 파괴에 가까운 사용 불가한 상태

Q 사용한계상태

A 처짐, 균열, 변형, 진동 등이 과대하게 발생하여 구조물이 사용하기에 부적합한 상태

Q 강도설계법과 허용응력설계법

A
- 강도 : 설계하중=사용하중×하중계수 → 설계강도≥소요강도
- 허용 : 설계하중=사용하중 부재응력(가장 불리한 상태)≤허용응력

Q 강도설계법과 허용응력설계법의 구조적 차이점

A 강도는 안정성에 중점을 두고 사용성은 별도 검토, 허용응력은 사용성에 중점을 둠.
강도는 고강도의 철근과 콘크리트 사용시 부재단면이 적어짐

Q 현재 사용하는 설계법

A 강도설계법으로 설계하고, 허용응력설계법에 의해 사용성을 검토

Q RC 구조물이 성립되는 이유

A 철근과 콘크리트 부착강도가 크고 콘크리트 속 철근이 녹슬지 않음.
열팽창계수가 같음. 철근은 인장강도, 콘크리트는 압축강도가 강함

Q 콘크리트 f_c, f_{ck}, f_{cr}, f_{28}, f_{sp}

A f_c = 설계기준강도, f_{ck} = 설계기준강도, f_{cr} = 배합강도, f_{28} = 재령 28일 강도, f_{sp} = 인장강도

Q 탄성계수

A 종류에는 정탄성계수, 동탄성계수, 전단탄성계수 등이 있고, 탄성계수는 응력-변형률 곡선으로부터 구할 수 있음. 인장응력에 의해 구한 탄성계수는 압축응력에 의해 구한 탄성계수보다 작은 경향을 보임

Q 좋은 Concrete

> 소요의 강도, 내구성, 수밀성 및 강재보호성능을 가지고 품질이 균일한 콘크리트 **A**

Q 응력과 강도의 개념

> 응력은 물체가 외부로부터 힘을 받았을 때 물체 내부에 생기는 반력이고, 강도는 파괴되지 않고 버티는 힘 **A**

Q RC, PSC, PC의 차이점

> RC(Reinforced Concrete), PSC(Prestress Concrete), PC(Precast Concrete) **A**

일반콘크리트

Q 시멘트 관리

> 흡습(수화반응), 대기노출(풍화) **A**

Q 시멘트 비중

> 비중은 3.15~3.2(풍화되면 비중이 작아짐) **A**

Q 한중콘크리트에 사용하는 시멘트

> 초기동해 방지를 위해 3종 시멘트인 조강시멘트를 사용함 **A**

Q 저열시멘트

> 중용열포틀랜드시멘트보다 수화열이 5~10% 정도 적게 발생함
> (C_3A, C_3S대신 C_2S를 많이 사용) **A**

Q Cement가 콘크리트 중에 너무 많으면

> 수화열 과다 → 온도균열이 커짐 **A**

Q 혼화재와 혼화제

> 콘크리트 성능을 개선하기 위해 배합시 첨가하는 재료로
> 시멘트 중량 5% 이상은 혼화재, 5% 미만은 혼화제 **A**

Q 혼화제 중 급결제

> 시멘트 응결을 촉진할 목적의 혼화제로 숏크리트의 초기강도 증대 **A**

Q 혼화제 중 촉진제, 지연제

촉진제는 한랭시 콘크리트의 응결경화 촉진으로 양생기간 단축/초기동해 방지. 지연제는 경화시간 지연 **A**

Q 유효흡수율의 의미

기건상태의 골재가 표건상태로 될 때까지 흡수되는 물의 양을 절건중량으로 나눈 백분율 **A**

Q 잔골재와 굵은골재의 기준

5mm 체 통과 여부 **A**

Q 조립률

80mm부터 0.15mm까지의 10개 체의 각 체에 남는 가적잔류율을 100으로 나눈 값. 굵은골재는 6~8, 작은 골재는 2.3~3.1 **A**

Q 레미콘 중 잔골재

5mm 체를 거의 다 통과하고 #200 체에 거의 다 남는 골재 **A**

Q 골재의 함수상태

절기표습(절건 / 기건 / 표건 / 습윤) **A**

Q 공기량 범위를 벗어난 경우의 문제점

과다(7.5% 이상)시 강도 저하, 과소(4.5% 이하)시 내동해성 저하 **A**

Q w/c가 크면

강도가 저하됨(55% 이상시) **A**

Q 아브람스의 W/C비 이론

1919년 아브람스는 다짐 100%의 가정하에 W/C가 적을수록 강도 증가로 보았으나 1945년 H-Rush는 다짐도와 공극률을 고려하여 25%일 때 강도가 최고로 된다고 봄 **A**

Q W/C 결정방법

소요의 강도내구성·수밀성을 고려한 W/C 결정기준 중 W/C가 작은 값으로 시험배치 후 s/a, 공기량을 고려한 최종 W/C 결정 **A**

Q 잔골재율(배합설계시 어느 것 사용)

> s/a(잔골재 용적률) S/A(잔골재 질량률) : 배합설계시 시험배치의 slump, 공기량 등을 측정하여 시방과 일치하지 않을 시 단위수량과 함께 s/a 보정 **A**

Q 잔골재율과 굵은골재최대치수와의 관계

> 일반적으로 잔골재율이 클수록 굵은골재최대치수는 작아짐 **A**

Q 잔골재율(s/a)과 단위수량과의 관계

> 잔골재율이 작으면 단위수량 감소 **A**

Q 잔골재율이 작을 때 타 재료와의 관련성

> 단위수량 감소, 단위시멘트량 감소, 단위모래량 감소, 단위굵은골재량 증가, 강도 증가 **A**

Q 단위량의 모래와 자갈의 상태

> 표면건조포화상태 **A**

Q 무근콘크리트포장의 굵은골재 최대치수

> 40mm 이하 **A**

Q 굵은 골재 최대치수가 40mm 이상시 문제점

> 워커빌리티 저하, 고강도 콘크리트의 강도 저하, 조밀한 배근시 간극통과성 불량 **A**

Q 굵은골재 최대치수(G_{max})

> 굵은골재 최대치수가 커지면 강도는 대부분 커지나 40mm 이상이 되면 워커빌리티 저하, 고강도콘크리트 강도 저하, 조밀한 배근시 간극성 통과 불량 **A**

Q 콘크리트 배합순서

> 재료 선정, 재료물성 산정, 배합강도 결정, 굵은골재최대치수 결정, 물시멘트비 산출, 슬럼프와 공기량 결정, 단위수량과 잔골재율 결정, 시방배합 산정, 시험배치를 통한 배합 수정 **A**

Q 콘크리트 배합시 영향요소

> 강도, G_{max}, W/B, s/a, Slump Flow, Air, 단위중량, 혼화재, 혼화제 **A**

Q 콘크리트 배합시 증가계수를 주는 이유 및 값

> 시공현장에서 예상되는 품질변동, 강도변화 구조물의 중요도 등을 고려하기 위한 계수로 위험률을 의미(시험치가 설계기준강도의 이하일 확률 1/20 이하) **A**

Q 시방배합을 현장배합으로 수정하는 이유

현장에서 골재의 표건상태유지가 어렵고 굵은골재와 잔골재의 혼입률을 10% 방지하기 어려움 **A**

Q 시방배합과 현장배합

시방배합은 시방서나 감리원이 지시한 이론상 배합이고 현장배합은 시방배합을 현장조건에 부합하도록 재료의 상태와 계량방법에 따라 정한 배합 **A**

Q 시방배합을 현장배합으로 변경하는 방법

골재의 입도 보정 → 표면수 보정 → 단위수량 보정 **A**

Q 현장배합

시방배합을 현장여건에 맞게 변경 → 습윤건조상태, 5mm 체 통과 이상의 모래나 미만의 골재 포함, Batch 단위기준 **A**

Q 배합강도 결정방법

표준편차 → 두 가지식 → 큰 값으로 최종결정 **A**

Q 배합강도 결정공식

$f_{cr} \geq f_{ck}+1.34s$, $f_{cr} \geq (f_{ck}-3.5) +2.33s$ 중 큰 값
s : 시험횟수에 따른 표준편차 **A**

Q 배합강도에서 표준편차(s) 산출

시험횟수 30회=1.0, 25회=1.03, 20회=1.08, 15회=1.16, 14회 이하시 설계기준강도, 21Mpa 이하시 + 7.21~35 + 8.5 35 이상 10 **A**

Q 빈배합과 부배합

빈배합은 단위시멘트량이 비교적 적은 $150{\sim}250kg/m^3$의 배합이고 부배합은 시멘트량 $300kg/m^3$ 이상의 배합 **A**

Q 설계기준강도 적용

콘크리트를 비빈 후 28일 경과 후의 강도로 구조계산에 반영하여 부재단면을 결정 **A**

Q 콘크리트 압축강도관리

1회 시험값이 호칭강도 85% 이상, 3회 시험값 평균이 호칭강도 이상(시험은 배합이 달라질 때마다, 1일 $150m^3$ 미만일 때 1회, $450m^3$은 Lot 단위로 3회 $150{\times}3$) **A**

Q 1시간 20분이 경과한 레미콘 타설

A 30℃ 이상에서 타설 불가

Q 레미콘 가수시 문제점

A 단위수량 증가로 강도저하와 Bleeding 증가 후 외적으로 Laitance, Sand Streaking, 균열발생 내적으로 부착강도 저하, 수밀성 저하

Q 콘크리트 받아들이기시 검사항목

A 송장확인(출하시간 및 규격), 현장시험(슬럼프, 염화물, 공기량), 공시체 제작(압축강도 확인용 3조 조기강도확인용 추가 1~2조)

Q 콘크리트 치기시 온도관리

A 10 ~ 20℃ 정도로 관리

Q 염분함량

A 콘크리트 중 염화물 이온량 $0.3kg/m^3$ 이하, 잔골재 중 염화물이온량 허용치 $0.002kg/m^3$ 이하(0.04% 이하)

Q 슬럼프 80mm → 시험시 100mm

A 허용범위 이내이므로 타설 가능

Q 레미콘공장 Check 사항

A 각종 장치(계량, 운반, 배출, 믹서, 자동장치 및 기록장치), 저장소(시멘트, 골재, 혼화제(재)), 품질(시멘트, 골재, 물 등의 재료와 레미콘 품질)

Q 콘크리트의 저온 노출시

A (−)100도까지는 강도가 증가하나 그 이상이면 취성파괴 발생

Q 동절기 양생사례

A 증기보일러를 이용한 양생과 백열전등을 이용한 양생, 열풍기를 이용한 양생

Q 콘크리트 구조물의 이음 종류

A 신축이음, 수축이음과 같은 기능성 이음과 시공이음, 콜드조인트 같은 비기능성 이음

Q 콘크리트 구조물의 수축이음과 신축이음의 차이점

A 수축이음은 균열을 이음부로 집중하기 위한 단면결손형태의 이음이며, 신축이음은 온도변화에 따른 팽창과 수축에 의한 균열 발생 예상부에 절연형태로 시공

Q 콜드조인트 처리방안

A 굳기 전에 Air jet 등으로 조골재 노출, 굳은 후는 치핑 후 흡습 및 후 타설

Q 이형 철근과 원형 철근의 부착력이 다른 이유

A 이형은 점착부착 + 전단부착(지압), 원형은 점착부착 + 마찰부착

Q 정착 이유

A 철근콘크리트가 외력을 받을 때 철근과 콘크리트가 분리되지 않도록 하기 위해 정착길이 확보가 필요(정착길이=기본정착길이×보정계수)

Q 피복두께의 중요성

A 철근부식 방지, 내구성 향상, 부착력 확보, 내화력 증진

Q 철근 피복두께의 필요성

A 이산화탄소와 산성비에 의한 중성화 및 철근부식 방지

Q 평형철근비

A 콘크리트의 압축응력과 철근의 인장응력이 동시에 허용응력에 도달할 때의 철근비(철근의 연성파괴가 먼저 일어나도록 평형철근비 이하가 안전)

Q 철근의 갈고리

A 철근이 인장응력에 의해 뽑히지 않도록 내면반지름과 연장길이를 주는 것

Q 철근의 용접이음 이유

A 재래식 이음방법 중 D-35 이상은 겹이음을 할 경우 충전성 불량 및 부재성능 저하 우려로 용접이음을 하며, 연성파괴가 일어나야 함

Q 철근의 강도

A 250~300MPa이며 500Mpa 이하를 사용함, 너무 강하면 철근가공이 힘들고 용접연결시 불리, 취성 파괴 우려

Q 철근검측시 주요 체크사항

A 유효높이와 피복두께, 정착길이와 간격, 스터럽 배열, 결속상태 등

Q 철근량 계산식

A A_s = 철근비 × 단면폭 × 유효높이

Q 철근의 유효높이

휨모멘트를 받는 철근콘크리트 부재 압축 측 콘크리트 표면에서 정철근 또는 부철근 단면의 도심까지의 거리 **A**

Q 유효높이 설계와 차이 발생시 조치

내하력 부족 여부를 검토하여 구조적인 결함으로 연결된다고 판단될 경우 보강 **A**

Q 시공시 충격 등에 의해 유효높이 부족할 경우 문제점

유효단면이 부족하게 되므로 과다철근비로 인한 취성파괴 우려 **A**

Q 3련암거 주철근 배근도 그릴 때 주의사항

주철근 배근시 BMD부터 그려야 함 **A**

Q 정수장 중앙부 구조물의 주철근 배근방법

복철근배근(단철근배근시 외측으로 붕괴) **A**

Q 동바리 검측시 중요 점검사항

연결부의 점검용 홀체크, 상하단 동바리의 밀착 여부, 지반, 사보강재 등 **A**

Q 동바리 붕괴 원인

하중검토 잘못, 안전율 미고려, 수평하중작용과 과다한 충격하중, 예기치 못한 하중작용 **A**

Q 거푸집에 작용하는 하중

생콘크리트 $2.3t/m^3$, 작업하중 $360kg/m^2$(처짐은 180), 충격하중 콘크리트 중량 1/2(처짐은 1/4), 측압 : 벽 $1t/m^2$, 기둥 $2.5t/m^2$ **A**

Q 콘크리트 타설시 측압

콘크리트 타설시 거푸집에 작용하는 측압, 타설 높이에 따라 측압이 증가하다가 일정 높이에 도달하면 측압은 오히려 감소(벽 0.5m, 기둥 1m) **A**

Q 거푸집 해체시기

벽체의 경우 5MPa 이상, 슬래브 2/3 이상. 단, 14MPa 이상에서 해체하며, 조강콘크리트의 경우 2~3일, 보통콘크리트는 3~4일에 해체 **A**

Q 콘크리트의 요구조건

• 굳지 않은 콘크리트 : 작업에 필요한 Workability를 가지고 균질할 것
• 굳은 콘크리트 : 소요의 강도, 내구성, 수밀성을 가지고 균질할 것 **A**

Q 워커빌리티

작업의 난이성 + 재료분리 저항성 **A**

Q Slump Test

유동성 확인(반죽질기를 측정하여 작업성을 판단) **A**

Q 2차 반응

1차 반응의 생성물인 $Ca(OH)_2$에 작용하는 반응으로 직접적 반응과 간접적 반응으로 구분 **A**

Q 블리딩(Bleeding)

재료분리의 하나로 시멘트와 골재입자의 침강에 의해 표면에 물이 모이는 현상 **A**

Q 초기균열

굳지 않은 콘크리트에 발생하는 균열로 소성수축균열, 침하균열, 물리적 요인에 의한 균열이 있음 **A**

Q 크리프(Creep)

시간의존적 소성변형 **A**

Q 교량슬래브 시공시 건조수축에 의한 균열 방지

• 재료(골재세척, 보통포틀랜드시멘트 사용)
• 배합(G_{max} 크게, W/C 낮게, Slump 작게)
• 시공(타설온도 16℃ 정도, 양생기간 7일 이상) **A**

Q 콘크리트 품질의 문제점

균열과 열화 **A**

Q 공시체 규격

높이가 지름의 2배인 원통형 표준공시체는 100×200, 150×300을 현장에서 주로 사용하며, 원형 공시체와 정육면체 공시체가 있음 **A**

Q 공시체 Size Effect

원형 공시체라도 사이즈가 클수록 강도 감소, 지름에 대한 높이의 비가 클수록 강도 감소, 사각이 원형보다 20~30% 강도가 크게 나옴 **A**

Q Concrete의 내구성

기상작용, 화학약품, 해수 및 전류의 작용 등에 대해 견디는 성질 **A**

Q 열화원인

내적 원인과 외적 원인이 있고 외적 원인으로는 물리적 원인과 화학적 원인이 있음 **A**

Q 열화원인 중 내적 원인

내적 원인으로는 알칼리골재반응(AAR), 철근 부식 **A**

Q 알칼리골재반응의 종류

알칼리-실리카반응, 알칼리-탄산염암반응, 알칼리-실리케이트반응 **A**

Q 염분이 구조물에 미치는 영향

철근이나 강재에 Cl^-가 접촉하여 강재를 분해(수산화제1철과 수산화제2철로 분해) **A**

Q 중성화의 종류

탄산화, 중화, 용출현상 **A**

Q 콘크리트 동해시 조치사항

긁어서 털어내야 함 **A**

Q Concrete의 허용균열폭

이형철근(건조환경 $-0.006 \times$ 피복두께(t_c), 습윤환경 $-0.005t_c$), 프리스트레싱 긴장재(건조 $-0.005t_c$, 습윤 $-0.003t_c$) **A**

Q 균열발생시 대책

균열의 위치 및 규모 진행성 여부를 판단하고 진행성이 아닌 경우 보수보강 실시 **A**

Q 균열폭에 따른 보수공법

표면처리 <0.2mm$<$주입<0.5mm$<$충전공법 **A**

Q 균열발생시 조치사항

$0.2 \sim 0.5$mm인 경우 대부분 에폭시 주입을 하며 균열 보수재료는 무기질 폴리머계를 쓰고 있으나 다소 미흡함 **A**

Q BOX의 종방향 Crack 원인

내하력 부족, 철근정착길이 부족, 수화열에 의한 내부구속응력 등이며, 구조적인 결함으로 보수보다는 보강이 필요함 **A**

특수콘크리트

Q AE콘크리트

콘크리트 내부에 독립된 미세한 기포를 발생시켜 시공 중 Workability 개선, 시공 후 동결융해저항성이 부여된 콘크리트

A

Q 경량콘크리트

설계기준강도 15~24Mpa이고 기건단위중량이 1.4~2.0t/m^3의 범위인 콘크리트로 구조물의 자중 감소를 위해 개발

A

Q 방사선차폐용 콘크리트

X선, 감마선, 중성자선을 차폐할 목적으로 중량골재를 사용하여 단위질량이 2,500~6,000kg/m^3인 콘크리트

A

Q 재생골재콘크리트

폐콘크리트의 순환골재를 이용한 콘크리트로, 압축강도 기준 1, 2, 3급으로 구분

A

Q 고강도콘크리트

설계기준강도가 일반콘크리트는 40MPa 이상, 경량골재콘크리트는 27MPa 이상인 콘크리트

A

Q 고강도콘크리트 타설시 유의사항

시멘트량이 많으므로 수화열 증가에 따른 균열 발생 방지에 유의(40Mpa 이상)

A

Q 고내구성 콘크리트

설계기준강도 60MPa 이상의 고강도와 자기충전성 확보를 바탕으로 균열 억제 및 강재보호, 내동해성이 탁월할 콘크리트

A

Q 내화콘크리트와 내열콘크리트

내화콘크리트는 화재 등과 같이 순간적으로 열에 노출된 경우의 콘크리트, 내열콘크리트는 용광로 등과 같이 지속적으로 열을 받는 콘크리트

A

Q 유동화 콘크리트

베이스콘크리트에 유동화제를 첨가하고 이를 교반해서 유동성을 크게 한 콘크리트

A

Q 서중콘크리트

일평균기온이 25도를 초과할 때 타설하는 콘크리트

A

Q 한중콘크리트 관리방안

초기동해 방지를 위해 3종 시멘트인 조강시멘트를 사용하고, 타설 후 최소 24시간 동결되지 않도록 충분히 보호 **A**

Q 수중 콘크리트

해양, 하천 등 수면 하에서 타설하는 콘크리트로 현타말뚝, 지하연속벽 등으로 트레미나 펌프타설이 원칙 **A**

Q 수중 콘크리트 타설시 강도

60~80%이며, 안정액 속에서 70% **A**

Q 수중 콘크리트의 종류 및 문제점

종류 : 해양, 하천 등 수면 하에 타설하는 con'c, 현타말뚝, 지중연속벽
문제점 : 품질관리난이, 재료분리, 다짐불량 **A**

Q 해양콘크리트 시공경험

현장에서는 염해의 영향을 고려하여 내황산염콘크리트를 사용하고, 혼화재로는 플라이애시 15%를 사용하였음 **A**

Q 비말대

물보라지역으로 해양 콘크리트 구조물에서 가장 염해를 많이 받는 곳(부식속도 0.3mm/year) **A**

Q 매스콘크리트

구속이 안 된 경우 0.8m 이상, 구속된 경우 0.5m 이상이고 내·외부 온도차가 25도 이상인 콘크리트 **A**

Q 현장에서 매스콘크리트 관리방안

• 시공 전(Midas/Civil S/W를 통한 수화열 검토)
• 시공 중(재료적 측면, 시공적 측면 관리)
• 시공 후(Pipe Cooling이나 기타 양생) **A**

Q 매스 콘크리트 시공 전 조치사항

프로그램을 이용한 수화열 검토 및 저열시멘트와 같은 재료적 관리 **A**

Q 수화열 대책

Pre-cooling과 Post-cooling **A**

Q 온도균열지수(I_{cr}) 산정방법

정밀법과 간이법이 있고 정밀법은 I_{cr}=(콘크리트인장강도)/(온도응력)
(1.5 이상 : 균열발생 방지, 1.2~1.5 : 균열발생 제한, 0.7~1.2 : 유해한 균열발생 제한) **A**

Q 숏크리트(Shotcrete)

압축공기로 콘크리트 또는 모르타르를 시공면에 뿜어붙이는 콘크리트로 건식,
습식, 레미탈 공법이 있음 **A**

Q 프리스트레스트콘크리트(PSC)

PS 강재(강선, 강봉, 강연선)를 사용하여 인장 측 콘크리트에
압축변형력을 부여한 콘크리트 **A**

Q PSC 손실

PS 강재에 가해진 인장력이 감소하는 현상으로 즉시손실과 시간의존적 손실로 구분
• 즉시손실 : 콘크리트(탄성변형), 강재(시스관과의 마찰이나 정착단 활동)
• 시간의존적 손실 : 콘크리트 2차 응력 및 강재 Relaxation **A**

Q 프리스트레싱 확인방법

압축강도 80% 이상에서 실시. 확인방법은 직접 확인하거나 시장률 허용오차를
개별적 5%, 그룹 10% 이내로 하여 BS코드 적용 **A**

Q 프리텐션과 포스트텐션

프리텐션은 PS강재에 사전프리스트레싱을 하는 콘크리트 타설로 주로 공장용이고,
포스트텐션은 콘크리트 경화 후 PS강재를 긴장하여 정착 **A**

Q 콘크리트구조물의 초기점검을 하는 이유

초기점검은 구조물의 이력을 점검하기 위한 기초자료로 사용하기 위함 **A**

Q Relaxation

시간의존적인 응력 감소 **A**

강 재

Q 무도장 내후성강

> 일반강에 내식성이 우수한 구리, 크롬, 니켈, 인 등의 원소를 소량 첨가한 합금강 **A**

Q 고강도 철근과 연강의 구분

> 연강 SD300=항복강도 $3,000 kgf/cm^2$, 고강도(HD400) 항복강도 $4,000 kgf/m^2$ 이상. 연강 대신 고강을 쓰면 콘크리트 취성파괴의 원인이 될 수도 있음 **A**

Q 강구조물 연결방법

> 리벳, 고장력볼트이음 같은 기계적 방법과 용접 같은 야금적 방법이 있음 **A**

Q 용접시 가장 중요한 사항

> 예열, 후열, 전류, 용접봉 **A**

Q 용접에 대한 비파괴검사

> 육안검사와 비파괴시험이 있으며 비파괴시험에는 내부 R/T, U/T와 외부의 M/T, P/T가 있음 **A**

Q 강교의 용접

> 단면제작시 홈용접을 하며 브래킷 등은 필렛용접도 함 **A**

Q 강관기초파일 용접부 검사

> UT **A**

Q 고장력볼트 마찰식의 마찰원리

> 하중이 볼트와 직각으로 마찰력에 의해 버티는 것 **A**

Q 고장력볼트의 종류

> 마찰식, 지압식, 인장식 **A**

Q 광역상수도 부식대책

> 부식속도 설계에 반영, 100년 기준 2mm, 도복장공법 **A**

Q 부식 방지대책

> 해중과 비말대로 구분해서 전기방식과 도복장 **A**

토 공

Q 흙의 전단강도 측정방법

> • 사질토 : 주로 SPT
> • 점성토 : 일축압축강도, 삼축압축시험, 베인 전단시험 **A**

Q 흙의 지내력 측정

> 현장에서 PBT, 들밀도시험, CBR **A**

Q 1축, 3축 압축시험의 차이점

> • 1축 : 점성토의 1축 압축강도와 예민비를 구할 때(측압을 받지 않는 공시체의 최대압축응력)
> • 3축 : 원통상의 시료에 고무막을 씌워 액압으로 가압하고 상하압을 증가시켜 압축전단 파괴 **A**

Q 1축 압축

> 원통상의 시료를 상하압을 가하여 일축압축전단 **A**

Q 3축 압축

> 원통상의 시료에 고무막 씌워서 구속압력(측압)을 가한 상태에서
> 축차응력을 가해 전단 파괴 **A**

Q 전기비저항탐사

> 지하수위 측정, 환경오염대 탐지 **A**

Q 시료운반 중 교란되는 이유

> 함수비 변화(건조), 운반진동 **A**

Q CBR의 단위, 수치

> % 토질별 기준 有. 노체는 2.5, 노상은 10, 보조기층은 30, 기층은 50 **A**

Q N치

> 63.5kg의 해머를 76cm 높이에서 자유낙하시켜 Sampler를 30cm 관입시키는 데
> 필요한 타격횟수(N치)로, 풍화암은 50 이상이다. **A**

Q N치가 50일 때

> 풍화암이며 직접기초를 설치할 수 있는 지내력이다. **A**

Q N치로 판단할 수 있는 것

> • 사질토 : 상대밀도, 지지력(침하), 지지력계수, 탄성계수, 전단저항각, Cone 지수
> • 점성토 : Consitency, 지지력(파괴), 점착력, 일축압축강도 **A**

Q N치 보정

> Rod 길이에 대한 수정, 토질에 대한 수정, 상재압에 대한 수정 **A**

Q PBT시험 후에 SPT를 실시하는 이유

> Scale Effect를 고려하기 위함 **A**

Q PBT 평판직경

> 30, 40, 75 **A**

Q 지하수위 측정법

> Piezo meter(내압수두계), Water level meter(지하수위계) **A**

Q TSP

> 발파점에서 발파나 타격으로 탄성파를 발생시키고 두 물체 사이의 밀도차를
> 이용한 반사파를 수신점에서 수진 **A**

Q TSP 외에 좋은 방법

> 점보드릴에 탐사봉을 삽입해서 하기도 하며, 예산이 허락한다면 보링을
> 통한 탐사법이 좋을 듯 **A**

Q 도로 착공시 토질조사법

> 예비조사, 현지답사, 본조사 : 원위치시험(파괴적, 비파괴적), 실내시험(물리, 역학) **A**

Q 도로 토공사 시험 종류

> 선정시험(토취장시료채취 후), 현장관리시험(입도, 함수비, 들밀도시험,
> Proof Rolling, 벤켈만 빔, PBT시험) **A**

Q 보일링과 히빙대책

> 보일링은 수위를 낮추거나 널말뚝의 근입장을 증대, 히빙은 질량차를 줄이기
> 위해서 배면토를 굴착하거나 압성토 근입장 증대 **A**

Q 보일링과 히빙의 차이

> 보일링은 사질토 지반에서 수위차에 의해 발생,
> 히빙은 점성토 지반에서 흙 질량 차이로 발생 **A**

Q 동결심도 산정방법

현장에서 직접 측정(Test Pit), 동결지수($z = c\sqrt{F}$),
열전도율에 의한 방법($Z = \sqrt{48 \cdot k \cdot F/L}$),
수정동결지수 $F' = F \pm 0.9 \times$ 동결기간(측표−현표/100) **A**

Q 동결심도

0℃ 이하의 기온이 지속될 때 동해를 입는 깊이로 GL선 기준 **A**

Q 동결심도가 여기저기 다르다면

동상방지층 시공 **A**

Q 보링과 사운딩을 같이 시행하는 이유

신뢰성 향상 **A**

Q 성토재료의 액성한계

애터버그 한계에서 소성상태가 액성상태로 변하는 경계 **A**

Q 소성지수와 PI=0인 흙

암 **A**

Q 액성한계로 알 수 있는 것

PI 압축성/비압축성 강도 ← 압투강 **A**

Q Atterberg 한계에서 소성지수

1. 토질구분(사질토/점성토)   2. 차수재판정(댐코어/매립장)
3. 활성도 A   4. 강도증가율 추정 **A**

Q 통일분류법의 ML

LL=50 이하인 실트질 흙 **A**

Q 시공기면 결정시 가장 중요사항

경제성을 고려한 절 · 성토고 결정 **A**

Q 유토곡선을 만드는 이유

절 · 성토의 적당한 토량 배분으로 경제적인 운반거리와 운반장비를
선정하기 위함이며, 도로와 같은 선형토공에 적용 시 유리 **A**

Q 유토곡선의 시공기면 선정방법

종단구배를 고려하여 절성토량이 적고, 운반거리를 최대한 짧게 하여 공사비, 공사기간을 줄이는 경제적인 측면을 고려 **A**

Q 표토 제거와 벌개제근의 이유

성토 후 유기물에 의한 압축 침하 방지를 위해 **A**

Q 제거된 표토 처리

성토면 피복토로 활용 **A**

Q 토취장 선정시 고려사항

질량경법시기(토질, 토량, 경제성, 법규, 시공성, 기타) **A**

Q 노상토의 적합성 판단을 위한 토취장과 현장시험

함수비, 입도, 다짐시험을 하며 현장에서는 들밀도 시험, 평판재하시험 등을 실시 **A**

Q OMC

최적함수비로서 흙이 가장 잘 다져질 때의 함수비 **A**

Q 다짐

동적 하중을 작용하여 간극을 줄임으로써 흙속의 공기를 빼내어 밀도를 증가시키는 것 **A**

Q 다짐, 압축, 압밀의 차이점

• 다짐 : 에너지를 가하여 순간적으로 공기 배출 후 밀도 증가
• 압밀 : 시간 의존적으로 공극수 배출
• 압축 : 압밀 + 다짐 **A**

Q 다짐규정

품질 / 공법 **A**

Q 건조밀도

정의 / 들밀도시험(현장 行) / 노상 95%, 노체 90% **A**

Q 다짐목적

압축성 / 지지력 / 밀도 / 투수계수 저하 **A**

Q 다짐 향상 방안

A 시험다짐을 통한 포설두께, 함수비, 다짐장비 등을 선정하여 관리

Q 다짐효과 영향요인

A 함토에유(함수비 / 토질 / 에너지 / 유기물 함유량) + 다짐장비

Q 토공에서 함수비 관리방법

A 함수비 시험 → 토공 및 일반 함수비 : 17% / 댐 코어부 : 19~20%

Q 통일 분류법에 의한 토질별 다짐 효과

A
- 조립토 : 다짐곡선이 급경사, 최대건조밀도 큼, OMC 작음.
- 세립토 : 다짐곡선이 완만, 최대건조밀도 작음, OMC 큼.

Q 암과 흙을 같이 다짐하지 못하게 하는 이유

A 흙과 암의 압축성 차이로 암 주위의 흙은 다짐성 저하 – Kneading effect

Q Sheep Foot Roller(양족식) 점성토 다짐에 유리한 이유

A 습윤 측 다짐관리를 하는 점토 다짐시 롤러에 잘 붙지 않고, 돌출부로 인해 전압효과가 크므로

Q 실내 다짐시험 방법

A 최대건조밀도 및 OMC를 구하기 위하여 함수비를 조절하면서 실시, AB → 3층 25회, CDE → 5층 55회 / 도로는 주로 CDE

Q 비탈면 보호공법의 종류

A 식생공 및 구조물공

Q 사면안정공법의 종류

A 안전율 유지법과 안전율 증가법

Q 암사면 붕괴형태

A 원평쐐전(원호 / 평면 / 쐐기 / 전도)

Q 대절토사면 절취시 시공계획 및 우선적 검토사항

A 지반조건, 시공조건, 환경조건, 경제성 검토

Q 토사사면과 암사면의 관리방안

A 산마루측구 설치 후 토사사면(식생 / 구조물공) 암사면(낙석 방지공, 표면 풍화 방지)

Q 장마철 굴착사면 붕괴대책

A 사면 붕괴 원인은 응력과 강도의 불균형이므로 예산이 허락된다면 지방의 기후정보를 반영한 사면경사완화가 최고다.

Q 장마철 도로현장관리시 중요사항

A 도로의 절성토법면의 안정과 특히 대성토구간의 법면은 반드시 가배수로를 설치하여 유실에 주의, 경사구간의 포설골재유실대비

Q 토석류(Debris Flow)

A 집중 강우시 자연 사면 붕괴로 인한 파괴 쇄설물이 간극수 및 지표수와 섞여 물길을 형성하면서 빠르게 이동하는 사면파괴

Q BOX와 토공부 단차 발생을 방지할 수 있는 공법

A 압축성 차이를 완화하도록 입상 재료 사용 및 접속슬래브 시공(간극률 42% 이상, 액성한계 50% 이상, 건조밀도 1.5톤 이하 흙 사용금지)

Q 도로확포장공사시 시공관리 사항

A 절성토경계부 단차 방지를 위하여 양질의 성토재료 선정 및 다짐관리가 중요 → 완화구배 설치, 맹암거 설치, 계단식 굴착 등

Q 노상토 구비조건

A CBR > 10, 소성지수(PI) < 10, 골재최대지수 < 100mm, 다짐성이 좋고 지지력이 큰 재료

Q 노체 재료구비조건

A CBR > 5, 소성지수(PI) < 15, 골재최대지수 < 150mm, 다짐성이 좋고 지지력이 큰 재료

Q 지하주차장 건설시 토피고 결정방법

A 구조물(예 : 지하주차장)이 견딜 수 있는 상부하중(예 : 토압) 및 상부구조물에 따라서 통상 1~2m 정도

건설기계

Q 토공기계 선정시 고려하는 토질조건

Trafficability, Rippability, 암괴상태 **A**

Q Backhoe로 작업할 때 흙의 상태

흐트러진 상태 **A**

Q 기계 선정시 고려사항

토종물소 + 경제성 + 시공성 + 안전성 **A**

Q 기계 적산방법

기계비용 Q값에서 유류대, 재료비, 감가상각비, 장비비,
기계손료, 부품값, 고장수리비 등 포함 **A**

Q 도로 토공에서 백호 / 덤프 / 도저 대수 결정

백호의 상차능력별 덤프의 평균운반거리에 따른 운행대수 결정 및 절토와
정지작업에 필요한 도저 대수 선정 후 병렬 조합이 유리 **A**

Q 도저 장비 종류와 장비화 시공시 장점

일반도저 / 틸트도저 / 앵글도저 / 습지도저
공기단축, 대규모(넓은 범위) / 시공성 / 경제성 **A**

Q 장비 선정시 고려사항

토종물소(토질 / 종류 / 물량 / 소음진동), 경제성, 시공성, 안전성 **A**

Q 트래피커빌리티

장비의 주행성능을 콘지수로 나타낸 것으로, 연약한 지반의 경우
모래부설이나 쇄석부설 또는 강판을 깔아서 주행성 확보 **A**

Q 수중펌프와 양수기의 양정

• 양정 : 물 푸는 능력 수중펌프는 SENSOR를 이용하고 양수기는 모터를 이용
→ 수중펌프가 더 셈(양정효율 및 양정고가 높음)
• 대규모 동력설비 구비 및 관리 / 감전 위험성이 있음 **A**

Q 도로 장비 조합

• ACP : 다짐(1차 – 머캐덤, 2차 – 타이어, 3차 – 탠덤)
• 운반 : 덤프, 포설 : FINISHER, 살수차 **A**

Q 시멘트 콘크리트 포장장비

배치플랜트에서 덤프로 콘크리트 운반, SPREADE로 1차 포설, Slip Form Paver로 조면마무리와 양생제 살포 **A**

Q 아스팔트 다짐장비

장비(1차 – 머캐덤, 2차 – 타이어, 3차 – 탠덤) **A**

Q 점성토 다짐장비

정적장비로 전압식(Sheep foot roller)을 주로 사용 **A**

Q 마력(HP)

HORSE POWER 단위시간이 하는 일의 양을 동력의 단위로 환산한 것 말이 1초당 76.07kg을 1m 이동시키는 것, 1HP=76.07kg · m / SEC **A**

연약지반

Q 설계침하량과 실제침하량이 같은 연약지반공법

펙드레인과 샌드콤팩션 파일공법 **A**

Q 연약지반관리

계측을 통한 안정과 침하관리 **A**

Q 연약지반의 중요사항

계측을 바탕으로 안정관리와 침하관리 **A**

Q 연약지반침하

1차 압밀침하와 2차 압밀침하 **A**

Q 연약층 3m 상부에 성토를 8m 할 때 갑자기 2m 정도 침하

급속성토에 따른 불안정요인 **A**

Q 진공압밀공법

연약층 내부를 진공상태로 만들면 기압차로 물기둥 10m 높이의 재하중 효과가 있음(흙 4.5m 재하효과) **A**

Q 프리로딩 공법과 압성토 공법의 차이점

프리로딩 공법은 지반개량(탈수) 공법이고 압성토 공법은 하중조절(하중균등) 공법 **A**

Q PBD 공사시 문제점

Smear Zone Effect의 교란영향 및 Well Resistance의 배수저하영향 **A**

Q PBD에서 위치가 중요한 이유

PBD는 공장제품으로 길이 조정이 불가함 **A**

Q PBD에서 중요한 사항

정확한 위치시공 / 천공각도(수직도 유지) **A**

Q 치환공법 적용시 대상토질

불량토 / 전단강도가 확보 안 된 토량 **A**

Q WELL POINT

강제배수공법 : 진공펌프로 기압차이를 이용하여 강제배수하는 배수공법 **A**

Q SCP의 지반 내 응력분포

말뚝에 의한 침하로 Arching 현상이 발생되고 점토 지반에는 응력이 저감하게 됨 **A**

Q 쓰레기 매립장 시공시 중점 관리사항

침출수 방지와 침하촉진을 위한 쇄석기둥 설치로 배수거리 단축 및 매립 후 공원 조성 등의 용도로 활용 **A**

Q 고가교 하부 통과 시 문제점

하부간섭, 지지력 확보, 기존 고가교 기초구조물 안정성 확보 난이 **A**

막 이

Q 석축의 구배

> • 높이에 따라 4m 미만 − 1 : 0.3, 4∼7m − 1 : 0.35, 7m 이상 − 1 : 0.4,
> • 1 : 1 미만 − 쌓기 1 : 1 이상 깔기로 시공 − 단가 차이 발생

A

Q 옹벽의 안정조건

> 내적 안정과 외적 안정

A

Q 옹벽 시공시 유의사항

> 배뒷줄기(배수, 뒷채움, 줄눈, 기초)

A

Q 옹벽 뒷채움 점토일 경우 배수방법

> 배수구, 배수공, 배수층, 배수관

A

Q 옹벽에서 종방향 균열시 처리방안

> 횡방향 균열과 달리, 구조적으로 치명적인 경우가 많으므로 균열의 위치,
> 규모 진행성 여부를 파악한 뒤 보강공법 적용

A

Q 캔틸레버 옹벽의 전단키

> 활동에 저항하기 위해 뒷굽 쪽에 설치하는 활동방지벽
> → 흙의 Inter−Block 개념을 이용

A

Q 현장사정으로 옹벽의 높이가 높아질 때 대책

> 2단 옹벽, 보강토옹벽

A

Q GABION옹벽

> • 돌망태옹벽   • 최근 철사를 이은 철망태를 이용함
> • 자중에 의한 토압제어   • 깬 돌(시공성 향상)
> • 배수효과 탁월 79년 삼성에서 첫 시공 • 단점 : 이음부, 수직도

A

Q 흙막이벽 시공시 고려사항

> 벽지바주지(벽체, 지지구조, 바닥, 주변 영향, 지하수)

A

Q 흙막이벽과 구조물 사이의 간격

> 작업성을 고려해서 1m 이상 여유

A

Q 어스앵커와 소일네일링의 차이점

어스앵커는 Prestressing을 주는데 소일네일링은 흙과 Nailing의 일체화에 의하여 지반 안정을 유지 **A**

Q 지하수층에 어스앵커 시공시 문제점

정착부 확보곤란으로 응력저항성 저하 **A**

Q Surry Wall

안정액을 이용하여 벽체의 차수성을 확보한 공법 **A**

Q 지하연속벽공법의 종류

벽식과 주열식(SCW / CW / SPW) **A**

Q 가물막이의 종류

자립형, 버팀대형, 특수형 **A**

Q 방조제 최종체절 방식

점고식, 점축식, 병행식 **A**

기 초

Q 기초의 요구조건

내.시.경. 근입(내하력, 시공성, 경제성, 근입심도) **A**

Q 말뚝 건전도평가

• 검측공 설치 : sonic test−말뚝내부에 백관 pope를 타설 전 근입시킴
• 검측공 미설치 : PIT시험 **A**

Q 말뚝기초와 얕은 기초의 차이점

• 말뚝기초 : 말뚝을 통해 하중이 지반에 전달
• 얕은 기초 : 기초전면 하중이 지반에 바로 전달 **A**

Q 말뚝의 점성토와 사질토 지반에서의 효과

• 점성토 : 교란효과
• 사질토 : 다져지는 효과 **A**

Q 말뚝재하시험

A 동재하, 정재하시험으로 수직재하 · 수평재하시험을 하며, 수평재하는 지진 등의 영향시 수평방향에 대한 지지력 요구

Q 정역학적, 동역학적 지지력공식

A 말뚝의 지지력 산정방법
- 정역학적 공식 : Meyerhof, Terzaghi
- 동역학적 공식 : Sander, Engineering news, Hiley

Q OsterburgCell Test 원리

A 선단에 유압잭을 설치하여 타설 완료 후 유압잭으로 하중을 걸어서 선단지지력과 주면마찰력을 얻는 시험방법

Q Pile 시공시 동역학적 안전율 차이 이유

A
- 실제는 정적 하중이기 때문에 동역학적인 면에서는 정확성을 기하기 위하여 안전율을 크게 한다.
- 정역학 : 3 / 동역학 : Engineer new : 6, Sander : 8

Q Benoto 공법

A ALL Casing 공법으로 케이싱을 경질지반까지 근입(오실레이터)시킨 후 Hammer Grab로 공 내를 굴착한 후 철근망 근입, 콘크리트 타설

Q SIP와 CIP의 차이점

A SIP(기성말뚝) / CIP(현장타설말뚝)

Q 도심지에서 RCD 공법의 타당성

A 규모설비(오실레이터, pump 희석탱크)에도 불구하고 ~~타당성 있다.

Q RCD 공법에서 역순환공법, 정순환공법에 대하여 설명

A 역순환공법 : 물순환 흐름이 반대이고, Drill Rod 끝에서 물을 빨아올려 굴착토사를 물과 함께 지상배출시키는 방법

Q RCD

A 대구경 현타말뚝으로 깊은 심도의 연암층까지 천공이 가능하며, 정수압을 이용한 공벽유지가 특징임. 단점은 장비가 대형

Q RCD 지지력 확인

A 정재하. 오스터버그 셀 – 설계하중이 600톤일 때 1,200톤까지 하중재하, 3,000톤의 경우는 6,000톤까지 걸려면 오스터버그 셀 이용

Q 강관파일 항타시 관리방안

(전) 시항타 → 시공계획 수립 (중) PDA를 통한 지속적인 항타관리
(후) 정역학적 동역학적 재하시험 **A**

Q 강관파일 항타시 리바운드 발생 이유

말뚝 항타시 주변 흙에 탄성압축이 가해져서 회복되므로 **A**

Q 강관파일의 방식

부식을 허용하거나 부식을 허용하지 않는 방법(전기방식 – 외부전원법, 희생양극법) **A**

Q 교량기초형식

• 얕은 기초 : Footing, Mat
• 깊은 기초 : 말뚝기초(기성, 현장타설 말뚝)
• Caisson 기초(Open, Pneumatic, Box), 특수기초 **A**

Q 교량말뚝공법

기성말뚝, 현타말뚝 : 굴착(인력 – 심초, 기계 – Earth Drill, All Casing, RCD),
치환(cip, pip, mip), 관입 **A**

Q 사항 시공장비

• 스팀해머(항타기는 경사각 20~30 정도까지 가능)
• 적용성 : 수평력이 큰 곳, under pinning **A**

Q 세장비

$$세장비 = \frac{말뚝길이(l)}{말뚝직경(d)}$$ **A**

Q 장주 단주구분

세장비 = (길이/단면회전 반지름) **A**

Q 항만 파일 시공순서

육지에서 해상 쪽으로 **A**

Q 수중과 안정액 중에서 유리한 쪽

수치상으로는 안정액이 유리하나, 관리를 잘할 경우 수중이 더 유리할 수도 있다. **A**

Q 시항타 이유

본항타 시공 전 말뚝길이 및 관입량, 이음방법, 지지력의 추정(동역학적),
Hammer 용량 확인 등 **A**

Q 우물통 공법

우물통 공법이란 상하단이 개방된 우물통을 지표면에 거치 후 내부를
굴착하여 침설시키는 공법 **A**

Q Caisson 거치방법

• 케이슨의 거치방법 : 1. 육상거치, 2. 수중거치(축도식, 예항식, 비계식)
• 케이슨의 침하조건 : 하중 > 저항력(F + P + U(B)) **A**

Q Open Caisson과 Pneumatic Caisson의 비교

• Open Caisson : 신뢰성 낮음, 소음공해 적음, 공사비 저렴
• Pneumatic Caisson : 수심제한(30m), 신뢰성 확실,
  송기설비 소음 발생, 공사비 고가 **A**

도 로(포장)

Q 도로 선형 개량

도로의 선형이란 도로의 중심선이 입체적으로 그리는 연속된 형상을 말함
 – 도로의 선형 개량시 기능성, 안정성, 효율성, 환경성 및 경제성 등이
   종합적으로 고려되어야 함 **A**

Q 도로공사 시방서

목적물(구조물)을 시공하는 데 필요한 최소한의 지침서 **A**

Q 도로공사 현장소장으로서 공사현황 보고내용

공사명, 위치, 연장, 규모, 공사금액, 주요공사수량, 공사기간 등 **A**

Q 도로설계의 최근 경향

친환경적인 설계를 반영하며, 동물 이동통로나 피암터널 등을 설치 **A**

Q 도로성토재료로 강자갈 사용시 문제점

맞물림(Interlocking) 효과가 적어서 사용 불가 **A**

Q 도로의 주요기능

이동가능, 접근기능 **A**

Q 도로의 토공량 산출법

종방향으로 20m를 기준한 측점별 횡단면 작성 및 단면적 산정 후 토적계산서로 물량 산출 **A**

Q 도로의 구분

- Ⅰ등급 : 고속도로 100km/hr
- Ⅱ등급 : 지역과 지역을 연결하는 주간선
- Ⅲ등급 : 지역보조간선 80km/hr **A**

Q 도로 종방향 균열의 원인

시공이음, 다짐불량, 반절반성부 시공불량, 물이 침투해서 지반연약화 **A**

Q 도로포장 보수 시기 결정 3가지 방법

PSI(공용성 지수) : 3−2.1표면처리, 2−1.1덧씌우기, 1−0재포장 − 고속도로 포장상태 평가지수(HPCI) **A**

Q 도로포장의 노면성상 파손

국부적 균열, 단차, 변형, 마모, 붕괴 **A**

Q 도로 포장 마무리 Check

평탄성, 균열, 이음, 혼합물, 규격, 표층 **A**

Q 평탄성 측정방법

- 표층 : 종방향(수동 : 7.6m PROFILE METER, 자동 : APL)
- 횡방향 : 3m 직선자
- 기층 : 3m 직선자, PROFILE METER
- 노상 : PROFILE METER **A**

Q 포장 코어 채취 목적

두께규정 **A**

Q 국도터널 포장시 CCP 적용 사유와 ACP와의 차이점

- 유지보수 시 교통통제와 사고위험, 내부조도가 ACP에 비해 밝아 경제적
- ACP : 가요성, CCP : 강성 **A**

Q 노견 설치이유

도로와 비도로를 구분하기 위함이며, 긴급통행차량의 이동 기능, 노견보호를 위해 길어깨를 두고, 차도와의 경계를 두고 운전자의 시인성, 안정성을 위해 500mm 축대를 둔다. **A**

Q ACP와 CCP의 장단점

- ACP : 시공경험 풍부, 상대적 시공비 저렴, 시공관리 용이, 지반적응성 유리
- CCP : LCC를 고려한 경제성, 유지관리 유리 **A**

Q ACP와 CCP의 차이점

교통하중 전달방식, 내구성, 역학적 특성(가요성, 강성), 지반 적응성 **A**

Q DB24를 톤으로 환산

24×1.8=43.2톤이며 표준트럭의 총 중량(1등급 : DB-24, 2등급 : DB-18, 3등급 : DB-13.5) 0.1W 0.4W 0.4W(양쪽 0.9×2=1.8) **A**

Q DB 하중, DL 하중

DB : 3축차량 1대의 하중   DL : 차선하중(집중하중 + 등분포하중) **A**

Q DB 하중에서 W에 대해 설명

W는 DL하중(차선하중)에서 등분포하중(t/m/Lane) **A**

Q 미끄럼 방지포장 설치기준

종단 하향 경사 5% 이상의 경사가 100m 이상인 곳, 교차로 부근, 긴 직선 끝의 평면 곡선부, 내리막 경사의 평면 곡선부, 도로의 선형 또는 시거 때문에 짧은 제동거리가 요구되는 차도의 포장 **A**

Q 시험포장의 목적

본포장 시공 시 발생할 수 있는 문제점들을 사전에 돌출하여 공기, 공비절감 및 품질 향상과 안전사고 방지 목적 **A**

Q 시험포장의 방법

종단구배가 없는 직선구간 180m 선정 후 현장에서 AP양, 아스콘 포설두께, 장비별 다짐횟수 결정 **A**

Q TA 설계법

아스팔트 포장의 구조설계법 : 노상의 설계 CBR과 설계 교통량에 따라서 목표로 하는 환산두께(TA)를 정하고 각 층의 재료 특성을 반영하여 포장 구조를 결정 **A**

Q Test Road

도로를 개방하기 전 평균이혼규격표(완성노면 검사항목)를 검사하는 것 **A**

Q 중분대 기계포설장비

SP500, 코만도3 **A**

Q 중분대 형식

예전과 현재의 차이로 설명 **A**

Q 고속도로 CCP 사용 시 타이어 마모가 심한데도 사용하는 이유

고속주행 시 안전이 우선시되므로 타이어 마모보다는 우천 시 미끄럼저항성 중시 **A**

Q 포장두께 선정시 고려사항

동결심도, 지지력, 교통하중 **A**

Q 마샬안정도 시험 목적

아스팔트 혼합물이 하중을 받았을 때의 변형에 대한 유동저항을 조사하기 위해 공시
체를 압축시키고, 강도(안정성), 변형량(플로우값)을 구하여 배합설계에 이용한다. **A**

Q 마샬안정도 시험방법

골재를 160~170℃ 가열 → 아스팔트 150~158℃ 가열혼합 → 래머 다짐(50회씩
양면) → 시료를 빼내 12시간 방치 → 하중가해 소성변형에 대한 저항성 평가 **A**

Q 아스콘 혼합물질 품질조건

일반 ACP – 안정도 500kg 이상, 중 교통도로 750kg 이상 **A**

Q 포장보수아스팔트의 종류

부분 : 록하드 등 / 대규모 : SMA **A**

Q 포장 시공시 다짐 목적 및 장비

• 다짐목적 : 1차 – 평탄성, 2차 – 밀도, 3차 – 평탄성
• 장비 : 1차 – 머캐덤, 2차 – 타이어, 3차 – 탠덤 **A**

Q 포장 시공 시 다짐 온도

1차 : 110~140℃, 2차 : 80~110℃, 3차 : 60~80℃ 이상 **A**

Q 표층의 아스팔트 함유량

> 밀입도 : 5~7%, 세립도 6~8% **A**

Q Ascon의 온도관리와 교통개방 시 온도

> • 혼합 시 : 140~160℃
> • 포설 시 : 110℃ 이상, 다짐(1차 : 110~140℃, 2차 : 80~110℃,
>   3차 : 60~80℃ 이상)
> • 교통 개방 시 : 50℃ 이상 **A**

Q Asphalt 배합시 시험

> Marshall 안정도 시험, 흐름값, 비중, 역청함유량 시험 **A**

Q ACP의 공장 품질 상태

> 시공 및 생산실적이 많고 KS심사를 받은 제품들로 품질관리가 대체적으로
> 잘 이뤄지고 있다. **A**

Q ACP 보조기층과 CCP 빈배합 콘크리트의 차이점

> 보조기층은 지지력 + 배수이고 빈배합 콘크리트는 하중지지 기능만 있다. **A**

Q Asphalt 다짐온도 Check 방법과 기준

> • 생산 시 : 140~160℃
> • 운반 시 : 10℃ 이상의 온도변화 없게
> • 현장도착 시(포설 시) : 110℃ 이상
>   − 1차 포설 시 : 110~140 ℃
>   − 2차 포설 시 : 80~110℃
>   − 3차 포설 시 : 60~80℃
> • 교통개방 시 : 50℃ **A**

Q 도로포장 시 온도관리

> • 혼합 시 : 140~160℃,
> • 다짐 시 : 1차 − 110~140℃, 2차 − 80~110℃, 3차 − 60~80℃ 이상
> • 운반 시 10℃ 이상 온도변화 방지(덮개설치) **A**

Q 현장 내 혼합물의 다짐온도 관리와 장비조합

> 온도는 110~140℃, 80~110℃, 60~80℃이며, 다짐 장비는 머캐덤, 탠덤,
> 타이어 롤러이고, SMA의 경우는 타이어 롤러를 사용치 않음 **A**

Q Asphalt 포장의 시험 종류

- 혼합 전 : 콜드빈, 핫빈, 골재입도시험
- 혼합 후 : 마살안정도시험
- 포설전 · 중 · 후 : 다짐 후 코아채취, 공극률, 포화도, 다짐시험 **A**

Q 개질 Asphalt와 일반 Asphalt 차이점

AP-3와 AP-5 : 침입도 차이 **A**

Q 개질 Asphalt의 대표적인 포장

- SMA : 소성 변형 방지(Interlocking 효과)
- SBS : 미끄럼 방지, 소성변형 감소, 균열 및 소음 저감효과 **A**

Q 밀입도와 개질 Asphalt

고분자 / 금속 / 기타 계열의 개질아스팔트 밀입도 증가 **A**

Q 소성변형 대책

아스팔트 점도개선, 골재맞물림 효과 증대, 시공단계에서 온도관리 및 다짐관리, 설계단계에서의 SMS나 SBS의 개질아스팔트 고려 **A**

Q 소성변형 방지를 위한 바인더 역할

점도를 증가시키고 맞물림 효과를 증대시킨다. **A**

Q 소성변형 원인

- 내적 : 아스팔트 혼합물의 변형 및 유동
- 외적 : 기층과 보조기층 시공 불량, 과대하중작업, 노상 지지력 불량 **A**

Q 소성변형의 재료적 · 시공적 측면 원인

- 재료적 : 침입도 점도불량, AP양 과다, 골재 품질 불량 및 입도 불량
- 시공적 : 시공 중 단계별 온도관리 및 다짐불량 **A**

Q 아스팔트 파손원인

지지력 : 노상 다짐 불량, 포장두께 불량, 과재하중 **A**

Q 아스팔트 파손의 종류

시기적으로 3년을 기준으로 초기에는 변형, 후기에는 저온과 피로균열에 의한 파손 **A**

Q 아스팔트 포장에서 경사부 다짐방향

낮은 곳에서 높은 곳으로 : 높은 곳부터 다질 경우 밀림 때문에 균열 발생 **A**

Q 아스팔트 포장의 품질검사

혼합물 검사를 위해 포장 후 12시간 내 500m 간격으로 코어 채취. 최근엔 PDM 기를 사용하여 시공 시 밀도검사 병행, 그외 이음부, 균열, 평탄성(폭, 두께) **A**

Q GUSS ASPHALT

석유아스팔트에 천연아스팔트 또는 열가소성 수지 등의 개질재를 혼합한 아스팔트로서 작업성과 안정성을 개선 → 롤러 다짐은 하지 않음, 불투수성, 저온균열 저감 등 **A**

Q 안정도 시험시 공시체 온도기준 및 구하는 법

골재를 150~170℃ 가열 → 아스팔트 150~158℃ 가열 혼합 → 래머다짐(50회씩 양면) → 시료빼내 12시간 방치 → 하중가해 소성변형에 대한 저항성 평가 **A**

Q 콘크리트 포장의 종류

JCP, CRCP **A**

Q 콘크리트 포장강도 측정

휨 인장강도(4.5Mpa) **A**

Q CCP 줄눈의 종류

기능성 : 팽창, 수축 / 비기능성 : 시공 **A**

Q 줄눈의 기능

• 가로팽창줄눈 : 온도상승에 따른 Blow Up
• 가로수축줄눈 : 건조수축 균열 제어
• 세로수축줄눈 : 단차 **A**

Q 2차선 CCP 줄눈

팽창은 60~480m, 가로수축은 25mm 두께를 기준하여 초과시 10m, 이하시 8m이고 세로수축은 4.5 이하로 차석폭과 동일하게 **A**

Q 2차선 CCP 줄눈의 목적

2차 응력에 의한 균열제어(가로수축), 단차 방지(세로수축), Blow-up 방지(신축이음) **A**

Q 가로수축을 6m마다 실시하는 이유

> 5m는 경제성 저하, 7m는 건조수축에 의한 Random Crack 우려로 적정 길이인 6m로 결정, 시기는 초기응력이 강도를 넘기 전 4~24시간 **A**

Q CCP 균열 발생 후 물이 스며들 때 문제점

> 팽창 **A**

Q 국도의 CCP 구간

> 터널 내부 같은 경우 잦은 유지보수가 힘들고, 내부조명의 조도가 ACP보다 밝아서 유리 **A**

Q CRCP에서 Dowel Bar와 Tie Bar의 목적

> • DowelBar : 하중전달장치
> • Tie Bar : 줄눈의 벌어짐 및 단차 방지 **A**

Q 다웰바의 목적

> 신축이음부의 장방향 신축이 가능하면서 수직방향의 부등침하와 같은 단차 방지 목적 **A**

Q 강상판형교 교면포장

> 우수침투로 인한 강 부식 방지 및 다짐이 필요 없는 구스아스팔트로 (유동성 확보 및 충격 저항성 우수) **A**

Q 교면방수의 종류 및 장단점

> • 종류 : 침투식, 도포식, 도막식
> • 장단점
>   – 침투식 : 균열 발생시 방수효과 저하→ 누수 → 열화
>   – 도포식 : 액체(도막식) – 이물질 제거 철저, 고체(Sheet식) – 밀림현상 주의 **A**

Q 교면포장 공법

> • 목적 : 교량의 슬래브 보호 + 차량의 주행성 확보
> • 종류 : 가열혼합식 AP, Guss AP, 개질 아스팔트 **A**

교 량

Q 청담대교 상부구조 형식

상하부 구조를 강절(Rigid Joint)로 연결한 라멘구조 **A**

Q 고속도로 교량의 설계수명

100년을 기준으로 30Mpa **A**

Q 고속도로 IC 형식

완전 입체형, 불완전 입체형 **A**

Q 교량 상판 보 구분위치

- 교량 상판 : 슬래브부
- 보 : 거더부 **A**

Q 라멘배근도에서 정착철근

(+), (−) 모멘트를 벗어나서 정착철근 배근한다. **A**

Q 보설계시 폭보다 높이를 길게 하는 이유

단면 2차 모멘트를 크게 하기 위하여 : 경제성 + 등강성 **A**

Q 콘크리트교량과 강교의 LCC 비용관계

- 초기비용 : 강교 더 많이 소요
- 유지관리비용 : Con'c교 더 많이 소요 **A**

Q 3경간 연속교 부정정차수

부정정차수 : 2차 부정정 N=R−3−h=5−3−0=2 ← 중앙에 HINGE를 2개 주어 겔버보로 만들어 안정하게 할 수 있음 **A**

Q 3경간 연속보 타설순서

(+)모멘트 부분 먼저 타설, (−)모멘트 부분 나중타설, 지점부 타설 후 중앙부 타설할 경우 중앙부 철근에 응력 발생 → 지점부 균열 발생 **A**

Q 3경간 연속보를 데크플레이트로 타설하는 방법

가벤트나 하중조절장치를 설치 **A**

Q 강합성교 슬래브 중앙부부터 콘크리트타설 방법

캠버를 낮추어 균열을 방지하기 위해서, 중앙부 정모멘트부터 타설 **A**

Q FCM 교량의 관리포인트

처짐관리와 안전관리이며 처짐은 탄성계수가 설계와 시공이 안 맞아서 관리가 어렵다. **A**

Q ILM 공법 압출방식

1. liftpush 방식 : 수직잭으로 들고 수평잭으로 밂
2. pulling 방식 : 앞에서 강선으로 당김 **A**

Q ILM 공법

일정한 길이로 Segment를 공장에서 제작하여 압출 jack을 이용하여 전방으로 교량 상부공을 연속적으로 밀어내는 공법으로 장대교량공법 **A**

Q ILM 교량에서 양생방법

삼각지붕을 설치하여 증기양생하며, ILM 교량은 기초부위와 슬래브 부위를 분리 타설하기 때문에 기초부위는 12시간 양생, 슬래브 36시간 양생 **A**

Q ILM 교량의 강도

고성능감수제를 사용하였으며 초기강도는 설계기준강도의 80% 이상인 36시간 양생에 32Mpa **A**

Q MSS의 장점

다경간 유리하고 반복작업으로 공기단축효과, 단, 중량물이며 장 Launching시 유압장비 사용으로 Grease가 미끄러우므로 특히 안전관리에 유의 **A**

Q MSS 시공법

장비조립 및 SETTING → 철근 조립 및 Sheath관 설치 → InnerForm 설치 → Slab 철근 조립 → 콘크리트 타설 → 설계강도 85% 이상에서 Tention실시 **A**

Q PSC 교량과 강교량의 현장 내 적용기준

경간장 30m 이하 – PSC, 강교량은 40m 이상으로 장경간에도 유리하다. **A**

Q PSC 교량의 가설공법

동바리를 사용하는 공법, 동바리를 사용하지 않는 공법
1. 현장 타설(MSS, ILM , FCM), 2. Precast 공법(SSM, BCM, PPM) **A**

Q PSC 빔의 30m 표준무게

m당 약 66.7톤 **A**

Q 강교에서의 브레이싱 목적

전도 방지 / 크로스빔 **A**

터 널

Q 터널 Simulation

안정성 검토 : 터널불연속면, 굴착방법 선정, 물리탐사, 환기방법 선정, 지보재 패턴 선정 등에 활용 → FEM 프로그램 **A**

Q 터널단면 중 가장 안정성이 높은 단면

원형 터널이 가장 안정적인 Arching effect **A**

Q NATM 시공시 Shotcrete를 1시간 30분 후에 치는 이유

초기에 급격한 변형이 일어나기 때문에(초기변위가 수렴된 후 실시한다. 이론상 5~6시간-그래프 되어있지만 실제 우리현장에선 이렇게~~했다) 등등 **A**

Q NATM의 원리

원지반을 주지보재로 이용하는 원리로서 적용성이 좋고 적용단면의 범위가 클 때 시공성과 경제성이 우수한 터널굴착공법 **A**

Q NATM 시공이 많은 이유

경제적임, 시공경험이 풍부, 지반적응성 우수(보조공법 적절 활용), 단면변화 적응성 우수 **A**

Q NATM의 미확정 설계에 대한 현장의 대응

패턴을 변경하려면 공기라든가 원가 측면에서 불리하기 때문에 가능한 변경하지 않고 진행을 하려하지만, 역해석이나 물리탐사는 해야 함 **A**

Q NATM터널 시공경험

TYPE-II~TYPE-V까지 일반터널로 강섬유 보강 숏크리트, 록볼트 시공, 암질이 좋지 않은 구간은 삼각지보, ForePoling 등 시공, 계측관리 **A**

Q 2-Arch 터널에서 가장 중요한 것

3D 확보 변위배수(중앙부배수) - 중앙부누수 및 동절기 결빙으로 주행차량의 안전성 미확보 **A**

Q 막장에서와 일반부에서의 기능 차이

발파, 배수 처리 **A**

Q 숏크리트 두께 측정

타설면에 미리 핀을 꽂아 눈금을 새겨 확인, 타설 후에는 코어 채취하여 확인, 강도는 코어 채취 후 압축강도시험, 빔몰드제작 휨강도시험, 강섬유 혼입시 휨인성 시험 **A**

Q 숏크리트 리바운드 저감 대책

> 타설면의 분진 이물질 제거, 노즐맨을 교육시켜 타설면과 직각을 유지하고 1m 내외 유지토록 함 **A**

Q 터널계측의 목적

> 터널 시공 중 터널 내 및 지반 등의 변위, 지하수위 변화 등을 계측하여 터널의 안정성을 확보하기 위한 보조공법(그라우팅 록볼팅 추가시공. 강지보공의 철근보강. 인버트의 시공)을 실시하여 터널을 안정시키기 위함 **A**

Q 터널 라이닝콘크리트 NATM 구조설계시 포함 여부

> 포함하지 않음 **A**

Q 터널 배수 비배수 조건 및 적용지반

> 수압 $4kg/cm^2$을 기준으로 토사는 완전방수(비배수) / 암은 부분방수(배수)로 한다. **A**

Q 터널 갱문형식과 설치기준

> • 토피가 낮을 때 : 돌출식
> • 토피가 높을 때, 급경사 : 면벽형 **A**

Q 터널 굴착면의 굴곡 발생 이유

> 천공길이보다 장약 깊이가 짧은 경우 발생(천공은 3m인데 장약은 2m로 했을 경우) **A**

Q 터널 라이닝 시공방법

> 전권식, 역권식, 순권식, 가권식 **A**

Q 터널 라이닝의 종방향 크랙 발생 원인

> 터널 Abut의 하단을 잡석치환할 경우 잡석치환을 하면 처짐 발생
> → MASS Con'c로 변경하면 처짐이 발생하지 않음 **A**

Q 터널 라이닝 콘크리트의 균열 중 가장 큰 문제

> 종방향균열 : 터널 ABUT부의 하단을 잡석치환할 경우 처짐 발생, Mass Con'c로 치환할 경우 처짐없으나 경제성 문제 발생 **A**

Q 터널 라이닝의 횡방향 균열 문제

> 수화열에 의한 온도 균열, 건조 수축 등 **A**

Q 라이닝 콘크리트 목적

터널굴착면의 안정 유지, 풍화 방지, 조도계수 향상, 토압 및 수압 등 외력저항, 내구성 향상 **A**

Q 락볼트 기능

봉아내보보(봉합, 아치 형성, 내압, 보강, 보 형성) **A**

Q 터널종방향 크랙 이유

종방향균열 : 터널 ABUT부의 하단을 잡석치환할 경우 처짐 발생, Mass Con' c로 치환할 경우 처짐은 없으나 경제성 문제 발생 **A**

Q 터널버럭을 성토재로 쓸 때 시공관리

암괴와 토사의 압축성 차이가 나므로 동시 성토를 피하고 60cm 이하 버럭을 균일하게 펴며, 10톤 이상을 롤러 다짐 후 상층에 입상 재료를 쓰거나 안정처리를 하여 흙입자 유출 방지 **A**

Q 터널에서 최근에 Face Mapping대신 사용하는 다른 방법

선진수평보링 / PILOT홀 / PROBE홀 등 보링 ← 설계에 반영되어 있음 **A**

Q 터널 여굴 발생시 대책

• 저감 대책 : 심빼기공, 제어발파
• 처리 대책 : 진행성 판단 후 → 응급복구 → 굴진패턴 조절 **A**

Q 터널의 계측 중 A계측

갱 내 관찰조사, 지표침하 측정, 내공변위 측정, 천단침하 측정, 록볼트 인발시험 **A**

Q 터널의 계측의 종류

일상계측, 정밀계측, 특별관리계측 **A**

Q 터널의 대규모 여굴발생시 처리대책

일단 작업중단 → 여굴발생원 조사 → 진행성 여부 판단 → 응급복구(와이어메시 + 숏크리트) → 검토결과에 따라 굴진장 굴진속도 조절 **A**

Q 터널의 안정성 평가

수치해석 : 보요소법, 유한요소법 **A**

Q TBM 공법

CUTTER에 의해 암석을 절삭하여 굴착하는 공법 – 지질이 균등해야 함, 산악 암석터널굴착에서 일축압축강도가 500kg/cm^{2}에서 시공성이 우수하다. 전단면 원형 굴착으로 안정성이 우수, 용수대 및 파쇄대에서 작업이 곤란하므로 별도 대책 요구됨 **A**

댐

Q 여수로

수용 용량을 초과하는 홍수량을 방류할 수 있는 수로로 개수로형과 관수로형이 있음 **A**

Q 감쇄공

물이 여수로를 통해 떨어지는 속도를 제어하여 하류 측에 끼치는 유해영향을 최소화하기 위한 구조물 **A**

Q 수압할렬

부등침하와 응력전이로 인해 발생하는 수평균열 현상 **A**

Q Dam에서의 Arching 현상

변형되는 부분과 안정된 부분 사이에 발생하는 전단저항이 변형을 억제하여 파괴부 토압은 감소하고 인접부 토압은 증가하는 응력전이현상 **A**

Q 유선망

유선과 등수두선을 연결한 NET **A**

Q 유선망의 용도

수압계산, 유량계산, Quick Sand 및 Piping 현상예측, 양압력예측, 제체누수 파악 **A**

Q 유수전환방식

가물막이공(전체절 / 부분체절 / 단계식 체절)과 물돌리기공(터널 / 가배수거 / 제체내가배수로)으로 구성 **A**

Q 댐 기초처리 목적

내하력 증대 및 수밀성 증대 **A**

Q 콘크리트댐의 종류

A 중력식, 중공중력식, 아치식, 부벽식

Q Con'c댐 타설방법

A 재래식과 RCCD(Roller Compacted Concrete Dam)

Q 콘크리트댐 층두께 제한 이유

A 수화열 관리 및 거푸집 측압 문제

Q RCC의 종류

A Rollcrete, RCD, RCC

Q RCC 다짐관리

A
- 다짐횟수 : 1회 무진동, 3회 왕복진동
- 다짐두께 : 0.5~0.7m
- 다짐속도 : 1km/h

Q 필댐의 종류

A
- 재료 : 어스필댐과 락필댐
- 차수형식 : 균일형과 심벽형 및 차수벽형

Q Fill Dam 시공시 가장 중요한 것

A 차수, 다짐, 기초처리

Q 코어재의 다짐불량으로 구멍이 났을 때 대책

A 그라우팅 실시, 유도배수 실시 등

Q 댐코어(점성토) 다짐방법

A 전압식(정적다짐) 층다짐으로 습윤 측 다짐. 양끝단경사 2% 주고 우기 시 비닐 및 천막으로 보호

Q 댐코어 다짐방법

A 양족식(Sheep foot) 롤러를 이용한 정적다짐

Q 필댐의 코어재 역할

A 침윤선 저하와 불투수층 형성, 투수계수는 10의 −6승 cm/sec 이하

Q FILL DAM의 상하류 법면 보호공

EFD는 콘크리트 블록과 식생이며 RFD는 안정사석과 장석 **A**

Q FLL DAM의 연약층이 얕을 때, 중간 정도일 때, 두꺼울 때 기초

- 얕을 때(치환)
- 중간 정도일 때(VERTICAL DRAIN)
- 깊을 때(압성토)

A

Q Fill댐에서 가장 위험한 경우

수위 급상승과 급강하 시기며 특히 급강하시엔 제체 내 침투수 배출시간 부족으로 활동에 의한 전단응력 증가로 슬라이딩 발생 **A**

Q 표면차수벽형 댐의 종류

CFRD, AFRD, SFRD **A**

하천 및 상하수도

Q 하천구조물

댐, 보, 낙차공, 대공 **A**

Q 하천법상의 하천

공공의 이해와 밀접한 관계가 있는 수계로 하천구역과 포함된 하천부속물. 종류(대하천, 중소하천, 도시하천, 소규모자연하천) **A**

Q 하천의 정의

1년에 1일 이상 물이 흐르는 곳 **A**

Q 한계류

상류에서 사류로 변할 때의 흐름 **A**

Q 한계유속

한계수심, 한계류일 때의 유속. Fr=1일 때의 유속 **A**

Q PMP

최대 가능강수량으로 발생 예상되는 강수량의 최대한계치 **A**

Q 상류와 사류

프로이드수(Fr)로 구분하며, 1보다 클 경우 사류, 1보다 작을 경우 상류 **A**

Q 침윤선으로 유량을 구하는 방법

유량 – KIA 1 ← 동수경사(H/L) **A**

Q 부력과 양압력의 차이점

부력 – 정수역학적 개념, 양압력 – 동수역학적 개념 **A**

Q 양압력과 부력의 차이

양압력은 지하수의 흐름 등의 영향으로 작용하는 힘의 방향이 일정하지 않고 부력은 작용하는 힘의 방향이 일정함 **A**

Q 호안구조

비탈면 덮기공, 비탈면 멈춤공, 밑다짐공 **A**

Q 환경호안의 종류

친수/하천이용 호안, 생태계보전 호안, 경관보전 호안 **A**

Q 제방의 종류

본제, 부제, 분류제, 월류제, 윤중제, 도류제, 역류제, 횡제 등 **A**

Q 제방고 제한

10m 이하 **A**

Q 제방공사시 재료크기 기준

100mm 이하 **A**

Q 하상유지공

하상경사완화와 하상세굴방지를 위해 구조물로 수제공, 낙차공, 대공 **A**

Q 하천의 보

댐과 비교하여 설명(15m 기준으로) **A**

Q 유수지

홍수량 증가분을 저감하고 저수용량을 확보하기 위한 시설물로 조절지와 하도유수지 등이 있음 **A**

Q 수문과 가동보 차이점

제방역할의 유무 **A**

Q 제방 세굴의 종류

시간에 의해 단기세굴(수축세굴, 국부세굴)과 장기세굴(횡방향 유로이동) **A**

Q 하천용 교각에서 교각세굴에 영향 주는 요인과 이유

유속, 교각폭, 교각길이 **A**

Q 교각 세굴심도 계산공식

$D \leq 0.9(Z=1.4D)$, $D > 0.9M(Z=1.05 \times D0.75$승$)$ D – 교각직경 **A**

Q 상하수도관 종류

강성관과 연성관 **A**

Q 관기초 형식

연성관은 관체보강 및 부등침하방지기초, 강성관은 부등침하방지기초 **A**

Q 관부설시 모래포설

관 파손방지를 위해 15cm 이상 포설 **A**

Q 곡관 보호공을 하는 이유

수압에 의한 관체손상 방지 **A**

Q 관로 수압 test 방법

연결부 막고 압을 주어서 시험 – 압력게이지 **A**

Q 물이 흐를 때와 물이 머무를 때 어느 것이 안정

흐를 때 **A**

Q 상수도 침전지 면적이 부족할 경우 대책

물이 멈추는 시간을 늘림, 관체규격변경 연장을 늘림 **A**

Q 오니관거의 문제점

침전물에 의한 통수능력저하, 부식 **A**

Q 정수장에서 가압시 정전이 될 경우 예방 조치

비상동력(발전기 등) **A**

Q 처리장 구조물의 부력에 대한 대응

• 부력을 허용할 때(부력 anchor 설치 / 복철근 / mass Con' c로 자중 증가)
• 부력을 허용하지 않을 때(dewatering, 영구배수) **A**

Q 하수관 유량 최대 최소 및 이유

오수 관련 계획하수량은 최소 $0.6m^3$/SEC, 최대 $3.0m^3$/SEC
• 최소유속 – 침전물 제어
• 최대유속 – 관체손상방지 / 이음부 파손 및 탈락방지 / 하류 측 맨홀 파손에 의한
유수능력저하방지 / 유수의 유하시간 단축에 의한 최대우수유출량이 커지게 한다. **A**

Q 하수처리장 방수목적

누수예방(토질수질오염 등의 환경오염예방) 및 RC구조물의 열화예방 **A**

Q 하수처리장의 방수방법

SHEET, ASPHALT, 에폭시 방수 등 **A**

Q 용수로 주요 구조물

송수로, 배수로, 관수로 등 **A**

Q 상수도공사시 주의사항

강관은 용접, 주철관은 볼트접합이므로 통수시 압력에 의해 이탈되지 않도록
반드시 토크검사 실시 **A**

Q 상수도관 매설시 곡관부처리

관보호공 설치 **A**

Q 상수도의 과정

취수 → 도수 → 정수 → 배수 → 급수 **A**

Q 수격작용

밸브를 갑자기 잠그거나, 단면이 갑자기 감소할 경우 운동에너지가 압력에너지로
변환되어 압력이 상승하는 현상 **A**

Q 정수장 양압력대책

양압력 허용 / 미허용 **A**

항 만

Q 항만계획시 고려해야 하는 3요소

정온도, 항만의 용이성, 경제성 **A**

Q 항만구조물을 크게 두 가지로 분류

외곽시설(방파제) / 접안시설(안벽 등) **A**

Q 방파제 축조시 고려사항

파압 파고 **A**

Q 사석과 피복석

피복석은 자연사석과 인공사석으로 구분
인공사석으로는 TTP, Acropod, Hexapod **A**

Q 사석에서 가장 중요한 것

강도, 중량 **A**

Q 사석중량 결정

상세법(수치모형 / 수리모형실험)과 간이법(Hudson 공식 / Isbash 공식) **A**

Q 소파공

소파구조물과 피복석(자연사석, 인공사석) **A**

Q 방파제 종류

경사제, 직립제, 혼성제 등이 있으며 특수방파제로 Slit형 방파제 등이 있음 **A**

Q 안벽분류

중력식(Caisson식, Solid Block식, Cellular Block식), 말뚝식, 잔교식 **A**

Q 접안시설

접안시설은 수심에 의해 물양장 < 안벽 < 잔교식 < 돌핀 < SPM **A**

Q 흘수

선체가 물에 잠기는 깊이 / 해상구조물(케이슨 등등) 기초바닥에서 수면까지의 높이 **A**

Q 하이브리드 케이슨

강재와 콘크리트 합성구조형식으로 기간 단축 및 경량 / 장대화 가능 **A**

Q Caisson 진수방법

크레인 이용하거나 크레인 미이용 방법 **A**

Q 케이슨 진수공법

- 해상 Crane 이용(삼성호, 설악호, 부림호)
- 해상 Crane 미이용(선박시설, 지형지물)
A

Q 사상진수공법

모래를 쌓고 그 위에 케이슨을 제작 완료하고,
모래를 살살 긁어서 케이슨이 흘러내리도록 하는 공법 **A**

Q 해상 크레인 안정성 검토방법

정밀법 / 간이법 **A**

Q Barge가 전도시 장축보다 단축으로 전도되는 이유

면적의 차이(저항력 차이) **A**

Q Barge선

무동력선 ← 예인선이 바지 운반 **A**

Q 유보율과 유실률

잔류토사량을 준설토사량으로 나눈 값의 백분율(유실률 = 1−유보율) **A**

Q 준설선단

준설선 + 끌배 / 토운선 + 양묘 / 연락선 **A**

Q 준설선 종류

Mechanical / Nonmechanical **A**

Q 준설의 정의

하천이나 해안의 바닥에 쌓인 흙이나 암석을 수중터파기로 파내서
바닥을 깊게 하는 일 **A**

Q 매립공법

산토매립과 준설매립 **A**

Q 해저 파이프라인 부설방법

부설선 이용하는 방법과 부설선 이용하지 않는 방법(예항법) **A**

Q 해저배관 공사시 배관 토피결정

배관이 지지할 수 있는 정도 또한 세굴에 의해 지지할 수 있는 정도를 기준으로 토피결정 **A**

Q 해일이 올 때 방호책

방파제설치 수목식 재설치 ← 단면적 키워 속도 감소하는 원리 **A**

공사 및 시사

Q 표준품셈에서 지적 여부

안함 **A**

Q CM과 감리제도의 차이점

CM – 기설시유 감리 – 설시 LCC – 기설시 유폐 **A**

Q EC

사업발굴하여 유지관리까지 전 단계에 걸쳐 행하는 제도 **A**

Q 건설 Claim

건설계약서에 명시되지 않은 직간접적인 추가투입에 대한 법률적 청구행위 **A**

Q 계약서의 지체상금

공기 지연시 부과하는 과태료로서 도급금액의 1/1,000 **A**

Q 공동이행과 공동분할

한 프로젝트를 도급사가 동일 실행과 원가를 바탕으로 관리, 공동분할방식은 도급사끼리 공구를 분할하여 서로 다른… **A**

Q 공법과 구법의 차이

구법은 공법을 적용하기 전까지 **A**

Q 공사계약서에 포함되는 사항

> 공사명, 위치, 연장, 규모, 공사금액, 주요 공사수량, 공사기간,
> 과업지시서(시방서, 도면내역서)
A

Q 공사계약의 종료

> 종전방식, 최근방식, 공동이행과 공동분할방식
A

Q 도급률, 예가, 설계가, 협의단가

> 설계사에 의해 정해진 금액이 설계가 → 설계가의 적정성을 판단하여
> 정한 가격이 예가 → 예가에 낙찰률을 적용한 것이 계약단가, 이때의 낙
> 찰률이 도급률. 협의단가는 별개로 발주처와 시공사가 협의하여 정한
> 단가로 상황에 따라 내용과 금액이 다르다.
A

Q 발주처와 시공사 실행예산 차이

> 설계비, 용역비, 보상비, 지장물 이설비, 문화재 발굴조사 등 직접 + 간접의
> 개념이 발주처, 시공사는 직접공사비개념
A

Q 발주청 요구에 의한 물량증감시

> 건기법에 의한 협의단가 처리
A

Q 시방서의 종류

> 설계, 시공, 주문품 등에 관하여 도면으로 나타낼 수 없는 사항을 적은 문서로
> 공사와 관련한 표준시방서와 특별시방서가 있다.
A

Q 신기술 지정제도

> 신기술이란 국내 최초 기술 및 도입된 외국기술의 발전으로 건교부에서 관리하며
> 3년의 보호기간 할당 후 연장 시 2년 추가 보호
A

Q 예산작성의 단위

> 국내공사의 경우 원
A

Q 입찰과정

> 현설 → 입찰공고(전자입찰 등) → PQ(사전심사) → 개찰 → 낙찰
A

Q 적산의 과정

> 설계서 기준 수량산출, 표준품셈에 의한 단위작업당 소요품 계산,
> 정부노임단가 및 유가 기타 시중가격을 바탕으로 ……
A

Q 준공처리방법

> 3개월 전에 예비준공검사 실시 → 수행 여부 판단하여 준공의 가능 및 연장여부 결정 → 준공 OR 연장 **A**

Q 지체상금률

> 일반적인 건설공사의 경우 0.1%이며, 특별한 사유 없이 계약공사기간에 준공하지 못할 경우 시공사가 부담하는 일종의 벌금이다. **A**

Q 지체상금의 계산방법 및 0.1% 근거

> 국가를 당사자로 하는 계약법에 의함 **A**

Q 턴키심의의 문제점

> 공정성, 투명성, 선정성(심의위원 등) **A**

Q BTL과 BTO 차이점

> BTL은 민자투자 후 정부를 통해 임대료를 받아 투자비를 회수하는 방법이고, BTO는 직접 운영하여 투자비를 회수하는 방법 **A**

Q BTO 고속도로 현황

> 천안 – 논산 간, 인천국제공항 고속도로, 서울 – 춘천 간 고속도로, 서울외곽순환도로 **A**

Q Shop Drawing

> 당초 설계도면에서 나타내지 못한 상세시공도를 납품회사나 시공현장에서 직접 그리는 Detail 도면 **A**

Q SOC의 민자형 문제점

> 적자 발생시 정부에서 이를 만회해 주고 있는 실정이 가장 큰 문제점이다. **A**

Q T/K공사의 가장 큰 문제점

> 내역에 없는 공종이 나올 때 설계변경이 되지 않는 점
> → 입찰에 응하기 전에 충분한 검토를 실시하여 내역에 반영해야 함 **A**

Q T/K입찰

> 설계부터 구매 시공까지 일괄 시행 **A**

Q 공사관리

> 시공계획(사기상관) + 시공관리(공정, 원가, 품질, 안전, 환경) + 경영관리(RISK MANAGEMENT + CLAIM)   **A**

Q 공사관리의 주요 4가지

> 공정, 원가, 품질, 안전이며, 대외신인도를 위해 안전과 품질관리를 잘해야 함   **A**

Q 공정관리

> 건설 생산에 필요한 자원(5M)을 경제적으로 운영하여 주어진 공기 내에 좋고, 싸고, 빠르고 안전하게 구조물을 완성하는 기법   **A**

Q MCX

> 최소비용에 의한 공기단축   **A**

Q KS규격과 ISO의 차이점

> KS(한국표준규격), ISO(국제표준화기구)   **A**

Q 품질관리

> QC → TQC(전사적 품질관리) → QM-QA로 변환되고 있으며,
> 우리 회사에서는 ISO-9001 Manual에 의해 전반적임 품질관리를 하고 있다.   **A**

Q 품질보증제도

> ISO9001(구품)　14000환경　18000안전   **A**

Q 통계적 품질관리기법의 종류

> • 현상황판단 : Histogram, x-R관리도, Check Sheet, 층별관리도, 산포도
> • 문제점 파악 : 특성요인도, Pareto기법   **A**

Q 현장의 시공관리

> 품질관리를 중심으로 환경과 안전 및 원가를 고려한 공정관리라 할 수 있다.   **A**

Q 히스토그램과 X-R관리도 그리기

> • 히스토그램 : Data기 어떠한 분포상태인가를 알아보기 위해 작성하는 막대그래프
> • X-R관리도 Data가 연속량으로 나타나는 공정을 관리할 때 사용(길이, 무게, 시간 등)   **A**

Q 품질관리, 원가관리

A 품질관리는 ISO-9001 Manual에 의해 전반적인 품질관리를 하고 있으며, 원가관리는 과거의 관리비 절감을 통한 원가관리보다는 VE를 통한 원가관리에 역점을 두고 있다.

Q 공사 원가

A 직접공사비, 간접공사비

Q 원가절감방안

A 비전생가(비용일정통합, 전산화, 생산성 향상, 가치공학)

Q EVMS

A 비용과 일정에 대한 계획대비실적을 S-Curve를 이용하여 관리하기 위한 - 성과 측정기법. 실행 기성의 개념을 바탕으로 WBS와 CPM을 근간으로 한다.

Q 계약금액 조정방법

A 전체금액조정 / 개별품목조정, 품목조정률 / 지수조정률
→ 1. 물가변동, 2. 설계변경, 3. 기타(운반거리 변경, 공기연장 등)

Q E/S 조건

A 입찰일 90일 경과 후 3% 이상의 물가변동이 있을 때 한다(디스컬레이션은 -3%).

Q VE

A 최소의 비용으로 최대의 기능을 달성하기 위한 조직적인 노력 또는 활동

Q LCC 평가방법

A 현가분석법, 연가분석법

Q 도로방음벽 높이 결정

A 소음원과 방음벽 최상단을 직선으로 이은 연장선 기준 / 음의 거리에 따른 감쇄율을 계산하여 해당 피해건물 높이만큼 시공 / FEM프로그램을 사용

Q 터널형 방음벽 설치된 곳

A 도로 양쪽에 아파트 단지와 같은 건물이 있을 경우
ex) 서울북부간선도로, 광주외곽순환도로 등등

Q CALS 적용

> 실제 발주시 전산화하여 적용 ex) 전자입찰 **A**

Q 지하매설물관리

> GIS로 관리하며 1998년부터 시작 **A**

Q 현장 내 적용되는 증가계수값

> 토량환산계수 강도설계법 재료 할증, 야간작업시 장비 및 노무비 할증, 돌관 작업의 할증 등등 **A**

Q 토목윤리강령

> 1. 사회복지에 공헌, 2. 자질향상과 기술발전에 진력, 3. 기술자로서 양심과 명예존중, 4. 안전제일, 5. 환경보전 최선, 6. 제 법규와 기준준수, 7. 기술적 불합리 적극시정 **A**

Q 환경 관련법 5가지

> 환경영향평가법, 소음진동규제법, 대기환경보전법, 수질환경보전법, 폐기물처리법 **A**

Q M3는 단위

> CGS단위 **A**

Q 천성산, 경인운하, 새만금사업의 문제점

> 국책사업착수전 공사추진 주체와 환경단체 일반주민들과 충분히 의견을 수렴하여 친환경적으로 설계하여 추진하여야 됨 **A**

Q ITS(International Transport System)

> 지능형 교통체계, 도로시설 확충으로 교통문제 해결의 한계 – 교통체계개선 (TSM), 교통수요관리 등 / 교통체계의 효율성 및 안정성 제고를 위해 기존 교통체계에 정보, 통신, 제어 등 첨단기술을 접목시킨 차세대 교통체계 ex) 서울시의 버스도착 안내시스템, 한국도로공사의 경부 **A**

Q 경부고속도로 시공시 문제점

> 급속시공, 시공불량으로 구조물 문제 등 구조물 전면 개량공사로 유지관리 예산이 막대하게 투입되고 있음 **A**

Q 태풍이 불었을 때 진단 여부

> 외력에 의해 손상을 입었다면 정밀진단을 해야 한다. **A**

Q 천성산 터널의 문제점과 원인

> 지하수저하로 지표수 없어져서 생태계 파괴됨(도롱뇽 먹을 물 없음) **A**

CHAPTER

04 토목시공기술사 분류

〈일반콘크리트〉

- 결합재(Cement) : 포틀랜드 / 혼합 / 특수
- 혼화재료 : 혼화재 / 혼화제(시멘트 질량 5%)
- 혼화재 : 2차 반응 / 수화물 형성
- 혼화제 : 경화시간조절 / 계면활성작용
- 고로슬래그 : 수쇄 / 괴재
- 고감수성감수제 : 유동화제 / 고성능감수제
- 골재 : 산지 / 입경 / 비중 / 특수
- 콘크리트 강도추정 : 시험 ○(공시체 제작 ○, ×) / 시험 ×(Maturity, 등가재령법)
- 콘크리트 비비기 : 이동식, Batch식
- 콘크리트 펌프 : 피스톤(기계식, 액압식) / 압착식
- 레미콘 분류 : 건식(중력식, 횡치식) / 습식(계, 비, 운) (건식은 미, 영, 호 습식은 한, 일, 독)
- 다짐방법 : 진동 / 원심력(진동은 일반, 특수, 원심력은 Precast)
- 양생방법 : 온도제어(온도증가, 온도저감, 촉진양생) / 습윤 / 유해한
- 콘크리트 이음방법 : 기능성 / 비기능성
- **수축이음(균열유발줄눈) 시공법** : cutting / 가삽입물(결손율 20%, 매스는 35% 이상)
- 표면마무리 : 거푸집면 접함 / 접하지 않음 / 마모를 받는 면 / 특수(내구성)
- 철근 : 형태(원형, 이형) / 구조(주철근, 가외철근)
- 표준갈고리 : 주철근 / 스트럽(연장길이와 내면반지름 180, 135, 90=4, 6, 12)
- 철근이음 : 재래 / 특수(재래는 겹, 용접 특수는 기계, 충전)
- 철근 정착방법 : 갈고리 / 매입길이 / 기계정착(정착길이 = 기본정착길이 × 보정계수)
- 철근 부착방법 : 교착 / 마찰 / 기계적 작용
- 부식대책 : 부식을 허용 / 미허용(콘크리트 내 / 외적, 철근 내 / 외적)
- 거푸집해체시기 결정 : 압축강도시험 / Maturity(일반 5, 슬랩하부 14, 2/3f_{ck}, 고강도 8)
- 거푸집 : 재래식 / 시스템
- 동바리 : 구조(강재 / 혼합 / 강관틀 / 조립) / 가설(전체 / 거더 / 지지)
- 동바리 유의사항 : 설계(수평력 / 안전율 / 기초) / 시공(편심 / 쐐기 / 이음)
- 굳지 않은 콘크리트 성질 : W / F / P, ㅇ / ㅈ / ㅊ, ㄱ + M / V / P
- Workability 측정 : 보통 / 묽은 / 된반죽
- Pumpability 측정 : 가압블리딩 시험 / 변형성 시험
- 2차 반응 : 포졸란 / 잠재적수경성
- 2차 응력(체적 변화) : 온도 / 건조수축 / 크리프

- 재료분리 형태 : 타설 중(Cement Paste, Gravel) / 타설 후(Water)
- 콘크리트 비파괴검사 : 강도변형(순수비, 부분파괴) / 내부탐사(두께 및 내부결함, 철근위치)
- 타격법 : 표면경도(낙하, 스프링, 회전 Hammer법, 피스톤강구식) / 반발경도
- 굳지 않은 콘크리트 균열 : 소성수축 / 침하 / 물리적 요인
- 굳은 콘크리트 균열 : 2차응력 / 열화 / 설계, 시공 오류
- 구조물 콘크리트 균열 : 결함 / 손상 / 열화
- 열화원인 : 내적(AAR, 철근부식) / 외적(물리, 화학)
- 열화형태 : 중성화 / 철근부식 / 균열
- 열화 3총사 : 설계 / 수명 / 평가
- 화학적침식 : 팽창($CaSO_4$) / 부식(H_2SO_4)
- AAR : ASR / ASR / ACRR
- 중성화 : 탄산화 / 중화 / 용출현상 / 폭렬
- 동해이론 : 열역학 / 모세관
- 균열보수공법 : 표 / 주 / 충 / 기(재료는 전합유무)
- 균열보강공법 : Passive(강판, 탄소섬유) / Active(PS anchor)

〈특수콘크리트〉

- 고성능콘크리트 : 고내구 / 고강도 / 고유동 / 고수밀
- 팽창콘크리트 : 화학적 프리스트레스 / 수축보상용(수축저감+무수축)
- 섬유보강콘크리트 : 단섬유 / 연속섬유보강재 / 연속섬유시트
- 합성수지콘크리트 : 폴리머 / 폴리머함침 / 폴리머시멘트
- 경량콘크리트 : 경량골재 / 경량기포 / 무세골재
- 중량콘크리트(중량골재) : 자철석 / 적철석 / 중정석
- 친환경콘크리트 : 환경부하저감형(재생골재 / 무세골재 / 에코시멘트) / 생물대응형
- 온도균열대책 : 적극적(온도철근, 섬유보강) / 소극적(온도저감, 온도응력제어)
- 수화열저감방안 : 재료적(시멘트, 혼화재) / 시공적(Cooling Method)
- 온도균열검토방법 : 온도균열지수(정밀, 간이) / 기왕실적
- 냉각방법 : Pre(혼합 전, 혼합 중, 타설 전) / Post(pipe, 양생방법에 의한 온도제어)
- 수밀콘크리트공법 : 방수물질 ○(외적, 내적) / 방수물질 ×
- 수중콘크리트공법 : 프리팩트 / 수중타설(원칙, 부득)
- 해양콘크리트 : 시멘트 / 폴리머시멘트 / 수지 / 폴리머함침
- Preplaced : 일반 / 고강도 / 대규모
- 숏크리트(스프레이콘크리트) 방식 : 건식 / 습식
- 급결제 : 알루미네이트계 / 실리케이트계
- PS 방식 : pre(연속, 단독) / post(부착식, 미부착식)

- PS 관리 : 집중(콘크리트 탄성, 강재 쉬스관마찰) / 분산 cable
- PS 손실 : 즉시(단기) / 시간의존적(장기)
- Relaxation : 순 / 겉보기
- 스마트콘크리트 : 능동형 / 수동형

〈강재〉

- 강재 분류 : 화학(탄소, 합금강) / 구조(보통, 고장력강)
- 강재 결함 : 내적 / 외적
- 강재연결방법 : 야금적 / 기계적
- 용접검사 : 용접 전 / 중 / 후(비파괴검사)
- 용접비파괴검사 : 육안 / 시험(내부 UR, 표면 MP)
- 용접 시공법 : 응력전달 ○(groove, fillet) / ×(slot, plug)
- 고장력볼트 시공법 : 축, 하중 직각(마찰, 지압) / 평행(인장)
- 리벳 시공법 : 직접 / 간접
- 용접결함 형태 : 치수상 / 구조상 / 재질상
- 부식형태 : 건식 / 습식
- 부식대책 : 부식허용 ○ / ×
- PS원리 : 응력개념 / 하중평형개념 / 강도개념
- PS관리 : 집중 / 분산 Cable 방식
- PS방식 : Pre / Post-tension
- PS방법 : 기계 / 화학 / 전류 / 기타
- Relaxation : 순 / 겉보기 Relaxation

〈기본토공〉

- 원위치시험 : 파괴 / 비파괴
- 실내시험 : 물리 / 역학
- Boring : core 채취 가능(rotary) / 불가능(percussion, washing)
- 물리탐사 : 파 ○ / ×
- TSP : 다수신소발진 / 소수신다발진
- Sounding : 정(정적관입, 회전, 인발) / 동(SPT)
- CBR : 실내(수침, 수정) / 현장
- 흙의 분류 : 입도 / Consistency / 입도 및 Consistency
- 입도양호조건 : 균등 + 곡률
- 점성토와 사질토 특성 : 전단 / 일반
- Thixotropy : Fully / Partially

- 동결심도결정방법 : 현동열 / 완노감
- 동해이론 : 모세관 / 열역학 이론
- 토량 배분방법 : 선형(Mass Curve) / 단지(화살표법)
- 접속부(취약 5공종) : 토공 / 토공, 구조물 / 토공

〈응용토공〉

- 다짐효과 영향요인 : 함수비 / 토질 / 에너지 / 유기질
- 다짐 규정방법 : 품질(건, 포, 강, 상, 변) / 공법(다)
- 다짐 제한이유 : 두께 / 횟수 / 속도
- 다짐 방법 : 평면 / 비탈면
- 비탈면 다짐공법 : 피복토 ○ / ×
- 비탈면 보호공법 : 댐(EFD, RFD) / 도로(식, 구)
- 식생공 : 전면식생 / 부분식생 / 부분객토식생
- 자연사면활동 문제점 : 1 / 2차
- 자연사면활동 원인 : 내적 / 외적
- 자연사면활동 대책 : 응급 / 항구
- 자연사면활동 형태 : 붕 / 활 / 유(암반사면활동 형태 : 붕 / 활 / 전)
- 자연사면활동 검토 : 경 / 기 / 한 / 수
- 평사투영법 : 등면적투영법 / 등각투영법
- 낙석방지공법 : 예방 / 방호
- 피암터널 : 강재 / 콘크리트

〈건설기계〉

- 건설기계 경제수명 : 기간 / 비용
- 건설기계 경비 : 기계손료(감정관리) / 운전비 / 조립해체비 / 운반비
- 시공효율 : 작업효율 / 가동률 / 시간율
- Crusher 분류(이동) : 이동식 / 고정식(조쇄, 중쇄, 분쇄)
- 다짐장비 : 롤러 / 평판 + 정적(자중) / 동적(진동, 충격)
- 선정시 고려사항 : 토질 / 종류 / 물량 / 소음진동 + 경제성
- 조합원칙 : 병렬 / 주작업+보조작업 / 시공속도 + 예비대수

〈연약지반〉

- 연약지반 대책공법 : 하중조절 / 지반개량 / 지중구조물
- 연약지반 개량공법 : 지 / 치 / 고 / 탈 / 다
- 연약지반 안정관리 : Matsuo / Kurihara / Tominaga, 정성적(수렴발산) / 정량적(범위)

- 연약지반 침하관리 : Hoshino / Asaoka / 쌍곡선
- 재하공법 : 성토 / 수재하 / 대기압 / 지하수저하
- 연직배수 : 샌드드레인 / 페이퍼드레인
- EPS 제조방법 : 형내 / 압출발포
- SCP 공법 : 타입식 / 진동식
- 치환공법 : 굴착(전체, 부분) / 강제(자중, 폭파, 동치환)
- 고결공법 : 고결물질 주입 ○(약액, 생석회) / ×(동결, 소결)
- 약액 분류 : 현탁액(ABC) / 용액형(물유리, 고분자)
- 고압분사공법 : 교반(단관 CCP, 2중관 JSP) / 치환(3중관 SIG, CJG, RJP)
- 표층처리공법 : 배수건조 / 고화 / 포설(3m 이상은 심층)
- 토목합성물질 기능 : 분리 / 필터 / 보강 / 배수
- 지반이동현상 : 수평(측방유동) / 수직(부마찰력)

〈막이〉

- 토압 : 변위허용 ○(주동, 수동) / ×(정지)
- 옹벽 안정조건 : 내적 / 외적(전, 활, 지, 원)
- 옹벽 배수시설 : 배수구 / 배수공 / 배수층 / 배수관
- 보강토공법 : 인공(벽식, 성토) / 자연
- 벽체구조 : 개수식 / 차수식
- 지지구조 : 자립 / 버팀 / Tie-rod
- 보조공법 : 지반보강 / 물처리
- E / A 분류 : 기간(가 / 영) + 지지(마 / 지 / 혼) + 천공(공 / 수압)
- Soil nailing : 중력식 / 가압식
- 지하연속벽 분류 : 벽식(현타, prefabricated) / 주열식(SCW, CW, SPW)
- SCW 시공법 : 교반 / 치환
- 안정액 분류 : Bentonite(B, CMC) / Polymer
- 물처리공법 : 공사사용수 / 지하수 / 지표수
- 지하수 배수공법 : 중력(Deep Well) / 강제(Well Point)
- 지하수 차수공법 : 물리적 / 화학적
- 가물막이 공법 : 댐(경사: 전, 부분, 단계) / 항만(평지: 자립, 버팀대, 특수)
- Cell type 가물막이 : book / clover / 원형+arc
- 최종물막이공법 : 완속식(점축, 점고, 혼합) / 급속식

〈기초〉

- 얕은기초 분류 : Footing(독립, 복합, 연속) / Mat
- 얕은기초 전단파괴 : 전면 / 국부 / 관입
- 부력대책 : 부력 허용 ○(사하중, anchor) / ×(내부, 외부배수)
- 보상기초 : 완전 / 부분
- 깊은기초 분류 : 말뚝(탄성) / Caisson(강성)
- 해상 풍력발전구조물 기초 : 육상부(중력식) / 해상부(Monopile, Tripod, Suction pile)
- 기성말뚝 시공법분류 : 타입(타격, 진동) / 매입(굴착, 압입, 사수)
- 항타장비 : Hammer / Leader / 부속장치(Cap, Cushion)
- 매입말뚝 : 굴착 / 압입 / jet
- 말뚝 두부정리 방식 : A(말뚝길이 여유있는 경우) / B
- 말뚝 이음방법 : 용접 ○ / ×(Band, 충전, Bolt)
- 말뚝 지지력 : 허용 / 항복 / 극한 + 수평 / 연직 / 휨
- 말뚝 지지력 산정방법 : 기존(Static, Dynamic, Statnamic) / 최근(기성, 현타)
- 굴착식 현장타설말뚝 : 인력 / 기계(BER)
- All Casing 공법 : 전선회식(돗바늘) / 요동식(Benoto)
- Prepacked conc. pile : CIP / PIP / MIP
- 잠함공법 : Open / Pneumatic / Box
- 케이슨 침하조건 : 하중 〉 저항력
- 기초의 허용지내력 : 허용지지력 + 허용침하량

〈도로포장〉

- ACP 분류 : Layered / Full depth
- CCP : JCP / CRCP(2차 응력 제어에 의해, 분리막은 JCP)
- 포장 차이점 : 구조적(하중전달, 내구성, 지반적응성) / 일반적(시장소유)
- 포장 형식 선정시 고려 : 우선적(교토기생) / 부가적(유인재)
- 안정처리공법 : 물 / 첨 / 기
- 평탄성 : PrI / IRI / QI
- 프루프롤링 : 추가 / 검사
- 액체아스팔트 : 유화(아스팔트미립자 + 물) / Cutback(석유용제)
- ACP파손(시간적) : 초기 / 후기(계절) 여름 / 겨울
- 소성변형 이론 : 공극감소 / 전단변형
- ACP 유지보수 : 유지(부, 패, 표, 절) / 보수(오, 절, 전)
- Surface recycling : 굳기 전(Reform) / 굳은 후(Remix, Repave)
- CCP 양생(12시간 기준) : 초기(피막, 삼각지붕) / 후기(동절기 온도제어, 하절기 습윤)

- CCP 줄눈 : 기능(팽창-가로, 수축-가로세로) / 비기능(시공)
- 교면방수 : 도포식(액, 고상) / 포장식 / 흡수방지식
- 교면배수 : 물침투 억제(줄눈공) / 침투수 배제(배수공)

〈교량〉

- 전단연결재 분류 : Stud(Bolt, Angle) / 반원형철근형(ㄷ, ㅁ)
- 합성형교 : 활하중(반합성) / 사하중
- PSC교량 가설공법 : Cantilever / 경간진행 / 분절진행
- MSS 가설 : 하부이동식 / 상부이동식
- ILM 가설(압출방식) : Pushing, Pulling, Lift & Pushing(일반적)
- ILM 가설(압출지점) : 집중가설 / 분산가설
- FCM(구조형식) : 힌지 / 연속보 / 라멘
- FCM 가설 : 이동식 작업차 / 트러스
- 강교가설공법 : 방법(가설, 지지) / 연결(방법, 방식)
- Cable 교량가설 : Cable(AS / PWS) / 주탑 / 주형
- Extradosed 교 : 사판교 / 사장외케이블교
- 사장교 : 자정식 / 부정식 / 완정식
- 현수교 : 자정식 / 타정식
- 교좌장치 : 가동(경사 높은 곳 일방향, 양방향) / 고정(경사 낮은 곳)
- 신축이음장치 : 맞댐 / 지지
- 지진대책 : 지진력 저감(능동 제진, 수동 면진) / 부재력 증대(내진)
- 면진장치 : 수평((탄성-고무, 납면진), 미끄럼) / 수직(spring)

〈암반 및 터널〉

- 암반결함 : 내적 / 외적
- 불연속면 : 절리 / 단층 / 습곡 / 층리 / 편리
- 터널공사 암반분류방법 : 최근(TSP), 기존(정성적(Terzaghi, Lauffer) / 정량적(RMR, Q)
- 자유면 확보방법 : 심발공 / 벤치컷
- 심발공 : 경사 / 평행 / 조합
- 벤치컷 : 1단(M, S, L) / 다단
- 발파진동 저감방안 : 발생원 / 전파경로
- 암절취공법 : 발파 ○ / ×(기계+무진동)
- 제어발파 : 벽 / 정 / 진 / 구
- 진동 발파분류 : 무 / 미 / 유
- Decoupling 지수 산정법 : 반경 / 체적

- 여굴대책 : 여굴최소화(제어발파, 장비) / 진행여굴방지
- NATM 지보재 : 주지보 / 보조지보
- 터널계측 : 시공 중 / 공용 중
- NATM 계측 : 일상 / 정밀 / 특별관리
- Rock Bolt 정착방법 : 선단정착 / 전면접착 / 혼합형
- L / C 누수형태 : 선상(도, 지) / 면상(방, 숏)
- L / C 시공방법 : 전권 / 역권(상 → 하) / 순권 / 가권
- 기계굴착 분류 : 쉴드 유무 / 지보시스템 / 반력
- TBM(bit에 따른) : 절삭 / 압쇄
- TBM(지질) : Hard Rock / Shield(Slurry / EPB)
- Tail Void 여굴 뒷채움 주입 : 동시 / 반동시 / 즉시 / 후방주입
- Shield : 개방 / 밀폐 / 부분개방
- Shield 이음 : 볼트 / 힌지
- Shield 방수 : 주공법(Seal 방수) / 보조공법(코킹방수, 볼트방수)
- 터널보조공법 : 막장(막장면, 천단) / 용수(배수, 지수)
- Pipe Roof 시공법 : Auger(중굴) / Boring(선굴)
- 터널 방수형식 : 배수 / 비배수
- 터널 환기방식 : 자연 / 인공(시공-배기, 송기, 흡인 / 공용-종, 횡, 반횡)
- 터널 환기방법 : Jet fan / Duct
- 터널 갱문형식 : 면벽 / 돌출
- 막장 붕괴형태 : 무지보 / 1차 지보 / 콘크리트 라이닝 구간 붕괴
- 터널 수직갱 시공법 : 상향(암반) / 하향(토사, 암반)
- 수로터널 : 자유수면 / 압력, 토사 / 암반, 공업용 / 농업용 / 발전용
- 침매터널 : 구형콘크리트 / 원형강곽

〈댐〉

- 유수전환방식 : 가물막이 + 물돌리기(가배수터널, 가배수거, 제체내가배수로)
- 기초처리 : 기초굴착 + 기초면처리 + 기초지반처리
- 콘크리트댐 형식분류 : 형식(중력식 / Arch 식) + 시공법(재래 / RCD)
- 콘크리트댐 이음 : 기능(수축-가로, 세로) / 비기능(시공-수평, 경사)
- 필댐 : 재료(EFD / RFD) / 차수(균일 / 심벽 / 표면)
- 표면차수벽형댐 : CFRD / AFRD / SFRD
- 여수로 : 개수로 / 관수로, 조절 / 비조절
- 감쇄공 : Stilling basin / Submerged bucket / Flip bucket
- 사방댐 : 강재 / 콘크리트 / 돌망태, 중력 / 아치 / 부벽

〈하천 및 상하수도〉

- 호안 : 치수 / 환경
- 호안구조 : 비탈면덮기 / 비탈면멈춤 / 밑다짐공
- 제방 누수경로 : 제체 / 지반
- 제방 분류 : 본제 / 부제 / 횡제 / 하제 + 월류 / 역류 / 분류제 + 운중제
- 제방 누수대책 : 누수경로차단(피복, 지수벽) / 누수처리(침윤선 낮게, 침투수 배제 및 저감)
- 수제공 : 투과(투과 / 불투과) + 방향(직각 / 횡)
- 하상유지공 : 낙차공 / 대공
- 세굴 기간분류 :장(횡방향유로 이동) / 단(수축, 국부)
- 세굴 퇴적분류 : 정적 / 동적
- 세굴심도 : 장(터) / 국 / 수
- 세굴대책 : 저항력증대 / 작용력감소
- 홍수대책 : 구조(기술) / 비구조(법, 제도)
- 가뭄대책 : 단기(관정개발, 준설) / 중장기(지하댐, 담수화, 급수체계, 노후관 개선)
- 운하 : 내륙 / 외항, 유갑 / 무갑
- 상하수도 관 분류 : 연성(변형방지+부등침하) / 강성(부등침하)

〈항만〉

- 해상공사 특수성 : 물리(기, 파, 조) / 화학(염해부식)
- 해일 : 폭풍 / 고조 / 지진
- 안벽 분류 : 중력식(Caisson, Concrete block, 현타) /
  널말뚝식(보통, 자립, 사항버팀, 2중)
- Hybrid 안벽 분류 : 중력식 / 부유식
- 방파제 분류 : 경사제 / 직립제 / 혼성제
- 소파공 : 자연사석 / 인공블록
- Caisson 구조물 기초공 : 준설공 + 기초사석공(사석 투하, 사석 고르기)
- Caisson 진수공법 : 해상크레인 ○ / ×
- Caisson 운반방법 : 직접(운반선) / 간접(예인)
- Caisson 거치방법 : 해상크레인 ○ / ×
- Caisson 가치방법 : 침설 / 계류
- 준설 분류 : 개발 / 유지
- 준설선 분류 : M / H
- 해저파이프라인 부설 : 부설선 ○ / ×(예항-해저 / 부유)
- 오탁방지막 : 자립형 / 수하형 / 범위형 / 흥망식

〈공사 및 시사〉

- 입찰방식 : 경쟁 / 특명
- 계약방식 : 종전 / 최근
- CM 5단계 6기능 : Pre-Design / Design / Construction / Post-Con, PM / TM / CM / QM / SM / PA
- CM 방식 : 순수형 / 책임형
- CM 효과 : 우선적 / 부가적
- T / K방식 : Design-Build / Design-Manage
- Partnering 방식 : 단기 / 장기
- SOC 방식 : BOT / ROT
- 투자안 가치평가 : 시간가치 고려○(IRR, NPV, B / C) / ×(ROI, PP)
- Claim 분류(제기자) : 발주 / 시공 / 사용
- Claim 형태 : D / C / A / S
- 시공관리 요소 : 목적(공정 / 원가 / 품질) / 사회규약(안전 / 환경)
- 공정관리기법 : 횡선식 / 사선식 / 네트워크식
- 공기단축방법 : 비용증가 ○ / ×
- 품질관리기법 : 통계적 품질(현상황 / 원인분석) / 6 sigma
- 원가절감 : 비용일정통합 / 전산화 / 생산성향상 / 가치공학
- VE 분류 : 설계 / 시공
- LCC 평가 : 현가분석 / 연가분석
- 재해원인 : 인적 / 물적 / 천후적
- 건설공해 : 대기오염 / 소음, 진동 / 폐기물 / 수질, 토양오염
- 구조물 해체공법 : 물리적 / 화학적 / 기타
- 감리형태 : 책임감리(전면 / 부분) / 시공 / 검측

CHAPTER

05 필수암기사항

ITEM	암기항목	내 용
굳은 Con'c 요구조건	강/내/수/강	강도, 내구성, 수밀성, 강재보호성능 + 균질
좋은 Con'c 요구조건	강/내/시/경	강도, 내구성, 시공성, 경제성
Portland Cement	보/중/조/저/내	보통, 중용열, 조강, 저열, 내황산염
골재 산지	인/천/부산	인공, 천연, 부산물
골재 함수상태	절/기/표/습	절대건조, 공기 중 건조, 표면건조포화, 습윤
골재 표면수량 측정법	피크/전/화	피크노메타법, 전기 저항법, 화학반응법
해사 제염방법	세/수/제/모	세척, 수중침적, 제염제, 모래혼합
운반시 문제점	진/시(왕)/교(만)	진동, 시간경과, 교반
Fly Ash 효과	투/볼	투(2)차반응, Ball Bearing
Slica Fume 효과	투/볼/공	투(2)차반응, Ball Bearing, 공극채움
고로 Slag 효과	투/알/고	투(2)차반응(잠재적 수경성), AAR 저항성, 고정염화
공기연행제 효과	A/B/C	Ball Bearing, Cushion 효과
배합 3총사	이/원/흐	이론, 원칙, 흐름
W/B 결정방법	기/시/결	기준범위–시험Batch–결정
W/B 기준범위	동해(로)제수중 내	내동해성, 제빙제, 수밀성, 중성화, 내구성(40, 45, 50, 55, 60)
G_{max} 기준범위	부/피/철/구	부재치수, 피복두께, 철근간격, 구조물(1/5, 3/4, 20 or 25)
배합강도 결정방법	표/2/배	표준편차–2식–배합강도 결정
배합강도 결정식(35MPa↓)	싸모님삼삼	$f_{cr} = (f_{ck} - 3.5) + 2.33S$ (& $f_{cr} = f_{ck} + 1.34S$)
배합강도 결정식(35MPa↑)	공구리삼삼	$f_{cr} = 0.9 \cdot f_{ck} + 2.33S$ (& $f_{cr} = f_{ck} + 1.34S$)
Maturity 적용	해/이/교/포	거푸집 해체, 이음절단, 교통개방, Post–Tensioning
이음 대제목	정/역/간/위/법	정의, 역할, 간격, 위치, 시공법
신축이음의 종류	C2/B/S	Closed, Clearance, Butt, Settlement
철근 중요 Item	정/이/방/피	정착과 부착, 이음, 방식, 피복두께
철근정착 방법	갈/매/기	갈고리, 매입 길이, 기계적 정착
철근부착 방법	교/마/기	교착, 마찰, 기계적 작용
철근이음 방법	겹/용/기/충	겹이음, 용접이음, 기계식 이음, 충전식 이음
철근부식	부/활/분/부	부동태–활성태–분해–부식
Slipform 부속장치	ㅅ/ㅇ/ㅈ	셔터(Shutter), 요크(yoke), 잭(Jack)

굳지않은 Con'c 균열원인	소/침/물	소성수축, 침하, 물리적 요인
굳은 Con'c 균열원인	2/열/설	이차반응, 열화, 설계/시공적 요인
구조물 균열원인	결/손/열	결함, 손상, 열화
굳지않은 Con'c 성질	W/P/F+M/V/P	Work-, Plastic-, Finish- + Mobil-, Visco-, Pumpa-
굳지않은 Con'c 공통점	ㄱ/ㅇ/ㅈ/ㅊ	균질, 유동성, 재료분리저항성, 충전성
이차응력	온/건/크	온도응력, 건조수축 응력, Creep
Con'c 수축	소/수/건/탄-초자공	소성수축, 수화수축(초결/자기/공극), 건조수축, 탄산화수축
안전점검/진단	초/정/밀/진단	초기, 정기, 정밀, 정밀안전진단
피복두께 측정법	음/방/전	음파, 방사선, 전자파
철근위치 측정법	자/방/전	자분탐상, 방사선, 전자파
열화 현상	중/철/균	중성화, 철근부식, 균열
열화 단계	자(잠)/지/가/열	잠복기, 진전기, 가속기, 열화기
중성화 종류	탄/중/용	탄산화, 중화, 용출
구조물 내구수명	내수명/결정/저/년(연)	내구수명, 결정요인, 저하요인, 연장요인
Con'c 표면 결함	쉬/팔/디비져	Sand-, Honey-, Effl-, Pop-, Air-, Lait-, Dust-, Bolt-
균열 보수 재료	전/합/유/무	전통적 무기계-합성수지-유무복합계-무기질폴리머
균열 보수 공법	표/주/충/기	표면처리, 주입, 충전, 기타
특수 Con'c 분류	재/조	재료, 조건
특수 Con'c 재료	결/성/골/보	결합재, 성능개선제, 골재, 보강재
특수 Con'c 조건	환/타	환경, 타설조건
팽창 Con'c 팽창 관련	(김)수/화/무	(수축보상(小), 화학적 PS(中)), 무진동파쇄(大)
중량골재	자/갈/중	자철석, 갈철석, 중정석
고내구화	골/결/피	골재품질향상, 결합재품질향상, 피복두께증대
고강도화	강/부/3	강도증진, 부착성능증대, 3축재하
고유동화	유/재/간	유동성, 재료분리저항성, 간극통과성
고성능 Con'c 발전흐름	내/강/유/수	고내구화-고강도화-고유동화-고수밀화
고유동 Con'c 기준	자/유	자기충전성(1, 2, 3등급), 유동성(Slump Flow 600mm↑)
고성능 감수제 주성분	멜/나/폴/리	멜라민계, 나프탈린계, 폴리칼본산계, 리그닌계

수중불분리성콘 품질관리	ㅅ/ㅇ/ㅈ/ㅊ	수직분리도, 유동성, 재료분리저항성, 충전성
섬유보강 Con'c	(L)G/P/C/S	Glass, Plastic, Carbon, Steel
수중Con'c 문제점	품/재/다	품질확인곤란, 재료분리, 다짐곤란
수밀Con'c 관리(물질혼합)	실버스터스텔론/미혼	외적(Sylverster Method), 내적(미세분말, 혼화재)
해양Con'c공기량	해/사/육/사	4 ~ 6%
해양Con'c 위치	해/비/간/수	해상대기부, 비말대, 간만대, 수중부
Shotcrete 건습식 차이	거/시/(기)/반/품	압송거리, 시간, 반발량, 품질관리
강재 연결 방법	용/고/리	용접, 고장력 볼트, 리벳 이음
강재 비파괴검사	(안)U/R(밖) M/P	Ultrasonic, Radiographic, Magnetic, Penetration
고장력볼트 문제점	단/축/부재	단면결손, 축력관리, 부재두께 증가시 볼트 강성 저하
용접 문제점	결/국/인장	결함, 국부손상, 인장잔류응력
점성토 구성 광물질	K/I/M	Kaolinite, Illite, Montmprilonite
사질토의 구조	사/단/봉	사질토, 단립, 봉소 구조
점성토의 구조	점/이/면	점성토, 이산, 면모 구조
물리탐사 분류	삼성/전자/방/전	파이용(탄성파, 전자기파), 미이용(방사능, 전기비저항)
SPT 주의사항(N값수정)	로/토(또)/상	로드길이, 토질, 상재하중
PBT 주의사항	수(S)/지/침	Scale Effect, 지하수위변화, 침하량/지지력 변화
시험의 한계성	경/기/장	경년변화, 기후변화, 장소변화
Atterberg 한계	고/반/소/액	고체, 반고체, 소성, 액성
입도양호 조건(Cu)	자(식)사(랑)/모유	자갈>4, 모래>6
Boilig 검토	보/유/한/간(칸)	유한요소법, 한계 동수경사, 간극수압법
Dam Piping 검토	Piping은/네/간(칸)	Lane의 Creep Ratio, 간극수압법
동결심도 구하는법	현동열/완노감	현장조사/동결지수/열전도율+완전방지/노상동결/감소노상
토취/사토장선정시 고려	질/량/경/법/시/기	토질, 토량, 경제성, 법규, 시공성, 기타
성토재료 요구조건	전/공/T/입/지	전단강도, 공학적 성질, Trafficability, 입도, 지지력
다짐 중요 Item	특효(를)규제(하는)공장	특성, 효과, 규정, 제한, 공법, 장비
다짐 흐름	재다/기부다/다다	재료, 다짐기준, 기초처리, 부설, 다짐, 다짐판정, 다짐관리

다짐에 영향을 주는 요인	함/토/에/유	함수비, 토질, 다짐Energy, 유기물함량
비탈면 다짐공법	피/피(쌍피)	피복토설치유, 피복토설치무
사면파괴 형태	붕활유/붕활전	토사—붕락/활동/유동, 암반—붕락/활동/전도
사면안정 검토방법	경/기/한/수	경험적, 기하학적, 한계 평형법 수치해석법
사면보호(식생공)	전/부/객(사)	전면식생, 부분식생, 부분객토 식생
사면보호(구조물공)	밀/토/박/낙	원지반 밀폐, 토압저항, 표층부 박락방지, 낙석방지
암사면 붕괴시 대책	수/안/보	배수공법, 안정화 공법, 보호공법
낙석방지공	예/방	낙석예방공, 낙석방호공
토석류	수/사	수로형, 사면형
기계화 시공(향후전망)	다/대/표(포)/환/인	다기능화, 대형화, 표준화, 환경친화적, 인간 중심화
건설기계 주행저항	동/경/가/공	전동저항, 경사저항, 가속저항, 공기저항
시공효율	시/작/가/시	시공효율: 작업효율, 가동률, 시간효율
Crusher 분쇄원리	ㅇ/ㅈ/ㅊ	압축력, 전단력, 충격력
건설장비 조합원칙	(조)병/주/시/예	병렬분할, 주 + 종속 + 보조, 시공속도 균등, 예비기계수
건설장비 선정원칙	비/새(는)/특/수/대/표	비용 저렴, 새장비, 특수장비, 대형장비, 표준화
장비선정시 고려사항	토/종/물/소	토질조건, 작업종류, 물량, 소음진동
연약지반 문제점	안/침/유	안정, 침하, 측방 유동
연약지반 정의(절대적)	사십/점사	사질토 N< 10, 점성토 N< 4
연약지반 관련문제	정/문/대/시	정의, 문제점, 대책, 시공관리
연약지반 대책공법	하/지/지(원)	하중조절, 지반개량, 지중구조물형성
연약지반 개량공법	지/치/고/탈/다	지수, 치환, 고결, 탈수, 다짐
VD시공시 문제점	배(S/M/W/S) + 짱	배수효과저하 + 장심도문제
재하공법 분류	성/수/대/지	성토재하, 수재하, 대기압, 지하수위 저하공법
약액재의 요구조건	강도/고/침	강도증진, 유지, 고결시간 조절가능, 침투력 클 것
약액주입공법 문제점	내/공/불확실	내구수명 짧음, 공해유발, 개량심도 / 효과 불확실
토목합성물질의 기능	분/필/보/배	분리, 필터, 보강, 배수
옹벽의 안정조건(외적)	전/지/활(현)	전도, 지지력, 활동(평면, 원호)
옹벽의 시공관리	배/뒷/줄/기	배수, 뒷채움, 줄눈, 기초지반
옹벽의 배수구조물	구/공/층/관	배수구, 배수공, 배수층, 배수관
굴착공의 보조공법	생/지(쥐)/약/동	생석회말뚝, 지하수위저하, 약액주입, 동결

흙막이 설계 검토 항목	벽/지/바/주/지	벽체구조, 지지구조, 바닥, 주변구조물, 지하수
안정액의 품질관리	점(저)/여/비/사(서)	점성, 여과율, 비중, 사분율
최종물막이 검토사항	유속/시/위/축/구	유속, 시기, 위치, 축조재료 중량, 구간
기초의 구비조건	내/시/경/근입	내구성, 시공성, 경제성, 근입심도
말뚝의 지지력 결정 flow	조/계/시/지/실	조사, 항타계획, 시항타, 지지력 결정, 실항타
기초 지지력 영향	경/부/말/침/이/무(덧다)	경장비, 부마찰력, 말뚝재질, 침하, 이음, 무리말뚝
굴착 필수대제목	계/공/지	계측, 공해, 지하수
굴착 발생문제점	응(문)풍지/토진배	응력해방, 풍화, 지하수위, 토사처리, 장비진입, 우수배수
현장타설말뚝 시공순서	장/굴/철/콘/마	장비설치, 굴착, 철근건입, 콘크리트타설, 마무리
현장타설말뚝 굴착공법	심/벌(B.E.R)	심초공법, Be지noto, Earth Drill, RCD
현장타설말뚝 시공관리	선지/공수주/철	선단연약, 지력저하, 공벽붕괴, 수중콘, 주변연약, 철근공상
심초 공법시 고려사항	용/지/산	용수 처리, 지반 변형, 산소 부족
말뚝 폐색효과	정상효과+증(말)길지	폐색정도, 상태, 효과 → 폐색정도(증분비, 길이비, 지지력비)
말뚝이음 분류	배/보/충/용	용접 ×(밴드식/볼트식/충전식), 용접 ○(용접식)
Cassion 시공 flow	준수구(얼)굴침지저속상	준비−Shoe−구체−굴착−침하−지지력−저반−속채움−상치 Con'c
압기 Caisson 설비	시/굴/동/통/기/압	시공, 굴착, 동력, 통신, 기갑, 압기
ACP, CCP 차이	교내지/시장소유	교통하중지지, 내구성, 지반적응, 시공성, 장비, 소음, 유지관리
포장형식 선정시 고려사항	교토기생/유인재	교통량, 토질, 기후, LCC + 유사포장, 인접현장, 재료장비
안정처리공법	물/첨/기	물리적, 첨가재, 기타
완성노면검사	평/균/규격/표/이/혼	평탄성, 균열, 규격, 표층, 이음, 혼합물
평탄성 3총사	기/관/지	기준, 관리, 지수
채움재 품질기준	수/비	수분함량, 비중
개질AP 종류	고/금/기	고분자, 금속(chemcrete), 기타(SMA)
개질재 문제점	배/고/장	배합설계기준미비, 고가/시공문제, 장기공용성 신뢰문제
ACP 파손(노면성상)	국/단/변/마/붕/기	국부적 균열, 단차, 변형, 마모, 붕괴, 기타
유지보수 방법 ACP	부패표절/오절전	부분재포장, 패칭, 표면처리, 절삭, Overlay, 절삭후, 전면재포장

Surface Recycling	가/긁/혼/포/다	가열-긁어일으킴-혼합-포설-다짐
교면방수	도/포/흡수방지	도포식, 포장식, 흡수방지식
Guss AP 특징	유/방/충/격	유입공법, 방수성, 내충격성 우수
MS	조/원/수/DB	조사, 원인분석, 유지보수, D/B 구축
현타 PSC교 가설공법	I/M/F	ILM, MSS, FCM
현타 PSC교 가설순서	준/제/인/마	준비-제작-인장-마무리(ILM, FCM, MSS, PSM)
P.S.C 원리	응력/하/강	응력 개념, 하중평형개념, 강도개념
강교가설공법	가/지	가설(Crane, Winch, 압출)/지지(○, ×)
교좌장치 기능	이/지/회	이동, 지압, 회전
지진력	가/지/사(세요)	지진력 : 가속도계수 × 지반계수 × 사하중 반력
RMR 기준항목	강/알/상/간/지	강도, RQD, 불연속면 상태, 간격, 지하수 상태
Q – System, Q값	RQD/물/나/스트레스	RQD, Jr, Jw, Jn, Ja, SRF
발파 3총사	양/제/기	양생에 미치는 영향, 제어방안, 기준(소음진동관리)
제어발파	벽/정/진/구	벽면(LgPCS), 정향, 진동, 구조물해체
터널링 flow	공/작/굴/지/방/이/부	공사준비-작업구-굴착-지보-방배수-2차 복공-부대시설
발파 굴착	천/장/발/버	천공-장약-발파/환기-버럭처리
기계 굴착	조/기/버	조립-기계굴착-버럭처리
R/B 기능	봉합/아/내/보/보	봉합, 아치형성, 내압, 보형성, 보강
터널방재(공용중화재)	예/사/자/인	예방대책, 사고완화, 자기보존, 인명구조
터널방재설비	경/소/소/피	경보시설, 소화시설, 소화활동시설, 피난시설
유수전환 3총사	오/백/수	오탁방지막, Backwater, 수리권검토
댐 그라우팅 공법비교	목/위/배/심/주/개	목적, 위치, 배치, 심도, 주입압, 개량목표
콘크리트 댐 종류	중/공/아/부	중력식, 중공중력식, 아치식, 부벽식
표면차수벽 종류	C/A /S	Concrete, Asphaltic, Steel Membrane
여수로 구조	접근(힘든)/조도감방	접근수로, 조절부, 도수로, 감세공, 방수로
우리나라 강우특성	호/강/하/지	호우집중/강우강도/하상계수/지역특색
환경호안	친/생/경	친수하천이용, 생태계보전, 경관보전
제방붕괴 원인	월/세/사/누+침하	월류, 세굴, 사면활동, 누수 + 침하
세굴 심도	장(터)/국/수	장기하상변동량 + 국부세굴량 + 수축세굴량
홍수대책(비구조적)	S/법/예/보	System, 법, 예산, 보험
4대강 추진방안(3대축)	신/경/수	신성장동력, 경제활성화, 수자원확보
항만공사의 특수성	기(귀)/파/조	기준, 파랑, 조류(조석)

준설선 선정시 고려사항	토질/능력/심/사	토질조건, 준설능력, 준설심도, 사토
준설선 종류	펌프/디비저(DBG)	Pump, Dipper, Bucket, Grab
준설 3총사	오/여/유	오탁 방지막, 여굴/여쇄, 유보율
오탁방지막	자/수/범/흥	자립형, 수하형, 범위형, 흥망식
건설공사 특수성	대/실/수/오/자/기	대형, 실적위주, 수명, 오더메이드, 자연영향, 기업격차
건설공사 생애주기	기/설/시/유/폐	기획, 설계, 시공, 유지관리, 폐기처분
입찰방식	경/수	경쟁입찰, 수의(특명입찰)
BTO와 BTL	이민정/민정이	이용자+민간사업자+정부, 민간사업자+정부+이용자
공사관리 기법분류	횡/사/네	횡선식, 사선식, 네트워크식
원가절감 방법분류	비/전/생/가(각)	비용-일정통합, 전산화, 생산성향상, 가치공학
실적 공사비	입시생/DB+입단뒤예	입찰, 시공, 생산성평가, DB화 + 입찰, 단가분석, D/B, 예산
공사 관리상 문제점	운영/조/교	운영상, 조직상, 교육상
공사 관리 Circle	P/D/C/A	Plan, Do, Check, Action
품질경영 체계	Q 파이(PAI)	QM = QP + QA + QI
특성 요인도	설/내/시/외	설계, 내적, 시공, 외적
공사가 미치는 영향	공/통/환/인	공해, 교통문제, 환경, 인접영향
건설 공해	대/소/폐/수	대기오염, 소음 및 진동, 폐기물, 수질/토양오염
진동기준	가/문/조/아	가축, 문화재, 조적, RC(0.1, 0.2~0.3, 0.3, 0.4)
건설공해의 특수성	직접/0/1/2	직접이용, 공공성, 일과성, 이동성
재해예방원리 5단계	조/사/분/선/적	조직구성, 사실발견, 분석평가, 대책선정, 대책적용
Claim 방지대책	위/기/제/시	위원회설치, 기구신설, 제도개선, System 구축
Risk관리 단계	식/(분)/대/관(리)	식별-분석-대응(전가/보유/회피/제거)-관리
System 흐름	문도 단쟁 효추	문제점, 도입배경, 단계, 쟁점, 효과, 추진계획
System 도입 효과	공공 문서 투기	공기, 공비, 문서절감, 투명성, 기술력제고
공법유형	순/단/주	시공순서, 장단점, 주의사항
문제점유형	문/원/대	문제점, 원인, 대책
A/B Type	비교표	차이점(대등), 연관성(종속)
콘크리트 유형	재/배/시	재료, 배합, 시공
공사/시사	전/중/후	도입 전, 도입 중, 도입 후

연약지반 계측방법	호시노/마구토	호시노가 아싸노래방에서 쌍곡선부르다 마구토했네
터널계측 항목	방/구/끼(지마)	방법(A, B, 특별), 구간(2D, 2~5D), 기간(1, 2주)
근접터널 계측항목	전/진/균(균)	전단면내공변위계, 진동측정계, 균열계
홍수/산사태예경보시스템	기/수/지	기상학적, 수리수문학적, 지형학적 접근

21세기 **토목시공기술사**
Key point 114

발행일 / 2015년 3월 25일 초판 발행
2017년 1월 25일 2쇄
2020년 1월 20일 3쇄
2023년 12월 20일 개정 1판 1쇄

저 자 / 신 경 수 · 서 정 필
발행인 / 정 용 수

발행처 / 예문사

주 소 / 경기도 파주시 직지길 460(출판도시) 도서출판 예문사
T E L / 031) 955 - 0550
F A X / 031) 955 - 0660

등록번호 / 11 - 76호

정가 : 25,000원

ISBN 978-89-274-5281-2 13530